适用于 Flash CC 版本

U0269182

新手学 Flash 全面精通

芦芳　主编

北京日报出版社

图书在版编目（CIP）数据

新手学 Flash 全面精通 / 芦芳主编. -- 北京 ： 北京
日报出版社, 2017.5
ISBN 978-7-5477-2430-9

Ⅰ. ①新… Ⅱ. ①芦… Ⅲ. ①动画制作软件 Ⅳ.
①TP391.414

中国版本图书馆 CIP 数据核字(2017)第 016234 号

新手学 Flash 全面精通

出版发行：北京日报出版社
地　　址：北京市东城区东单三条 8-16 号东方广场东配楼四层
邮　　编：100005
电　　话：发行部：（010）65255876
　　　　　总编室：（010）65252135
印　　刷：北京市燕山印刷厂
经　　销：各地新华书店
版　　次：2017 年 5 月第 1 版
　　　　　2017 年 5 月第 1 次印刷
开　　本：787 毫米×1092 毫米　1/16
印　　张：22.75
字　　数：472 千字
定　　价：58.00 元（随书赠送光盘 1 张）

版权所有，侵权必究，未经许可，不得转载

前　言

软件简介

Flash CC是由美国Adobe公司推出的一款矢量图形编辑和动画制作软件，具有界面友好、功能强大、易于掌握、使用方便和体系结构开放等特点，被广泛应用于卡通动画、片头动画、游戏动画、广告动画和教学课件等领域，深受广大动画设计人员的青睐。

主要特色

完备的功能查询：工具、按钮、菜单、命令、快捷键、理论、实战演练等应有尽有，内容详细、具体，是一本自学手册。

丰富的案例实战：本书中安排了196个精辟范例，对Flash CC软件各项功能进行了非常全面、细致讲解，读者可以边学边用。

细致的操作讲解：140多个专家指点放送，1460多张图片全程图解，让读者可以掌握软件的核心功能与动画制作的各种技巧。

超值的光盘资源：200多分钟所有实例操作重现的视频，500多款与书中同步的素材和效果文件。

细节特色

13章技术专题精解	140多个专家提醒放送
本书体系完整，由浅入深地对Flash CC进行了13章专题的软件技术讲解，内容包括：应用绘图工具、编辑锚点与线条、编辑与变形动画、填充动画颜色、图层与文本、时间轴和帧、元件/实例和库、制作Flash动画、组件与脚本、测试/导出与发布等。	作者在编写时，将平时工作中总结的各方面软件的实战技巧、设计经验等毫无保留地奉献给读者，不仅大大丰富和提高了本书的含金量，更方便读者提升软件的实战技巧与经验，从而大大提高读者学习与工作效率，学有所成。
196个技能实例奉献	**200多分钟语音视频演示**
本书通过大量的技能实例来辅助讲解软件，共计196个，帮助读者在实战演练中逐步掌握软件的核心技能与操作技巧。与同类书相比，读者可以省去学无用理论的时间，更能掌握超出同类书的大量实用技能和案例，让学习更高效。	本书中的软件操作技能实例全部录制了带语音讲解的演示视频，时间长度达200多分钟（近3个半小时），重现了书中所有实例的操作，读者可以结合书本，也可以独立地观看视频演示，像看电影一样进行学习，让学习变得更加轻松。

500多个素材效果奉献	1460多张图片全程图解
随书光盘包含了170个素材文件，330个效果文件。其中，素材涉及各类矢量人物、矢量节日、广告设计、生活百科、现代科技、文化艺术、生物、卡通、餐饮美食、自然景观、植物风景以及商业素材等，应有尽有，供读者使用。	本书采用了1460多张图片，对软件的技、实例的讲解、效果的展示等进行了全程式的图解。通过这些大量、清晰的图片，让实例的内容变得更加通俗易懂，读者可以一目了然，快速领会，举一反三，从而制作出更专业的动画作品。

版权声明

本书及光盘中所采用的图片、模型、音频、视频和赠品等素材，均为所属公司、网站或个人所有，本书引用仅为说明（教学）之用，绝无侵权之意，特此声明。

编者

内容提要

　　本书全面、细致地讲解了Flash CC的操作方法与使用技巧，内容精华、学练结合、文图对照、实例丰富，可以帮助读者轻松地掌握软件的所有操作并运用于实际工作中。

　　本书共13章，具体内容包括："图形动画入门：走进Flash CC的世界；掌握动画绘图环境：Flash CC基本操作；玩转动画图形设计：应用绘图工具；深度剖析动画设计：编辑锚点与线条；探索高级绘图技法：编辑与变形动画；动画色彩最佳组合：填充动画颜色；呈现丰富动画元素：图层与文本；制作精确动画时间：时间轴和帧；让动画制作更高效：元件；实例和库；高手玩转多层动画：制作Flash动画；交互式动画必备功能：组件与脚本；优化动画图形：测试/导出与发布；设计实践：商业项目综合实战案例"等内容，读者学后可以融会贯通、举一反三，制作出更加精彩、专业的Flash动画作品。

　　本书结构清晰、语言简洁，特别适合Flash的初、中级用户阅读，有一定Flash使用经验的用户也可从中学到大量的实操功能，也适合从事广告片头制作、Flash课件制作、游戏制作、大型网站动画设计等行业的专业人士阅读参考，同时还可作为各类艺术设计院校和相关培训机构的学习用书和教材。

目　录

CHAPTER　1
图形动画入门：
走进Flash CC的世界.................................1

1.1 Flash CC软件的基本操作.................2

1.1.1 Flash CC软件的安装.........................2

1.1.2 Flash CC软件的卸载.........................4

1.1.3 Flash CC软件的启动.........................7

1.1.4 Flash CC软件的退出.........................8

1.2 使用工作界面与工作区.................9

1.2.1 使用动画工作界面.........................9

1.2.2 使用传统工作界面.........................10

1.2.3 使用调试工作界面.........................11

1.2.4 新建Flash工作区.........................12

1.2.5 删除Flash工作区.........................13

1.3 编辑与控制工作窗口.................14

1.3.1 使用Flash欢迎界面.........................14

1.3.2 调整窗口的显示大小.........................15

1.3.3 还原工作窗口至初始状态.........................16

1.3.4 折叠与展开面板.........................17

1.3.5 移动与组合面板.........................18

1.3.6 隐藏和显示面板.........................19

1.4 编辑动画文档舞台属性.................20

1.4.1 设置动画文档单位.........................20

1.4.2 重新设置舞台大小.........................21

1.4.3 调整为匹配内容的舞台.........................23

1.4.4 编辑舞台区的背景颜色.........................24

1.4.5 编辑动画帧频的大小.........................25

1.5 动画场景的基本操作.................26

1.5.1 添加动画场景.........................26

1.5.2 复制动画场景.........................26

1.5.3 删除动画场景.........................27

1.5.4 重命名动画场景.........................27

CHAPTER　2
掌握动画绘图环境：
Flash CC基本操作.................................29

2.1 动画文档的基本操作.................30

2.1.1 创建普通动画文档.........................30

2.1.2 创建模板动画文档.........................31

2.1.3 创建动画演示文稿.........................31

2.1.4 直接保存动画文档.........................32

2.1.5 另存为动画文档.........................33

2.1.6 打开动画文档.........................33

2.1.7 关闭动画文档 34

2.2 导入与编辑外部媒体文件 35

2.2.1 导入JPEG文件 35

2.2.2 导入PSD文件 36

2.2.3 导入视频文件 37

2.2.4 插入音频文件 39

2.2.5 矢量化位图图像 40

2.2.6 旋转位图图像 42

2.2.7 交换外部媒体图像 43

2.3 应用标尺、网格与辅助线 44

2.3.1 在动画文档中显示标尺 44

2.3.2 在动画文档中显示网格 45

2.3.3 更改动画文档网格的颜色 46

2.3.4 手动创建动画文档辅助线 47

2.3.5 清除不需要的辅助线 48

2.3.6 移动文档中辅助线的位置 48

2.4 控制舞台显示比例 49

2.4.1 放大舞台显示区域 49

2.4.2 缩小舞台显示区域 50

2.4.3 调整动画为符合窗口大小 51

2.4.4 设置舞台内容居中显示 53

3.1.5 运用矩形工具绘图 60

3.1.6 运用多边形工具绘图 62

3.1.7 运用刷子工具绘图 63

3.2 运用填充图形工具 64

3.2.1 运用墨水瓶工具绘图 64

3.2.2 运用颜料桶工具绘图 65

3.2.3 运用滴管工具绘图 67

3.2.4 运用渐变变形工具绘图 67

3.3 运用辅助图形工具 68

3.3.1 运用选择工具选择图形 69

3.3.2 运用部分选取工具选择图形 70

3.3.3 运用套索工具选择图形 70

3.3.4 运用缩放工具缩放图形 71

3.3.5 运用手形工具移动图形 72

3.3.6 运用任意变形工具编辑图形 73

CHAPTER 4

深度剖析动画设计：
编辑锚点与线条 75

4.1 操作动画图形的锚点 76

4.1.1 选择动画图形的锚点 76

4.1.2 添加动画图形的锚点 77

4.1.3 减少动画图形的锚点 78

4.1.4 移动动画图形的锚点 79

4.1.5 尖突动画图形的锚点 80

4.1.6 平滑动画图形的锚点 82

4.1.7 调节动画图形的锚点 83

4.2 设置与编辑矢量线条 84

4.2.1 调整笔触的颜色 84

CHAPTER 3

玩转动画图形设计：
应用绘图工具 54

3.1 运用基本图形工具 55

3.1.1 运用铅笔工具绘图 55

3.1.2 运用钢笔工具绘图 57

3.1.3 运用线条工具绘图 58

3.1.4 运用椭圆工具绘图 59

4.2.2 调整笔触的大小 85

4.2.3 调整笔触的样式 86

4.2.4 删除矢量线条 88

4.2.5 分割矢量线条 89

4.2.6 扭曲矢量线条 90

4.2.7 平滑矢量曲线 91

4.2.8 伸直矢量曲线 93

4.2.9 高级平滑曲线 97

4.2.10 高级伸直曲线 98

4.3 添加形状提示与编辑图形 99

4.3.1 将矢量线条转换为填充 99

4.3.2 在图形中添加形状提示 101

4.3.3 在图形中删除形状提示 103

4.3.4 在图形中进行扩展填充 103

4.3.5 在图形中进行缩小填充 104

4.3.6 柔化填充边缘图形对象 105

4.3.7 擦除不需要的图形对象 106

CHAPTER 5

探索高级绘图技法：
编辑与变形动画 108

5.1 编辑整个动画图形对象 109

5.1.1 选择动画图形对象 109

5.1.2 移动动画图形对象 110

5.1.3 剪切动画图形对象 110

5.1.4 删除动画图形对象 112

5.1.5 复制动画图形对象 113

5.1.6 再制动画图形对象 114

5.1.7 组合动画图形对象 116

5.1.8 分离动画图形对象 117

5.2 变形与旋转动画图形对象 118

5.2.1 封套动画图形对象 118

5.2.2 缩放和旋转动画图形对象 120

5.2.3 旋转和倾斜动画图形对象 121

5.2.4 顺时针旋转动画图形90度 123

5.2.5 逆时针旋转动画图形90度 123

5.2.6 改变动画图形大小与形状 124

5.2.7 使用面板编辑动画图形对象 124

5.3 排列与对齐动画图形对象 126

5.3.1 将动画图形移至顶层 126

5.3.2 将动画图形上移一层 127

5.3.3 将动画图形下移一层 128

5.3.4 将动画图形移至底层 128

5.3.5 左对齐动画图形 129

5.3.6 水平居中对齐动画图形 130

5.3.7 右对齐动画图形 131

5.4 高级处理动画图形对象 131

5.4.1 对动画进行联合处理 131

5.4.2 对动画进行交集处理 132

5.4.3 对动画进行打孔处理 134

5.4.4 对动画进行裁切处理 135

CHAPTER 6

动画色彩最佳组合：
填充动画颜色 137

6.1 选取动画图形颜色的方法 138

6.1.1 通过笔触颜色按钮选取
图形颜色 138

6.1.2 通过填充颜色按钮选取
图形颜色 138

6.1.3 通过滴管工具选取图形颜色 139

6.1.4 通过"颜色"对话框选取
图形颜色 140

6.1.5 通过"颜色"面板选取
图形颜色 141

6.2 掌握动画图形颜色的填充类型 142

6.2.1 通过纯色填充图形颜色 143

6.2.2 通过线性渐变填充图形颜色 144

6.2.3 通过径向渐变填充图形颜色 146

6.2.4 通过位图填充图形颜色 148

6.2.5 通过Alpha值填充图形颜色 150

6.3 使用面板填充动画图形 151

6.3.1 通过"属性"面板填充
图形颜色 151

6.3.2 通过"颜色"面板填充
图形颜色 152

6.3.3 通过"样本"面板填充
图形颜色 153

6.4 使用按钮填充动画图形 155

6.4.1 通过"笔触颜色"按钮填充
图形颜色 155

6.4.2 通过"填充颜色"按钮填充
图形颜色 156

6.4.3 通过"黑白"按钮填充
图形颜色 157

6.4.4 通过"没有颜色"按钮填充
图形颜色 159

CHAPTER 7
呈现丰富动画元素:
图层与文本 160

7.1 创建与编辑图层对象 161

7.1.1 创建动画图层 161

7.1.2 选择动画图层 162

7.1.3 移动动画图层 162

7.1.4 重命名动画图层 163

7.1.5 删除动画图层 164

7.1.6 复制动画图层 165

7.1.7 插入动画图层文件夹 167

7.2 创建静态与动态文本 168

7.2.1 创建静态文本 168

7.2.2 创建动态文本 169

7.2.3 创建输入文本 171

7.3 编辑动画文本的效果 173

7.3.1 移动动画文本 173

7.3.2 设置动画文本字号 173

7.3.3 设置动画文本字体 174

7.3.4 设置动画文本颜色 175

7.3.5 设置动画文本边距 176

7.3.6 复制与粘贴动画文本 178

7.3.7 设置动画文本对齐方式 178

7.3.8 缩放动画文本 180

7.3.9 分离动画文本 181

7.3.10 旋转动画文本 182

7.3.11 任意变形动画文本 183

7.4 创建动画文本特殊效果 185

7.4.1 制作描边文字特效 185

7.4.2 制作空心字特效 186

7.4.3 制作浮雕字特效 187

7.4.4 制作文字滤镜效果 188

CHAPTER 8
制作精确动画时间：
时间轴和帧

制作精确动画时间：时间轴和帧 192

8.1 掌握时间轴的基本应用 193

 8.1.1 编辑动画帧为居中 193

 8.1.2 查看多帧动画特效 195

 8.1.3 编辑多帧动画特效 197

 8.1.4 设置时间轴的样式 198

 8.1.5 控制帧上显示预览图 201

8.2 在时间轴中创建动画帧 202

 8.2.1 为动画创建普通帧 202

 8.2.2 为动画创建关键帧 204

 8.2.3 为动画创建空白关键帧 208

8.3 编辑时间轴中的动画帧 209

 8.3.1 选择动画帧 210

 8.3.2 移动动画帧 211

 8.3.3 翻转动画帧 213

 8.3.4 复制动画帧 214

 8.3.5 剪切动画帧 216

 8.3.6 删除动画帧 217

 8.3.7 清除动画帧 218

 8.3.8 转换为关键帧 219

 8.3.9 转换为空白关键帧 221

8.4 复制与粘贴动画帧对象 221

 8.4.1 复制与粘贴动画帧 222

 8.4.2 选择性粘贴动画帧 223

CHAPTER 9
让动画制作更高效：
元件、实例和库

元件、实例和库 226

9.1 创建与转换动画元件 227

 9.1.1 了解图形元件 227

 9.1.2 创建图形元件 227

 9.1.3 创建影片剪辑元件 228

 9.1.4 创建按钮元件 231

 9.1.5 转换为影片剪辑元件 233

9.2 管理与编辑动画元件 233

 9.2.1 复制与删除动画图形元件 234

 9.2.2 在当前位置编辑元件 234

 9.2.3 在新窗口中编辑元件 235

 9.2.4 在元件编辑模式下编辑元件 235

9.3 创建与编辑实例 235

 9.3.1 创建动画元件的实例 236

 9.3.2 分离动画元件的实例 237

 9.3.3 改变动画实例的类型 239

 9.3.4 改变动画实例的颜色 239

 9.3.5 改变动画实例的亮度 240

 9.3.6 改变动画实例高级色调 241

 9.3.7 改变动画实例的透明度 242

 9.3.8 为动画实例交换元件 244

9.4 应用与管理库项目 245

 9.4.1 创建库中的动画元件 246

 9.4.2 查看库中的动画元件 247

 9.4.3 转换库中的动画元件类型 247

 9.4.4 搜索库中的动画元件 248

 9.4.5 选择未用库元件 249

 9.4.6 调用其他库元件 249

 9.4.7 重命名库元件 251

 9.4.8 创建库文件夹 251

 9.4.9 共享库元件 252

CHAPTER 10
高手玩转多层动画：
制作Flash动画..........254

10.1 制作Flash逐帧动画..........255
10.1.1 制作JPG逐帧动画..........255
10.1.2 制作GIF逐帧动画..........257
10.1.3 手动制作逐帧动画..........260

10.2 制作Flash传统补间动画..........262
10.2.1 制作形状渐变动画..........262
10.2.2 制作颜色渐变动画..........263
10.2.3 制作位移动画..........265
10.2.4 制作旋转动画..........266

10.3 制作Flash遮罩动画..........268
10.3.1 制作遮罩层动画..........268
10.3.2 制作被遮罩层动画..........270

10.4 制作Flash引导动画..........272
10.4.1 制作单个引导动画..........272
10.4.2 制作多个引导动画..........274

CHAPTER 11
交互式动画必备功能：
组件与脚本..........278

11.1 制作交互式动画组件效果..........279
11.1.1 制作按钮组件..........279
11.1.2 制作列表框组件..........281
11.1.3 制作下拉列表框组件..........284
11.1.4 制作复选框组件..........284
11.1.5 制作单选按钮组件..........285
11.1.6 制作文本组件..........285

11.1.7 制作滚动窗格组件..........286
11.1.8 制作数值框组件..........286
11.1.9 制作输入框组件..........287

11.2 添加动作脚本的多种方法..........288
11.2.1 为动画关键帧添加脚本..........288
11.2.2 为空白关键帧添加脚本..........289
11.2.3 在AS文件中编写脚本..........290

11.3 编写基本ActionScript脚本..........291
11.3.1 编写输出命令..........291
11.3.2 编写定义变量..........292
11.3.3 编写赋值变量..........293
11.3.4 编写传递变量..........294
11.3.5 获取对象属性..........295

11.4 用ActionScript脚本
控制影片..........295
11.4.1 停止影片的播放..........296
11.4.2 播放与暂时影片..........297
11.4.3 使影片全屏播放..........298
11.4.4 跳转至场景或帧..........299

CHAPTER 12
优化动画图形：
测试、导出与发布..........302

12.1 优化影片文件..........303
12.1.1 影片文件的优化操作..........303
12.1.2 图像元素的优化操作..........303
12.1.3 文本元素的优化操作..........304
12.1.4 动作脚本的优化操作..........305
12.1.5 动画颜色的优化操作..........305

12.2 测试影片文件 305

　12.2.1 测试场景 306

　12.2.2 直接测试影片 307

　12.2.3 在Flash中测试影片 307

　12.2.4 在浏览器中测试影片 308

　12.2.5 清除发布缓存 309

12.3 导出Flash为图像和影片 310

　12.3.1 将动画导出为JPEG图像 310

　12.3.2 将动画导出为GIF图像 311

　12.3.3 将动画导出为PNG图像 312

　12.3.4 将动画导出为SWF影片 313

　12.3.5 将动画导出为JPEG序列 314

　12.3.6 将动画导出为PNG序列 315

　12.3.7 将动画导出为GIF动画 316

　12.3.8 将动画导出为MOV视频 317

12.4 发布Flash为图像和影片 318

　12.4.1 直接发布影片文件 318

　12.4.2 将动画发布为Flash文件 319

　12.4.3 将动画发布为HTML文件 321

　12.4.4 将动画发布为GIF文件 322

　12.4.5 将动画发布为JPEG文件 323

　12.4.6 将动画发布为PNG文件 324

　12.4.7 一次性发布多个影片文件 325

CHAPTER 13
设计实践：
商业项目综合实战案例 326

13.1 图形动画——表情包动画 327

　13.1.1 制作女孩整体轮廓 327

　13.1.2 制作女孩眼睛效果 328

　13.1.3 制作表情包动画1 329

　13.1.4 制作表情包动画2 332

13.2 导航动画——超炫铃声广告 334

　13.2.1 制作广告背景动画 334

　13.2.2 制作音符运动特效 336

　13.2.3 制作圆环顺时针动画 337

　13.2.4 制作广告合成动画 339

13.3 商业动画——珠宝首饰广告 341

　13.3.1 制作广告红色背景 342

　13.3.2 制作珠宝首饰动画 342

　13.3.3 制作广告文案动画 345

　13.3.4 制作珠宝合成动画 347

CHAPTER

图形动画入门：
走进 Flash CC 的世界

1

章前知识导读

　　Flash CC 是一款集多种功能于一体的多媒体制作软件，主要用于创建基于网络流媒体技术的带有交互功能的矢量动画。本章主要向读者介绍 Flash CC 的基本操作，以及工作界面的编辑与控制等内容。

新手重点索引

✏ Flash CC 软件的基本操作 　　　　✏ 编辑动画文档舞台属性

✏ 使用工作界面与工作区 　　　　　✏ 动画场景的基本操作

✏ 编辑与控制工作窗口

▶ 1.1 Flash CC 软件的基本操作

在使用 Flash CC 进行动画制作之前，首先需要在电脑中安装 Flash CC 应用软件，用户可以从网上下载 Flash CC 应用软件，也可以购买 Flash CC 软件的安装光盘。下面向读者介绍安装与卸载 Flash CC 的操作方法，希望读者熟练掌握本节内容。

◢ 1.1.1 Flash CC 软件的安装

安装 Flash CC 之前，用户需要检查一下计算机是否装有低版本的 Flash CC 程序，如果存在，需要将其卸载后再安装新的版本。另外，在安装 Flash CC 之前，必须先关闭其他所有应用程序，如果其他程序仍在运行，则会影响到 Flash CC 的正常安装。

	素材文件	无
	效果文件	无
	视频文件	光盘 \ 视频 \ 第 1 章 \1.1.1 Flash CC 软件的安装 .mp4

【操练 + 视频】——Flash CC 软件的安装

`STEP 01` 将 Flash CC 安装程序复制到电脑中，进入 Flash CC 安装文件夹，如图 1-1 所示。

`STEP 02` 选择 Flash CC 安装程序，在安装程序上单击鼠标右键，在弹出的快捷菜单中选择"打开"选项，如图 1-2 所示。

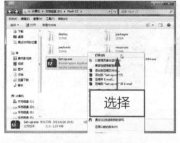

图 1-1 进入 Flash CC 安装文件夹   图 1-2 选择"打开"选项

`STEP 03` 执行操作后，弹出"Adobe 安装程序"对话框，提示用户安装软件过程中遇到的相关问题，单击"忽略"按钮，如图 1-3 所示。

`STEP 04` 此时，系统提示正在初始化安装程序，并显示初始化安装进度，如图 1-4 所示。

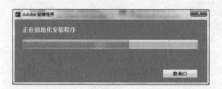

图 1-3 单击"忽略"按钮   图 1-4 显示初始化安装进度

`STEP 05` 待应用程序初始化完成后，进入"欢迎"界面，在下方单击"试用"按钮，如图 1-5 所示。

`STEP 06` 执行操作后，进入"需要登录"界面，单击"登录"按钮，如图 1-6 所示。

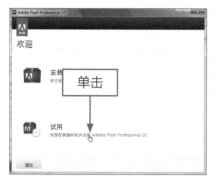

图 1-5 单击"试用"按钮

图 1-6 单击"登录"按钮

STEP 07 此时，界面中提示无法连接到 Internet，单击界面下方的"以后登录"按钮，如图 1-7 所示。

STEP 08 稍后进入"Adobe 软件许可协议"界面，在其中请用户仔细阅读许可协议条款的内容，然后单击"接受"按钮，如图 1-8 所示。

图 1-7 单击"以后登录"按钮

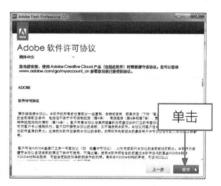

图 1-8 单击"接受"按钮

STEP 09 进入"选项"界面，在上方面板中选中需要安装软件的复选框，如图 1-9 所示。

STEP 10 在界面下方单击"位置"右侧的按钮 ▣ 如图 1-10 所示。

图 1-9 选中需要安装的软件复选框

图 1-10 单击"位置"右侧的按钮

STEP 11 执行操作后，弹出"浏览文件夹"对话框，在其中选择 Flash CC 软件需要安装的位置，设置完成后单击"确定"按钮，如图 1-11 所示。

STEP 12 返回"选项"界面，在"位置"下方显示了刚设置的软件安装位置，如图 1-12 所示。

图 1-11 选择安装位置

图 1-12 显示软件安装位置

STEP 13 单击"安装"按钮，开始安装 Flash CC 软件，并显示安装进度，如图 1-13 所示。

STEP 14 稍等片刻，待软件安装完成后，进入"安装完成"界面，单击"关闭"按钮，如图 1-14 所示，即可完成 Flash CC 软件的安装操作。

图 1-13 显示软件安装进度

图 1-14 单击"关闭"按钮

专家指点

在安装 Flash CC 软件的过程中，不建议将软件安装在 C 盘，这样会影响电脑的运行速度，可以选择其他磁盘安装 Flash CC 软件。

1.1.2 Flash CC 软件的卸载

当不再需要使用 Flash CC 应用程序时，此时可以将该软件从电脑中进行卸载操作，以提高电脑的运行速度，下面向读者介绍卸载 Flash CC 软件的操作方法。

	素材文件	无
	效果文件	无
	视频文件	光盘 \ 视频 \ 第 1 章 \1.1.2 Flash CC 软件的卸载 .mp4

【操练 + 视频】——Flash CC 软件的卸载

STEP 01 在计算机桌面上选择"360 软件管家"程序图标，如图 1-15 所示。

STEP 02 在该程序图标上单击鼠标右键，在弹出的快捷菜单中选择"打开"选项，如图 1-16 所示。

图 1-15 选择 "360 软件管家" 图标

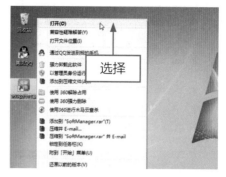

图 1-16 选择 "打开" 选项

STEP 03 执行操作后，打开 "360 软件管家" 工作界面，在界面上方单击 "软件卸载" 图标，如图 1-17 所示。

STEP 04 进入 "软件卸载" 界面，找到 Adobe Flash Professional CC 应用程序，单击右侧的 "卸载" 按钮，如图 1-18 所示。

图 1-17 单击 "软件卸载" 图标

图 1-18 单击 "卸载" 按钮

STEP 05 此时，界面中提示正在卸载软件，如图 1-19 所示。

STEP 06 稍等片刻，在 "卸载选项" 界面中选中需要卸载的软件复选框，如图 1-20 所示。

图 1-19 提示正在卸载软件

图 1-20 选中需要卸载的软件复选框

STEP 07 在界面右侧选中 "删除首选项" 复选框，如图 1-21 所示。

STEP 08 在界面下方单击 "卸载" 按钮，如图 1-22 所示。

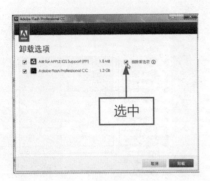

图 1-21 选中"删除首选项"复选框　　　　　　图 1-22 单击"卸载"按钮

STEP 09 执行操作后，开始卸载 Flash CC 应用软件，并显示卸载进度，如图 1-23 所示。

STEP 10 稍等片刻，进入"卸载完成"界面，提示软件已经卸载完成，单击"关闭"按钮，如图 1-24 所示。

图 1-23 显示卸载进度　　　　　　　　　　图 1-24 软件卸载完成

STEP 11 返回"360 软件管家"工作界面，单击 Adobe Flash Professional CC 右侧的"强力清扫"按钮，如图 1-25 所示。

STEP 12 弹出"360 软件管家 - 强力清扫"对话框，单击下方的"删除所选项目"按钮，如图 1-26 所示。

图 1-25 单击"强力清扫"按钮　　　　　　图 1-26 单击"删除所选项目"按钮

STEP 13 执行操作后，此时 Adobe Flash Professional CC 右侧将显示软件已经卸载完成，如图 1-27 所示。至此，完成 Flash CC 软件的卸载操作。

图 1-27 显示软件已经卸载完成

1.1.3 Flash CC 软件的启动

使用 Flash CC 制作动画特效之前，首先需要启动 Flash CC 软件。将 Flash CC 安装至计算机中后，在桌面会自动生成一个 Flash CC 的快捷方式图标，双击该图标即可启动 Flash CC 应用软件。

	素材文件	无
	效果文件	无
	视频文件	光盘 \ 视频 \ 第 1 章 \1.1.3 Flash CC 软件的启动 .mp4

【操练 + 视频】——Flash CC 软件的启动

STEP 01 在计算机桌面上选择 Adobe Flash Professional CC 程序图标，如图 1-28 所示。

STEP 02 在该程序图标上单击鼠标右键，在弹出的快捷菜单中选择"打开"选项，如图 1-29 所示。

图 1-28 选择程序图标

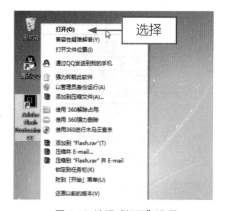

图 1-29 选择"打开"选项

STEP 03 执行操作后，即可启动 Flash CC 应用程序，并进入 Flash CC 启动界面，如图 1-30 所示。

STEP 04 稍等片刻，即可进入 Flash CC 工作界面，如图 1-31 所示。

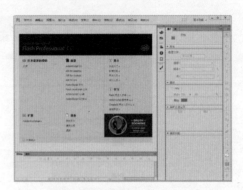

图 1-30 进入 Flash CC 启动界面　　　　　　　图 1-31 进入 Flash CC 工作界面

1.1.4　Flash CC 软件的退出

　　一般情况下，在应用软件界面的"文件"菜单下都提供了"退出"命令。在 Flash CC 中，使用"文件"菜单下的"退出"命令可以退出 Flash CC 应用软件，从而节约操作系统内存的使用空间，提高系统的运行速度。

素材文件	光盘 \ 素材 \ 第 1 章 \1.1.4.fla
效果文件	无
视频文件	光盘 \ 视频 \ 第 1 章 \1.1.4　Flash CC 软件的退出 .mp4

【操练 + 视频】——Flash CC 软件的退出

STEP 01 单击"文件"|"打开"命令，打开一个素材文件，如图 1-32 所示。

STEP 02 在菜单栏中单击"文件"菜单，在弹出的菜单列表中单击"退出"命令，如图 1-33 所示，即可退出 Flash 软件。

图 1-32　打开素材文件　　　　　　　图 1-33　单击"退出"命令

专家指点

在 Flash CC 工作界面中，还可以通过以下 3 种快捷键退出 Flash CC 软件；

　　* 在工作界面中，按【Ctrl + Q】组合键。

　　* 在工作界面中，按【Alt + F4】组合键。

　　* 在"文件"菜单列表中按【X】键，也可以快速执行"退出"命令，退出 Flash CC 工作界面。

▶ 1.2 使用工作界面与工作区

Flash CC 软件向读者提供了多种工作界面的布局样式，用户可根据需要随意切换 Flash 软件的界面布局。工作区是指用来编辑动画文件的区域，只有在工作区中才能完成动画的制作和编辑操作。本节将详细向读者介绍使用工作界面与工作区的方法。

◢ 1.2.1 使用动画工作界面

在 Flash CC 工作界面中，"动画"界面布局是专门为制作动画的工作人员设计的界面布局，在该界面布局下制作动画效果时会更加方便。下面向读者介绍使用"动画"工作界面的方法。

素材文件	光盘 \ 素材 \ 第 1 章 \1.2.1.fla	
效果文件	无	
视频文件	光盘 \ 视频 \ 第 1 章 \1.2.1 使用动画工作界面 .mp4	

【操练 + 视频】——使用动画工作界面

STEP 01 单击"文件"|"打开"命令，打开一个素材文件，在其中可以查看现有工作界面布局样式，如图 1-34 所示。

STEP 02 在工作界面的右上角位置单击"基本功能"右侧的下拉按钮，在弹出的列表中选择"动画"选项，如图 1-35 所示。

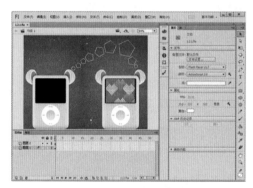

图 1-34 查看现有工作界面布局样式

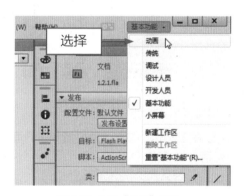

图 1-35 选择"动画"选项

STEP 03 执行操作后，即可快速切换至"动画"界面布局样式，如图 1-36 所示。

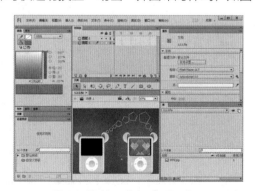

图 1-36 切换至"动画"界面布局

专家指点

还可以在菜单栏中单击"窗口"菜单,在弹出的菜单列表中单击"工作区"|"动画"命令,也可以快速切换至"动画"界面布局样式。

1.2.2 使用传统工作界面

在 Flash CC 工作界面中,"传统"界面布局样式中显示着 Flash 的一些基本功能,左侧显示的是工具箱,上方显示的是"时间轴"面板,下方显示的是舞台工作区,右侧显示的是"属性"面板。下面向读者介绍使用"传统"工作界面的方法。

素材文件	光盘 \ 素材 \ 第 1 章 \1.2.2.fla
效果文件	无
视频文件	光盘 \ 视频 \ 第 1 章 \1.2.2 使用传统工作界面 .mp4

【操练 + 视频】——使用传统工作界面

STEP 01 单击"文件"|"打开"命令,打开一个素材文件,如图 1-37 所示。

STEP 02 在 Flash CC 工作界面中可以查看现有工作界面布局样式,如图 1-38 所示。

图 1-37 打开素材文件　　　　　图 1-38 查看现有工作界面布局样式

STEP 03 在工作界面的右上角位置单击界面模式右侧的下拉按钮,在弹出的列表中选择"传统"选项,如图 1-39 所示。

STEP 04 执行操作后,即可快速切换至"传统"界面布局样式,如图 1-40 所示。

图 1-39 选择"传统"选项　　　　　图 1-40 切换至"传统"界面布局样式

专家指点

还可以在菜单栏中单击"窗口"菜单,在弹出的菜单列表中单击"工作区"|"传统"命令,也可以快速切换至"传统"界面布局样式。

1.2.3 使用调试工作界面

在 Flash CC 工作界面中，"调试"界面布局样式中主要显示有关调试的功能，左侧显示的是"调试控制台"面板，上方显示的是舞台，下方显示的是"输出"面板。在该界面布局样式下，不会显示工具箱与"属性"面板等。

素材文件	光盘 \ 素材 \ 第 1 章 \1.2.3.fla
效果文件	无
视频文件	光盘 \ 视频 \ 第 1 章 \1.2.3 使用调试工作界面 .mp4

【操练 + 视频】——使用调试工作界面

STEP 01 单击"文件"|"打开"命令，打开一个素材文件，如图 1-41 所示。

STEP 02 在 Flash CC 工作界面中可以查看现有工作界面布局样式，如图 1-42 所示。

图 1-41 打开素材文件

图 1-42 查看现有工作界面布局

STEP 03 在工作界面的右上角位置单击界面模式右侧的下拉按钮，在弹出的列表中选择"调试"选项，如图 1-43 所示。

STEP 04 执行操作后，即可快速切换至"调试"界面布局样式，如图 1-44 所示。

图 1-43 选择"调试"选项

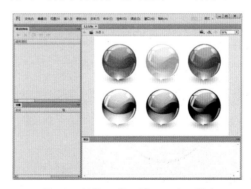

图 1-44 切换至"调试"界面布局样式

专家指点

还可以在菜单栏中单击"窗口"菜单，在弹出的菜单列表中单击"工作区"|"调试"命令，也可以快速切换至"调试"界面布局样式。

1.2.4 新建 Flash 工作区

在 Flash CC 工作界面中，如果软件本身的多种工作界面布局无法满足用户的需求或者操作习惯，此时可以通过"新建工作区"选项来新建相关工作区。

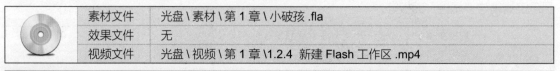

素材文件	光盘 \ 素材 \ 第 1 章 \ 小破孩 .fla
效果文件	无
视频文件	光盘 \ 视频 \ 第 1 章 \1.2.4 新建 Flash 工作区 .mp4

【操练 + 视频】——新建 Flash 工作区

STEP 01 单击"文件"|"打开"命令，打开一个素材文件，如图 1-45 所示。

STEP 02 在 Flash CC 工作界面中可以查看现有工作界面布局样式，如图 1-46 所示。

图 1-45 打开素材文件　　　　　　图 1-46 查看现有工作界面布局样式

STEP 03 通过手动拖曳的方式调整现有工作界面的布局样式，并关闭"时间轴"面板，如图 1-47 所示。

STEP 04 在工作界面的右上角位置，单击"基本功能"右侧的下拉按钮，在弹出的列表中选择"新建工作区"选项，如图 1-48 所示。

图 1-47 调整现有工作界面的布局样式　　　　图 1-48 选择"新建工作区"选项

专家指点

在 Flash CC 工作界面中，在菜单栏中单击"窗口"菜单，在弹出的菜单列表中单击"工作区"|"新建工作区"命令，也可以快速弹出"新建工作区"对话框。

STEP 05 执行操作后，弹出"新建工作区"对话框，在其中设置"名称"为"矢量绘图区"，如图 1-49 所示。

STEP 06 单击"确定"按钮，即可新建"矢量绘图区"工作界面，在右上角位置将显示新建的工作区名称，如图 1-50 所示。

图 1-49 设置工作区的名称

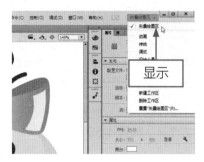

图 1-50 显示新建的工作区名称

1.2.5 删除 Flash 工作区

在 Flash CC 工作界面中，如果对新建的工作区不满意，此时可以对新建的工作区进行删除操作。下面向读者介绍删除工作区的操作方法。

	素材文件	光盘 \ 素材 \ 第 1 章 \ 爱心小屋 .fla
	效果文件	无
	视频文件	光盘 \ 视频 \ 第 1 章 \1.2.5 删除 Flash 工作区 .mp4

【操练 + 视频】——删除 Flash 工作区

STEP 01 单击"文件" | "打开"命令，打开一个素材文件，如图 1-51 所示。

STEP 02 在工作界面的右上角位置单击"基本功能"右侧的下拉按钮，在弹出的列表中选择"删除工作区"选项，如图 1-52 所示。

图 1-51 打开素材文件

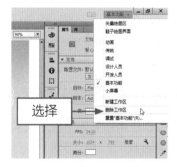

图 1-52 选择"删除工作区"选项

STEP 03 执行操作后，弹出"删除工作区"对话框，在"名称"列表框中选择需要删除的工作区名称，这里选择"鞋子绘图界面"选项，如图 1-53 所示。

STEP 04 单击"确定"按钮，弹出提示信息框，提示用户是否确认删除操作，单击"是"按钮，如图 1-54 所示。

图 1-53 选择需要删除的工作区名称　　　　　　　图 1-54 单击"是"按钮

STEP 05 执行操作后，即可删除选择的工作区，此时在"基本功能"列表框中将不再显示"鞋子绘图界面"工作区，如图 1-55 所示。

图 1-55 删除选择的工作区

专家指点

　　在 Flash CC 工作界面中，在菜单栏中单击"窗口"菜单，在弹出的菜单列表中单击"工作区"|"删除工作区"命令，也可以快速删除选择的工作区。

▶▶ 1.3 编辑与控制工作窗口

　　启动 Flash CC 应用程序，进入欢迎界面后，可以根据软件的操作习惯编辑工作窗口，还可以调整窗口中各种面板的显示方式。本节主要向读者介绍编辑与控制工作窗口的操作方法，希望读者熟练掌握本节内容。

◢ 1.3.1 使用 Flash 欢迎界面

　　启动 Flash CC 应用程序后，进入欢迎界面，在其中可以运用模板新建多个动画文档，下面向读者介绍使用欢迎界面的操作方法。

　　在 Flash CC 欢迎界面的"模板"选项区中选择"更多"选项，如图 1-56 所示。执行操作后，即可弹出"从模板新建"对话框，如图 1-57 所示。

　　在"类别"选项区中选择"动画"选项，在"模板"选项区中选择"雪景脚本"选项，如图 1-58 所示。单击"确定"按钮，即可通过欢迎界面创建一个高级相册模板，效果如图 1-59 所示。

图 1-56 选择"更多"选项

图 1-57 "从模板新建"对话框

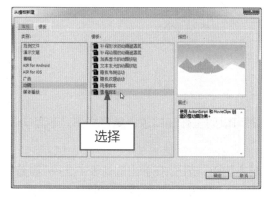

图 1-58 选择"雪景脚本"选项

图 1-59 创建高级相册模板

▨ 1.3.2 调整窗口的显示大小

在 Flash CC 应用程序中，可以对 Flash CC 的工作界面进行放大或缩小操作。下面向读者介绍控制窗口大小的操作方法。

进入 Flash CC 工作界面，将鼠标指针移至标题栏右侧的"恢复"按钮 📭 上，如图 1-60 所示，单击鼠标左键，即可将窗口恢复；将鼠标指针移至标题栏右侧的"最大化"按钮 📭 上，如图 1-61 所示，单击鼠标左键，即可最大化窗口。

图 1-60 单击"恢复"按钮

图 1-61 单击"最大化"按钮

将鼠标移至标题栏右侧的"最小化"按钮  上,如图 1-62 所示,单击鼠标左键,即可最小化窗口,此时只在任务栏中显示该程序的图标。

图 1-62 单击"最小化"按钮

1.3.3 还原工作窗口至初始状态

如果对 Flash CC 当前的工作窗口不满意,此时可以对工作窗口进行重置操作。下面向读者介绍重置工作窗口的操作方法。

启动 Flash CC 应用程序,单击标题栏右侧的"基本功能"按钮,在弹出的列表中选择"重置'基本功能'"选项,如图 1-63 所示。操作完成后,即可将工作窗口进行重置,如图 1-64 所示。

图 1-63 选择"重置'基本功能'"选项

图 1-64 重置窗口

专家指点

在 Flash CC 软件中,可以通过设置软件操作的快捷键来提高编辑动画的效果。当对已经添加的键盘快捷键不满意时,此时可以对添加的键盘快捷键进行撤销操作。在"键盘快捷键"对话框中,当添加了相关键盘快捷键后,如果不满意,此时可以单击下方的"撤销"按钮,如图 1-65 所示。执行操作后,即可撤销键盘快捷键的添加操作,"创建补间动画"选项右侧将不显示任何快捷键信息,如图 1-66 所示。

图 1-65 单击"撤销"按钮

图 1-66 撤销键盘快捷键的添加

1.3.4 折叠与展开面板

在 Flash CC 中，可以对软件中的浮动面板进行折叠或展开操作，下面向读者介绍折叠与展开面板的操作方法。

素材文件	无
效果文件	无
视频文件	光盘 \ 视频 \ 第 1 章 \1.3.4 折叠与展开面板 .mp4

【操练 + 视频】——折叠与展开面板

STEP 01 启动 Flash CC 应用程序，新建一个 Flash 文件，将鼠标指针移至"属性"面板右侧的"折叠为图标"按钮 上，如图 1-67 所示。单击鼠标左键，即可将"属性"面板折叠起来，如图 1-68 所示。

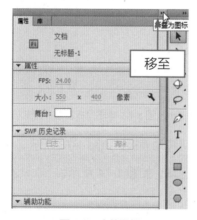

图 1-67 定位鼠标

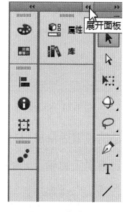

图 1-68 折叠面板

专家指点

在舞台区制作动画时，可以把面板折叠起来，这样可以腾出更多的舞台空间。在 Flash CC 应用程序中，面板上方都有灰色区域，通过双击该灰色区域，可对面板执行展开或折叠操作。

STEP 02 将鼠标指针移至"属性"面板右侧的"展开面板"按钮 上，如图 1-69 所示。

STEP 03 单击鼠标左键，即可将"属性"面板展开，如图 1-70 所示。

图 1-69 定位鼠标　　　　　图 1-70 展开面板

1.3.5 移动与组合面板

在 Flash CC 中，可以对窗口中的浮动面板进行随意组合操作，调整至用户习惯的操作界面。下面向读者介绍移动与组合面板的方法。

	素材文件	无
	效果文件	无
	视频文件	光盘 \ 视频 \ 第 1 章 \1.3.5 移动与组合面板 .mp4

【操练 + 视频】——移动与组合面板

STEP 01 将鼠标指针移至"属性"面板顶端的黑色区域上，如图 1-71 所示。

STEP 02 单击鼠标左键并拖曳，面板以半透明方式显示，如图 1-72 所示。

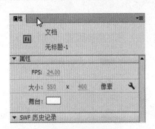

图 1-71 移动鼠标　　　　　图 1-72 单击鼠标左键并拖曳

STEP 03 拖曳至合适的位置后释放鼠标，即可移动面板，如图 1-73 所示。

STEP 04 将鼠标指针移至工具箱上方的灰色区域，如图 1-74 所示。

图 1-73 移动面板　　　　　图 1-74 定位鼠标

STEP 05 单击鼠标左键并将其拖曳至"属性"面板的灰色区域，"属性"面板显示蓝色框，如图 1-75 所示。

STEP 06 释放鼠标左键，即可将面板进行组合，如图 1-76 所示。

图 1-75 拖曳面板

图 1-76 组合面板

专家指点

　　当界面中存在多个浮动面板时会占用很大的空间，不利于舞台区的操作，此时就可以将几个面板组合成一个面板，如图 1-77 所示。

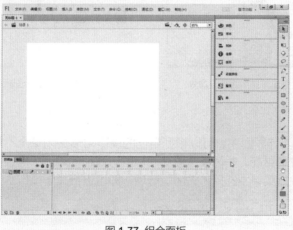

图 1-77 组合面板

◢ 1.3.6 隐藏和显示面板

　　在 Flash CC 中，如果不再需要窗口中的面板，此时可以对浮动面板进行隐藏与显示操作。下面向读者介绍隐藏与显示面板的方法。

素材文件	光盘 \ 素材 \ 第 1 章 \ 城市建筑 .fla
效果文件	无
视频文件	光盘 \ 视频 \ 第 1 章 \1.3.6 隐藏和显示面板 .mp4

【操练 + 视频】——隐藏和显示面板

STEP 01 启动 Flash CC 应用程序，新建一个 Flash 文件，或打开一个 Flash 素材，单击"窗口" | "隐藏面板"命令，如图 1-78 所示。

STEP 02 所有面板都将被隐藏，如图 1-79 所示。

STEP 03 单击"窗口" | "显示面板"命令，如图 1-80 所示。

STEP 04 被隐藏的面板即被显示出来，如图 1-81 所示。

图 1-78 单击"隐藏面板"命令

图 1-79 隐藏面板

图 1-80 单击"显示面板"命令

图 1-81 显示面板

专家指点

　　在 Flash CC 工作界面中，可以根据自己的操作习惯关闭单个不需要的浮动面板，使编辑动画文件时效率更高。关闭单个浮动面板的方法很简单，只需在面板名称上单击鼠标右键，在弹出的快捷菜单中选择"关闭"选项，即可进行关闭操作。

▶ 1.4　编辑动画文档舞台属性

　　在制作动画之前，首先应该设定动画文档的尺寸、内容比例、背景颜色和其他属性等。在 Flash CC 中，设置文档属性的方法有 3 种：第 1 种是使用"属性"面板设置文档属性，第 2 种是使用菜单命令设置文档属性，第 3 种是通过舞台右键菜单设置文档属性。本节主要向读者介绍设置动画文档属性的操作方法。

◢ 1.4.1　设置动画文档单位

　　在 Flash CC 工作界面中，设置舞台大小的单位包括 5 种，如"英寸"、"英寸（十进制）"、"点"、"厘米"、"毫米"以及"像素"。下面介绍选择文档单位大小的方法。

素材文件	光盘 \ 素材 \ 第 1 章 \ 创意设计 .fla
效果文件	光盘 \ 效果 \ 第 1 章 \ 创意设计 .fla
视频文件	光盘 \ 视频 \ 第 1 章 \1.4.1 设置动画文档单位 .mp4

◣【操练 + 视频】——设置动画文档单位

STEP 01 单击"文件"|"打开"命令，打开一个素材文件，如图 1-82 所示。

STEP 02 在菜单栏中单击"修改"|"文档"命令，如图 1-83 所示。

图 1-82 打开素材文件

图 1-83 单击"文档"命令

STEP|03 执行操作后，即可弹出"文档设置"对话框，如图 **1-84** 所示。

STEP|04 在对话框中，单击"单位"右侧的下拉按钮，在弹出的列表中选择"厘米"选项，如图 **1-85** 所示，即可设置文档的单位尺寸为"厘米"，完成单位的选择操作。

图 1-84 "文档设置"对话框

图 1-85 选择"厘米"选项

1.4.2 重新设置舞台大小

在 Flash CC 工作界面中，如果制作的动画内容与舞台大小不协调，此时需要更改舞台的尺寸和大小，使制作的动画文件更加符合用户的要求。

素材文件	光盘 \ 素材 \ 第 1 章 \ 奔跑 .fla
效果文件	光盘 \ 效果 \ 第 1 章 \ 奔跑 .fla
视频文件	光盘 \ 视频 \ 第 1 章 \1.4.2 重新设置舞台大小 .mp4

【操练 + 视频】——重新设置舞台大小

STEP|01 单击"文件"|"打开"命令，打开一个素材文件，如图 **1-86** 所示。

STEP|02 打开"属性"面板，在其中展开"属性"选项，单击"像素"右侧的"编辑文档属性"按钮，如图 **1-87** 所示。

STEP|03 执行操作后，弹出"文档设置"对话框，在其中可以查看现有的文档属性信息，如图 **1-88** 所示。

STEP|04 在该对话框中，更改"舞台大小"的尺寸为 649×495，如图 **1-89** 所示。

图 1-86 打开素材文件

图 1-87 单击"编辑文档属性"按钮

图 1-88 查看现有的文档属性信息

图 1-89 更改"舞台大小"的尺寸

STEP 05 设置完成后,单击"确定"按钮,返回 Flash 工作界面,在其中可以查看设置后的舞台大小,舞台背景以白色显示,如图 1-90 所示。

STEP 06 使用选择工具移动图像的位置,使其刚好显示在舞台中心,如图 1-91 所示,即可完成舞台大小尺寸的设置。

图 1-90 查看设置后的舞台大小

图 1-91 移动图像的位置

1.4.3 调整为匹配内容的舞台

在 Flash CC 工作界面中，当设置动画文档属性时，还可以动画内容为舞台尺寸的匹配对象，使舞台大小刚好为动画内容的尺寸大小。

素材文件	光盘 \ 素材 \ 第 1 章 \ 山水云南 .fla
效果文件	光盘 \ 效果 \ 第 1 章 \ 山水云南 .fla
视频文件	光盘 \ 视频 \ 第 1 章 \1.4.3 调整为匹配内容的舞台 .mp4

【操练 + 视频】——调整为匹配内容的舞台

STEP 01 单击"文件"|"打开"命令，打开一个素材文件，如图 1-92 所示。

STEP 02 将鼠标指针移至舞台中的空白位置上单击鼠标右键，在弹出的快捷菜单中选择"文档"选项，如图 1-93 所示。

图 1-92 打开素材文件

图 1-93 选择"文档"选项

STEP 03 执行操作后，弹出"文档设置"对话框，在其中可以查看现有的文档属性信息，单击"匹配内容"按钮，如图 1-94 所示。

STEP 04 执行操作后，此时"舞台大小"的尺寸参数将发生变化，如图 1-95 所示。

图 1-94 单击"匹配内容"按钮

图 1-95 尺寸参数发生变化

STEP 05 单击"确定"按钮，此时舞台中多余的白色背景将不存在，舞台的尺寸大小已经与动画内容相匹配，如图 1-96 所示。

STEP 06 按【Ctrl + Enter】组合键测试影片，预览动画效果，如图 1-97 所示。

图 1-96 舞台与动画内容相匹配

图 1-97 预览动画效果

专家指点

在 Flash CC 工作界面中，当需要制作多个相同尺寸大小的动画文件时，在"文档设置"对话框中设置好舞台的大小尺寸后，单击对话框下方的"设为默认值"按钮，当下一次再创建新的动画文档时，将以这次设置的默认值为准。

1.4.4 编辑舞台区的背景颜色

在 Flash CC 工作界面中，默认情况下舞台区中的显示颜色为白色，也可以根据需要修改舞台的背景颜色，使其与动画效果相协调。下面向读者介绍设置舞台显示颜色的操作方法。

素材文件	光盘 \ 素材 \ 第 1 章 \ 网站导航 .fla
效果文件	光盘 \ 效果 \ 第 1 章 \ 网站导航 .fla
视频文件	光盘 \ 视频 \ 第 1 章 \1.4.4 编辑舞台区的背景颜色 .mp4

【操练 + 视频】——编辑舞台区的背景颜色

STEP 01 单击"文件"|"打开"命令，打开一个素材文件，如图 1-98 所示。

STEP 02 将鼠标指针移至舞台中的空白位置上单击鼠标右键，在弹出的快捷菜单中选择"文档"选项，如图 1-99 所示。

图 1-98 打开素材文件

图 1-99 选择"文档"选项

STEP 03 弹出"文档设置"对话框，单击"舞台颜色"右侧的白色色块，如图 1-100 所示。

STEP 04 弹出颜色面板，在其中选择黑色（#333333），如图 1-101 所示。

图 1-100　单击白色色块

图 1-101　选择颜色

STEP 05　单击"确定"按钮，即可更改舞台的显示颜色，如图 1-102 所示。

STEP 06　按【Ctrl + Enter】组合键测试影片，预览动画效果，如图 1-103 所示。

图 1-102　更改舞台的显示颜色

图 1-103　预览动画效果

1.4.5　编辑动画帧频的大小

在 Flash CC 工作界面中，帧频就是动画在播放时帧播放的速度。系统默认的帧频为 24fps（帧 / 秒），也就是每秒播放的动画的帧数，也可以根据需要对帧频进行相关设置。

单击"修改"|"文档"命令，如图 1-104 所示。执行操作后，弹出"文档设置"对话框，在其中输入相应的帧频参数，如图 1-105 所示，单击"确定"按钮，即可完成设置。

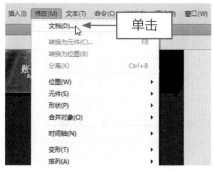

图 1-104　单击"文档"命令

图 1-105　输入相应的帧频参数

➧ 1.5 动画场景的基本操作

要按主题组织文件，可以使用场景。在 Flash CC 中，可以使用单独的场景制作简介、片头片尾以及信息提示等。本节主要向读者介绍如何添加场景、复制场景、删除场景以及重命名场景的操作方法。

✍ 1.5.1 添加动画场景

在 Flash CC 中制作动画时，如果制作的动画比较大而且很复杂，在制作时可以考虑添加多个场景，将复杂的动画分场景制作。

素材文件	光盘 \ 素材 \ 第 1 章 \ 极限运动 .fla
效果文件	光盘 \ 效果 \ 第 1 章 \ 极限运动 .fla
视频文件	光盘 \ 视频 \ 第 1 章 \1.5.1 添加动画场景 .mp4

✖ 【操练＋视频】——添加动画场景

STEP 01 单击"文件"|"打开"命令，打开一个素材文件，如图 1-106 所示。

STEP 02 单击"窗口"|"场景"命令，如图 1-107 所示。

图 1-106 打开一个素材文件　　　图 1-107 单击"场景"命令

STEP 03 弹出"场景"面板，单击"添加场景"按钮，如图 1-108 所示。

STEP 04 执行操作后，即可添加"场景 2"场景，如图 1-109 所示。

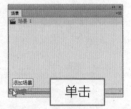
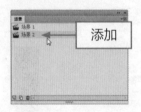

图 1-108 单击"添加场景"按钮　　图 1-109 添加"场景 2"场景

1.5.2 复制动画场景

复制的场景可以说是所选择场景的一个副本，所选择场景中的帧、图层和动画等都会得到复制，并形成一个新场景。复制场景主要用于编辑某些类似的场景。

单击"窗口"|"场景"命令，在"场景"面板中选择"场景 1"选项，单击"重制场景"按钮 🔘，如图 1-110 所示。执行操作后，即可复制"场景 1"，如图 1-111 所示。

图 1-110 单击"重制场景"按钮

图 1-111 复制"场景 1"

1.5.3 删除动画场景

在 Flash CC 中，如果对当前编辑的场景不满意，此时可以根据需要删除场景。打开"场景"面板，在其中选择"场景 1"选项，单击"删除场景"按钮 🗑，如图 1-112 所示。弹出提示信息框，提示用户是否删除所选场景，如图 1-113 所示。

图 1-112 单击"删除场景"按钮

图 1-113 提示信息框

单击"确定"按钮，即可将选择的场景删除，如图 1-114 所示。

图 1-114 将选择的场景删除

1.5.4 重命名动画场景

在 Flash CC 工作界面中，可以将场景重新命名，以便区分多个场景。打开"场景"面板，在"场景"面板中双击"场景 1"名称，此时文本呈激活状态，如图 1-115 所示。选择一种合适的输入法，在其中直接输入"漂亮花朵"文本，并按【Enter】键确认，即可重命名场景，如图 1-116 所示。

图 1-115 文本呈激活状态

图 1-116 重命名场景

CHAPTER

掌握动画绘图环境:
Flash CC 基本操作

章前知识导读

为了让读者更好地掌握 Flash CC 应用程序，在学习动画制作之前应该对 Flash CC 的基础操作有一定的了解。本章主要向读者介绍动画文档的基本操作、导入与编辑外部媒体文件、应用标尺 / 网格与辅助线等内容。

新手重点索引

- 动画文档的基本操作
- 导入与编辑外部媒体文件
- 应用标尺、网格与辅助线
- 控制舞台显示比例

▶ 2.1 动画文档的基本操作

动画文档就是进行动画设计等操作的原始文件，使用 Flash 对动画进行设计时，会涉及一些动画文档的基础操作，如创建动画文档、保存动画文档、打开动画文档和关闭动画文档等，希望读者熟练掌握本节内容。

▨ 2.1.1 创建普通动画文档

在 Flash CC 工作界面中，通过"新建"命令可以创建 Flash 空白文档。

	素材文件	无
	效果文件	无
	视频文件	光盘 \ 视频 \ 第 2 章 \2.1.1 创建普通动画文档 .mp4

【操练 + 视频】——创建普通动画文档

STEP 01 启动 Flash CC 程序，单击"文件"|"新建"命令，如图 2-1 所示。

STEP 02 弹出"新建文档"对话框，如图 2-2 所示。

图 2-1 "新建文档"命令　　　　图 2-2 "新建文档"对话框

STEP 03 在"常规"选项卡的"类型"列表框中选择 ActionScript 3.0 选项，设置"高"为 500 像素，如图 2-3 所示。

STEP 04 单击"确定"按钮，即可创建一个文件类型为 ActionScript 3.0 的空白文件，如图 2-4 所示。

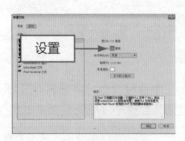

图 2-3 设置相应参数　　　　图 2-4 创建空白文件

专家指点

进入 Flash CC 工作界面，在欢迎界面中选择 ActionScript 3.0 选项，也可以快速创建一个空白的 ActionScript 3.0 Flash 文档。

2.1.2 创建模板动画文档

在 Flash CC 工作界面中，不仅可以创建空白的 Flash 文档，还可以通过 Flash 软件提供的动画模板来创建带有动画效果的 Flash 文档。

	素材文件	无
	效果文件	光盘 \ 效果 \ 第 2 章 \ 雨景脚本 .fla
	视频文件	光盘 \ 视频 \ 第 2 章 \2.1.2 创建模板动画文档 .mp4

【操练 + 视频】——创建模板动画文档

STEP 01 在菜单栏中单击"文件"|"新建"命令，在弹出的"新建文档"对话框中单击"模板"选项卡，在"类别"列表框中选择"动画"选项，在"模板"列表框中选择"雨景脚本"选项，如图 2-5 所示。

STEP 02 单击"确定"按钮，即可创建一个模板文件，如图 2-6 所示。

图 2-5 选择"雨景脚本"选项

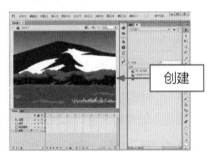

图 2-6 创建模板文件

STEP 03 按【Ctrl + Enter】组合键，测试创建的模板动画效果，如图 2-7 所示。

图 2-7 测试创建的模板动画效果

2.1.3 创建动画演示文稿

在 Flash CC 工作界面中，不仅可以通过 Flash 模板创建相应的动画效果，还可以创建演示文稿对象。下面向读者介绍通过模板创建演示文稿的操作方法。

在菜单栏中单击"文件"|"新建"命令，在弹出的"新建文档"对话框中单击"模板"选项卡，在"类别"列表框中选择"演示文稿"选项，在"模板"列表框中选择"高级演示文稿"选项，如图 2-8 所示。单击"确定"按钮，即可创建一个演示文稿模板文件，如图 2-9 所示。

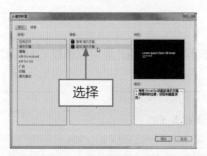
图 2-8 选择"高级演示文稿"选项

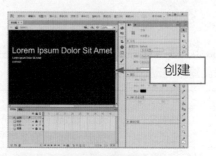
图 2-9 创建演示文稿模板文件

2.1.4 直接保存动画文档

在处理文档的过程中，为了保证文档的安全和避免编辑的内容丢失，必须及时将其存储到计算机中，以便日后查看或编辑使用，可通过菜单命令进行动画文档的保存。

素材文件	光盘 \ 素材 \ 第 2 章 \ 电子广告 .jpg
效果文件	光盘 \ 效果 \ 第 2 章 \ 电子广告 .fla
视频文件	光盘 \ 视频 \ 第 2 章 \2.1.4 直接保存动画文档 .mp4

【操练 + 视频】——直接保存动画文档

STEP 01 新建一个动画文档，单击"文件"|"导入"|"导入到舞台"命令，在弹出的"导入"对话框中选择要导入的素材文件，如图 2-10 所示。

STEP 02 单击"打开"按钮，即可将图像文件导入到舞台区，如图 2-11 所示。

图 2-10 选择素材文件

图 2-11 导入图像文件

STEP 03 在菜单栏上单击"文件"|"保存"命令，如图 2-12 所示。

STEP 04 弹出"另存为"对话框，在"保存在"下拉列表框中选择保存动画文档的位置，在"文件名"文本框中输入"电子广告"文本，如图 2-13 所示，单击"保存"按钮，即可直接保存该文件。

专家指点

在 Flash CC 工作界面中，还可以通过以下两种方法保存动画文档；

* 直接按【Ctrl + S】组合键，也可以保存当前文档。

* 单击"文件"菜单，在弹出的菜单列表中按【S】键，也可以保存当前文档。

另外，在"文件"菜单下单击"另存为模板"命令，可以将动画文档另存为模板文件。

图 2-12 单击"保存"命令　　　　　　　　图 2-13 "另存为"对话框

2.1.5 另存为动画文档

　　如果需要将修改的文档另存在指定的位置，可运用"另存为"命令将文档进行另存。在菜单栏中单击"文件"|"另存为"命令，如图 2-14 所示。弹出"另存为"对话框，在"保存在"下拉列表框中选择保存动画文档的位置，并设置文档的"文件名"，如图 2-15 所示，单击"保存"按钮，即可完成另存为动画文档的操作。

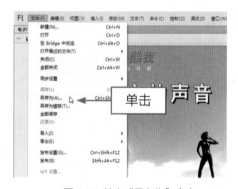

图 2-14 单击"另存为"命令　　　　　　　图 2-15 "另存为"对话框

2.1.6 打开动画文档

　　要想编辑 Flash CC 的动画文件，必须先打开该动画文件。这里说的文件指的是 Flash 源文件，即可编辑的"*.FLA"，而不是"*.SWF"格式的动画文件。

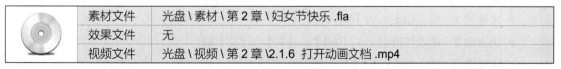

素材文件	光盘 \ 素材 \ 第 2 章 \ 妇女节快乐 .fla
效果文件	无
视频文件	光盘 \ 视频 \ 第 2 章 \2.1.6 打开动画文档 .mp4

【操练 + 视频】——打开动画文档

STEP 01 在菜单栏中单击"文件"|"打开"命令，如图 2-16 所示。

STEP 02 弹出"打开"对话框，在其中选择需要打开的文件，如图 2-17 所示。

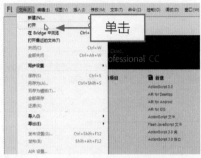

图 2-16 单击"打开"命令 　　　　　　　　图 2-17 选择需要打开的文件

STEP 03 单击"打开"按钮，即可打开所选文件，如图 2-18 所示。

图 2-18 打开文件

专家指点

在 Flash CC 中，打开动画文件的方法还有以下两种：

* 快捷键 1：按【Ctrl + O】组合键。
* 快捷键 2：依次按键盘上的【Alt】、【F】、【O】键。

2.1.7 关闭动画文档

在 Flash CC 中，关闭文档与关闭应用程序窗口的操作方法有相同之处，但关闭文档并不一定要退出应用程序。

专家指点

在 Flash CC 中，关闭文档的方法还有以下 4 种：

* 按钮：单击标题栏右侧的"关闭"按钮 。
* 快捷键 1：按【Ctrl + W】组合键。
* 快捷键 2：依次按键盘上的【Alt】、【F】、【C】键。
* 快捷键 3：按【Ctrl + F4】组合键。

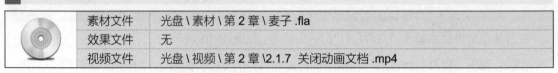

素材文件	光盘 \ 素材 \ 第 2 章 \ 麦子 .fla	
效果文件	无	
视频文件	光盘 \ 视频 \ 第 2 章 \2.1.7 关闭动画文档 .mp4	

【操练 + 视频】——关闭动画文档

STEP 01 单击"文件"|"打开"命令,打开一个素材文件,如图 2-19 所示。

STEP 02 单击"文件"|"关闭"命令,如图 2-20 所示,即可关闭文件。

图 2-19 打开素材文件

图 2-20 单击"关闭"命令

▶ 2.2 导入与编辑外部媒体文件

要制作一个复杂的 Flash 动画,全部用绘制的矢量图形是很浪费时间的。对于动画制作来说外部媒体素材获取方便、表现力丰富,应用外部媒体文件是必不可少的操作。本节主要向读者介绍导入与编辑外部媒体文件的操作方法。

2.2.1 导入 JPEG 文件

在 Flash CC 工作界面中,可以将需要使用的 JPEG 文件素材导入到舞台中。下面向读者介绍导入 JPEG 文件的操作方法。

	素材文件	光盘 \ 素材 \ 第 2 章 \ 动漫画面 .jpg
	效果文件	光盘 \ 效果 \ 第 2 章 \ 动漫画面 .fla
	视频文件	光盘 \ 视频 \ 第 2 章 \2.2.1 导入 JPEG 文件 .mp4

【操练 + 视频】——导入 JPEG 文件

STEP 01 在菜单栏中单击"文件"菜单,在弹出的菜单列表中单击"导入"|"导入到库"命令,如图 2-21 所示。

STEP 02 弹出"导入到库"对话框,单击"文件格式"右侧的下拉按钮,在弹出的列表中选择"JPEG图像"选项,如图 2-22 所示。

图 2-21 单击"导入到库"命令

图 2-22 选择"JPEG 图像"选项

STEP 03 此时，在"导入到库"对话框中将显示所有 JPEG 格式的图像，在其中选择需要导入的 JPEG 图像文件，如图 2-23 所示。

STEP 04 单击"打开"按钮，即可将选择的 JPEG 图像文件导入到 Flash CC 软件的"库"面板中，如图 2-24 所示。

图 2-23 选择 JPEG 图像文件　　　　　　　　图 2-24 导入 JPEG 图像文件

STEP 05 在"库"面板中选择导入的 JPEG 图像文件，单击鼠标左键并拖曳至舞台中的合适位置，将素材添加到舞台中，如图 2-25 所示。

STEP 06 在菜单栏中单击"视图"|"缩放比率"|"显示全部"命令，即可显示舞台中的所有图像画面，如图 2-26 所示。

图 2-25 将素材添加到舞台中　　　　　　　　图 2-26 显示舞台中的所有图像画面

> **专家指点**
>
> 在 Flash CC 工作界面中，"导入"子菜单中各命令的含义如下：
> * "导入到舞台"命令：选择该选项，可以将选择的素材文件直接导入到舞台中。
> * "导入到库"命令：选择该选项，可以将选择的素材文件导入到"库"面板中。
> * "打开外部库"命令：选择该选项，可以打开外部的库文件。
> * "导入视频"命令：选择该选项，可以导入用户需要的视频文件。

2.2.2 导入 PSD 文件

在 Flash CC 工作界面中，还可以将 PSD 文件导入至 Flash 中使用，并可以进行分层，这样

更加方便设计者交换使用素材。下面向读者介绍导入 PSD 文件的操作方法。

单击"文件"|"导入"|"导入到舞台"命令，弹出"导入"对话框，单击"文件格式"右侧的下拉按钮，在弹出的列表中选择 Photoshop 选项，此时在"导入"对话框中选择需要导入的 PSD 图像文件，如图 2-27 所示。单击"打开"按钮，弹出相应的对话框，单击"确定"按钮，即可将 PSD 图像导入到舞台中，在舞台中以合适的显示比例显示导入的 PSD 图像，效果如图 2-28 所示。

图 2-27 选择需要导入的文件 　　　　　　图 2-28 显示导入的 PSD 图像

2.2.3 导入视频文件

在 Flash CC 工作界面中，可以根据需要将视频文件导入到"库"面板中。下面以导入 FLV 视频文件为例，向读者介绍导入视频文件的操作方法。

素材文件	光盘 \ 素材 \ 第 2 章 \ 把握时间 .flv
效果文件	光盘 \ 效果 \ 第 2 章 \ 把握时间 .fla
视频文件	光盘 \ 视频 \ 第 2 章 \2.2.3 导入视频文件 .mp4

【操练 + 视频】——导入视频文件

STEP 01 单击"文件"|"新建"命令，新建一个 Flash 文件（ActionScript 3.0），如图 2-29 所示。

STEP 02 在菜单栏中单击"文件"菜单，在弹出的菜单列表中单击"导入"|"导入视频"命令，如图 2-30 所示。

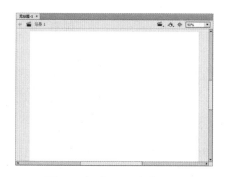

图 2-29 新建 Flash 文件 　　　　　　图 2-30 单击"导入视频"命令

专家指点

　　FLV 流媒体格式是一种新的视频格式，全称为 FlashVideo。由于它形成的文件极小、加载速度极快，使得网络观看视频文件成为可能，它的出现有效地解决了视频文件导入 Flash 后使导出的 SWF 文件体积庞大，不能在网络上很好地使用等缺点。

　　目前各在线视频网站均采用此视频格式，如新浪播客、土豆、酷 6、youtube 等，无一例外，FLV 已经成为当前视频文件的主流格式。

　　FLV 就是随着 FlashMX 的推出发展而来的视频格式，目前被众多新一代视频分享网站所采用，是目前增长最快、最为广泛的视频传播格式。它是在 sorenson 公司的压缩算法的基础上开发出来的。FLV 格式不仅可以轻松地导入 Flash 中，速度极快，并且能起到保护版权的作用，并且可以不通过本地的微软或者 REAL 播放器播放视频。

STEP 03 执行操作后，弹出"导入视频"对话框，单击"浏览"按钮，如图 2-31 所示。

STEP 04 弹出"打开"对话框，在其中选择需要导入的视频文件，如图 2-32 所示。

图 2-31 单击"浏览"按钮图　　　　　2-32 选择需要导入的视频文件

STEP 05 单击"打开"按钮，返回"导入视频"对话框，在"浏览"按钮下方将显示视频的导入路径，如图 2-33 所示。

STEP 06 单击"下一步"按钮，进入"设定外观"界面，其中显示了视频文件的外观样式，如图 2-34 所示。

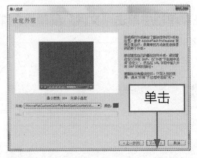

图 2-33 显示视频的导入路径　　　　　图 2-34 显示视频文件的外观样式

STEP 07 单击"下一步"按钮，进入"完成视频导入"对话框，如图 2-35 所示。

STEP 08 单击"完成"按钮，返回 Flash CC 工作界面，在"库"面板中显示了刚导入的视频文件，如图 2-36 所示。

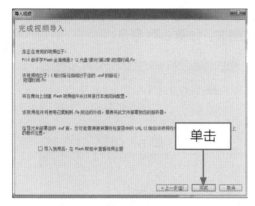

图 2-35　"完成视频导入"对话框

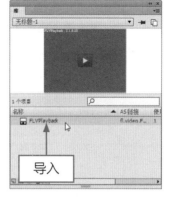

图 2-36　显示刚导入的视频文件

STEP 09 在舞台中可以查看导入的视频画面效果，如图 2-37 所示。

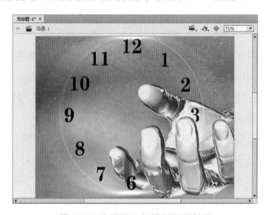

图 2-37　查看导入的视频画面效果

2.2.4　插入音频文件

在 Flash CC 工作界面中，导入的音频文件作为一个独立的元件存在于"库"面板中。在菜单栏中单击"文件"|"导入"|"导入到库"命令，如图 2-38 所示。弹出"导入到库"对话框，在其中选择需要导入的音频文件，如图 2-39 所示。

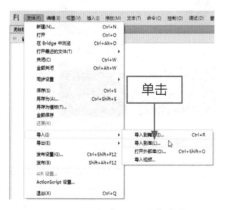

图 2-38　单击"导入到库"命令

图 2-39　选择需要导入的音频文件

单击"打开"按钮，即可将音频文件导入到"库"面板中，如图 2-40 所示。将音频文件拖曳至舞台中，"图层 1"第 1 帧上将显示音频的音波，如图 2-41 所示。

图 2-40 导入到"库"面板中　　　　　　图 2-41 显示音频的音波

2.2.5 矢量化位图图像

由于 Flash 是一个基于矢量图形的软件，有些操作针对位图图像是无法实现的。尽管执行"分离"操作后位图图像可以运用某些矢量图形的操作，但此时不等同于矢量图形，某些操作依然无法实现，这时可以使用"转换位图为矢量图"命令将位图图像转换为矢量图形，然后再执行相应的操作。下面向读者介绍矢量化位图的操作方法。

素材文件	光盘 \ 素材 \ 第 2 章 \ 城市的脚步 .fla
效果文件	光盘 \ 效果 \ 第 2 章 \ 城市的脚步 .fla
视频文件	光盘 \ 视频 \ 第 2 章 \2.2.5 矢量化位图图像 .mp4

【操练 + 视频】——矢量化位图图像

STEP 01 单击"文件"|"打开"命令，打开一个素材文件，如图 2-42 所示。

STEP 02 在舞台中选择需要转换为矢量图的位图图像，此时图像四周显示蓝色边框，表示该素材已被选中，如图 2-43 所示。

图 2-42 打开素材文件　　　　　　图 2-43 选择舞台中的位图图像

STEP 03 在菜单栏中单击"修改"菜单，在弹出的菜单列表中单击"位图"|"转换位图为矢量图"命令，如图 2-44 所示。

STEP 04 执行操作后，弹出"转换位图为矢量图"对话框，如图 2-45 所示。

图 2-44 单击"转换位图为矢量图"命令　　　图 2-45 "转换位图为矢量图"对话框

STEP 05 单击"角阈值"右侧的下拉按钮，在弹出的列表中选择"较少转角"选项，如图 2-46 所示。

STEP 06 单击"曲线拟合"右侧的下拉按钮，在弹出的列表中选择"非常紧密"选项，如图 2-47 所示。

图 2-46 选择"较少转角"选项　　　　　　图 2-47 选择"非常紧密"选项

STEP 07 单击"确定"按钮，将位图转换为矢量图形，位图被打散了一样，如图 2-48 所示。

STEP 08 退出图像编辑状态，在舞台中可以查看转换为矢量图形后的位图画面效果，图像的像素发生了变化，如图 2-49 所示。

图 2-48 将位图转换为矢量图形　　　　　图 2-49 查看转换为矢量图形后的效果

专家指点

在 Flash CC 工作界面中，按【Ctrl + R】组合键，也可以快速弹出"导入"对话框，将外部素材导入到舞台中。

专家指点

在"转换位图为矢量图"对话框中,各选项的含义如下:

* "颜色阈值"文本框:在文本框中输入一个数值,可以设置色彩容差值。

* "最小区域"文本框:可设置为某个像素指定颜色时需要考虑的周围像素的数量。

* "角阈值"列表框:选择相应的选项,可确定保留较多转角还是较少转角。

* "曲线拟合"列表框:选择相应的选项,可确定绘制轮廓的平滑程度。

* "预览"按钮:单击该按钮,可以在舞台中预览将位图转换为矢量图的效果。

* "确定"按钮:单击该按钮,可以确定位图图像转换的参数设置。

* "取消"按钮:单击该按钮,可以取消位图的转换操作,返回 Flash 工作界面。

在制作动画的过程中,也可以将某些矢量图形转换为位图图像进行编辑。操作方法很简单,只需选择需要转换为位图的矢量图形,单击"修改"菜单,在弹出的菜单列表中单击"转换为位图"选项。执行操作后,将矢量图形转换为位图图像,在"库"面板中可以查看转换为位图图像后的库文件。

2.2.6 旋转位图图像

在 Flash CC 工作界面中,用户可以使用任意变形工具旋转或调整舞台中位图图像的显示效果。下面向读者介绍旋转位图图像的操作方法。

素材文件	光盘 \ 素材 \ 第 2 章 \ 互联网通讯 .fla
效果文件	光盘 \ 效果 \ 第 2 章 \ 互联网通讯 .fla
视频文件	光盘 \ 视频 \ 第 2 章 \2.2.6 旋转位图图像 .mp4

【操练 + 视频】——旋转位图图像

STEP 01 在工具箱中选取任意变形工具,如图 2-50 所示。

STEP 02 此时舞台中选中的图像四周显示 8 个控制柄,将鼠标指针移至右上角的控制柄上,此时鼠标指针显示为旋转形状 ,如图 2-51 所示。

图 2-50 选取任意变形工具

图 2-51 鼠标指针显示为旋转形状

STEP 03 单击鼠标左键并向下拖曳,即可对位图图像进行旋转操作,如图 2-52 所示。

STEP 04 退出位图编辑状态,以合适的比例显示舞台中的位图图像,查看旋转位图后的效果,如图 2-53 所示。

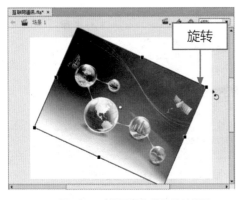

图 2-52 对位图图像进行旋转操作

图 2-53 查看旋转位图后的效果

2.2.7 交换外部媒体图像

在 Flash CC 工作界面中，可以运用"交换"按钮执行舞台位图交换库中位图的操作。下面向读者介绍交换图像的操作方法。

素材文件	光盘 \ 素材 \ 第 2 章 \ 太阳花框 .fla	
效果文件	光盘 \ 效果 \ 第 2 章 \ 太阳花框 .fla	
视频文件	光盘 \ 视频 \ 第 2 章 \2.2.7 交换外部媒体图像 .mp4	

【操练 + 视频】——交换外部媒体图像

STEP 01 运用选择工具在舞台中选择需要交换的位图图像，此时位图图像四周显示蓝色边框，表示该素材已被选中，如图 2-54 所示。

STEP 02 在"属性"面板中单击"交换"按钮，如图 2-55 所示。

图 2-54 选择需要交换的位图图像

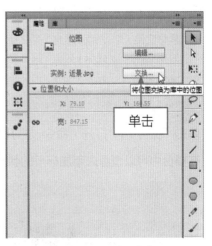

图 2-55 单击"交换"按钮

STEP 03 弹出"交换位图"对话框，在列表框中选择需要交换的"远景"素材文件，如图 2-56 所示。

STEP 04 单击"确定"按钮，即可交换舞台中的位图图像，效果如图 2-57 所示。

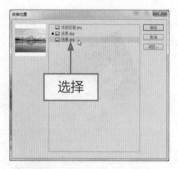

图 2-56 选择"远景"素材文件

图 2-57 交换舞台中的位图图像

▶ 2.3 应用标尺、网格与辅助线

标尺主要用于帮助用户在工作区中的图形对象进行定位，默认情况下系统不会显示标尺。当显示标尺时，它们将显示在文档的左沿和上沿，用户可以更改标尺的度量单位，将其默认的单位更改为其他单位。网格对于绘图同样重要，使用网格能够可视地排齐对象，或绘制一定比例的图像。

辅助线的作用与网格的作用基本相同，都能帮助设计者更精确地调整图形图像的大小、对齐位置，或精确控制所执行的变换操作流程，但要显示辅助线，必须首先在页面标尺显示的情况下，创建辅助线。

本节主要向读者介绍应用标尺、网格与辅助线的方法，希望读者熟练掌握本节内容。

◢ 2.3.1 在动画文档中显示标尺

在 Flash CC 工作界面中制作动画文件时，标尺起着精确定位图形的功能。下面向读者介绍通过"标尺"命令显示标尺对象的操作方法。

素材文件	光盘 \ 素材 \ 第 2 章 \ 周年庆典 .fla
效果文件	光盘 \ 效果 \ 第 2 章 \ 周年庆典 .fla
视频文件	光盘 \ 视频 \ 第 2 章 \2.3.1 在动画文档中显示标尺 .mp4

◢◣【操练 + 视频】——在动画文档中显示标尺

STEP|01 单击"文件"|"打开"命令，打开一个素材文件，如图 2-58 所示。

STEP|02 在舞台中可以查看未添加标尺的状态，如图 2-59 所示。

图 2-58 打开素材文件

图 2-59 查看未添加标尺的状态

STEP 03 在菜单栏中单击"视图"|"标尺"命令，如图 2-60 所示。

STEP 04 执行操作后，即可在舞台区的左侧和上方显示标尺对象，如图 2-61 所示。

图 2-60 单击"标尺"命令

图 2-61 显示标尺对象

专家指点

在 Flash CC 工作界面中，还可以通过以下 3 种方法显示标尺：

* 快捷键 1：按【Ctrl + Shift + Alt + R】组合键。

* 快捷键 2：单击"视图"菜单，在弹出的菜单列表中按【R】键。

* 选项：在舞台编辑区的灰色空白位置上单击鼠标右键，在弹出的快捷菜单中选择"标尺"选项。

2.3.2 在动画文档中显示网格

在 Flash CC 工作界面中，网格是在文档的所有场景中显示的一系列水平和垂直的直线，其作用类似于标尺，主要用于定位舞台中的图形对象。

在菜单栏中单击"视图"菜单，在弹出的菜单列表中单击"网格"|"显示网格"命令，如图 2-62 所示。执行操作后，即可在舞台中显示网格对象，如图 2-63 所示。

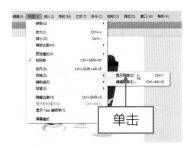

图 2-62 单击"显示网格"命令

图 2-63 在舞台中显示网格对象

专家指点

在 Flash CC 工作界面中，还可以通过以下 3 种方法显示网格：

* 快捷键 1：按【Ctrl + '】组合键。

* 快捷键 2：单击"视图"菜单，在弹出的列表中依次按键盘上的【D】、【D】键。

* 选项：在舞台编辑区的灰色空白位置上单击鼠标右键，在弹出的快捷菜单中选择"网格"|"显示网格"选项。

2.3.3 更改动画文档网格的颜色

在 Flash CC 工作界面中，网格默认情况下的显示颜色为灰色，用户在编辑动画图形的过程中，可以通过动画图形的颜色来更改网格的显示颜色，方便用户对图形进行编辑操作。

素材文件	光盘\素材\第 2 章\周年庆典 .fla
效果文件	光盘\效果\第 2 章\周年庆典 .fla
视频文件	光盘\视频\第 2 章\2.3.3 更改动画文档网格的颜色 .mp4

【操练 + 视频】——更改动画文档网格的颜色

STEP 01 单击"文件"|"打开"命令，打开一个素材文件，如图 2-64 所示。

STEP 02 在舞台区中的灰色空白处单击鼠标右键，在弹出的快捷菜单中选择"网格"|"编辑网格"选项，如图 2-65 所示。

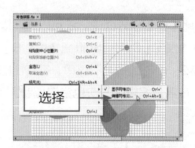

图 2-64 打开素材文件　　　　图 2-65 选择"编辑网格"选项

STEP 03 弹出"网格"对话框，在其中可以查看现有的网格颜色为灰色，如图 2-66 所示。

STEP 04 单击灰色色块，在弹出的颜色面板中设置颜色为绿色（#66FF00），如图 2-67 所示。

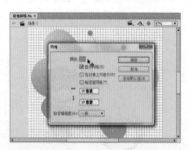
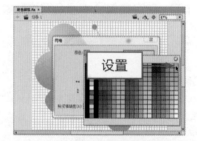

图 2-66 查看现有的网格颜色为灰色　　　　图 2-67 设置颜色为绿色

专家指点

在舞台编辑区的右键快捷菜单中，有关素材编辑的部分选项的含义如下：

* 剪切：选择该选项，可以对动画素材进行剪切操作。

* 复制：选择该选项，可以对动画素材进行复制操作。

* 粘贴到中心位置：选择该选项，可以将动画素材复制到文档的中心位置。

* 粘贴到当前位置：选择该选项，可以将动画素材复制到文档的当前位置。

* 全选：选择该选项，可以全选舞台区中的所有动画素材。

STEP 05 网格颜色设置完成后，单击"确定"按钮，如图 2-68 所示。

STEP 06 执行操作后，即可将舞台区中的网格颜色更改为绿色显示，如图 2-69 所示。

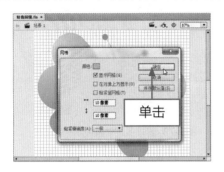

图 2-68 单击"确定"按钮

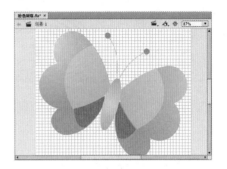

图 2-69 将网格颜色更改为绿色显示

◢ 2.3.4 手动创建动画文档辅助线

在显示标尺的情况下，在水平标尺或垂直标尺上单击鼠标左键并向舞台上移动，即可绘制出水平或垂直的辅助线。下面向读者介绍创建辅助线的方法。

素材文件	光盘 \ 素材 \ 第 2 章 \ 演说比赛 .fla
效果文件	光盘 \ 效果 \ 第 2 章 \ 演说比赛 .fla
视频文件	光盘 \ 视频 \ 第 2 章 \2.3.4 手动创建动画文档辅助线 .mp4

【操练 + 视频】——手动创建动画文档辅助线

STEP 01 在菜单栏中单击"视图"|"标尺"命令，在舞台区的左侧和上方位置显示标尺，如图 2-70 所示。

STEP 02 将鼠标指针移至左侧的标尺位置，单击鼠标左键并向右侧拖曳，拖曳的位置处将显示一条垂直辅助线，向右拖曳至合适位置后释放鼠标左键，即可创建一条垂直辅助线，如图 2-71 所示。

图 2-70 显示标尺

图 2-71 创建一条垂直辅助线

STEP 03 将鼠标指针移至上方的标尺位置，单击鼠标左键并向下方拖曳，拖曳的位置处将显示一条水平辅助线，向下拖曳至合适位置后释放鼠标左键，即可创建一条水平辅助线，如图 2-72 所示。

STEP 04 采用同样的方法，在舞台区中的图形下方再次创建多条垂直或水平辅助线，如图 2-73 所示，即可完成辅助线的创建操作。

图 2-72 创建一条水平辅助线

图 2-73 创建多条垂直或水平辅助线

2.3.5 清除不需要的辅助线

在 Flash CC 工作界面中，当用户不需要使用辅助线进行绘图时，此时可以对辅助线进行清除操作。

在菜单栏中单击"视图"菜单，在弹出的菜单列表中单击"辅助线"|"清除辅助线"命令，如图 2-74 所示。执行操作后，即可清除舞台中的所有辅助线，如图 2-75 所示。

图 2-74 单击"清除辅助线"命令

图 2-75 清除舞台中的所有辅助线

专家指点

在 Flash CC 工作界面中，如果只想清除舞台区中的某一条辅助线，此时可以将鼠标指针移至该辅助线上，单击鼠标左键并向左侧标尺位置或上方标尺位置拖曳辅助线，然后释放鼠标左键，即可清除不需要的单条辅助线对象。

2.3.6 移动文档中辅助线的位置

在 Flash CC 工作界面中，当对舞台中创建的辅助线位置不满意时，此时可以移动辅助线的位置，以便更好地绘制动画图形。下面向读者介绍移动辅助线位置的操作方法。

素材文件	光盘 \ 素材 \ 第 2 章 \ 演说比赛 .fla
效果文件	光盘 \ 效果 \ 第 2 章 \ 演说比赛 .fla
视频文件	光盘 \ 视频 \ 第 2 章 \2.3.6 移动文档中辅助线的位置 .mp4

【操练 + 视频】——移动文档中辅助线的位置

STEP 01 单击"文件"|"打开"命令，打开一个素材文件，如图 2-76 所示。

STEP 02 将鼠标指针移至舞台区中的第 1 条水平辅助线上，此时指针右下角将显示小三角形
，如图 2-77 所示。

图 2-76 打开一个素材文件

图 2-77 移动鼠标至辅助线上

STEP 03 向上拖曳水平辅助线，辅助线被拖曳时将显示为黑色，如图 2-78 所示。

STEP 04 将水平辅助线向上拖曳至合适位置后释放鼠标左键，即可移动辅助线的显示位置，效
果如图 2-79 所示。

图 2-78 辅助线被拖曳时显示为黑色

图 2-79 移动辅助线的显示位置

专家指点

在 Flash CC 工作界面中，通过移动辅助线可以查看舞台内的多个对象是否对齐，可
以很精确地排列各个对象。

▶ 2.4 控制舞台显示比例

在 Flash CC 工作界面中，舞台是用户在创建 Flash 文档时放置图形内容的矩形区域，创作环
境中的舞台相当于 Flash Player 或 Web 浏览器窗口中在回放期间显示文档的矩形空间，如果要在
工作时更改舞台的视图，可使用 Flash CC 提供的放大或缩小功能。

2.4.1 放大舞台显示区域

在 Flash CC 工作界面中，可以根据需要查看整个舞台，也可以在绘图时根据需要放大舞台
中的图形显示比例。下面向读者介绍放大舞台显示区域的操作方法。

素材文件	光盘 \ 素材 \ 第 2 章 \ 雪糕广告 .fla
效果文件	无
视频文件	光盘 \ 视频 \ 第 2 章 \2.4.1 放大舞台显示区域 .mp4

STEP 01 单击"文件"|"打开"命令，打开一个素材文件，如图 2-80 所示。

STEP 02 在舞台区中可以查看目前舞台的显示比例，如图 2-81 所示。

图 2-80 打开素材文件　　　　　　图 2-81 查看目前舞台的显示比例

STEP 03 在菜单栏中单击"视图"|"放大"命令，如图 2-82 所示。

STEP 04 执行操作后，即可放大舞台区中的图形对象，如图 2-83 所示。

图 2-82 单击"放大"命令　　　　　图 2-83 放大舞台区中的图形对象

专家指点

在 Flash CC 工作界面中，按【Ctrl + =】组合键，也可以快速执行"放大"命令，快速放大舞台区中的图形对象。

2.4.2 缩小舞台显示区域

在 Flash CC 工作界面中，也可以在绘图时根据需要缩小舞台中的图形显示比例。下面向读者介绍缩小舞台显示区域的操作方法。

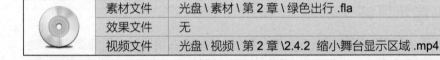

	素材文件	光盘 \ 素材 \ 第 2 章 \ 绿色出行 .fla
	效果文件	无
	视频文件	光盘 \ 视频 \ 第 2 章 \2.4.2 缩小舞台显示区域 .mp4

【操练 + 视频】——缩小舞台显示区域

STEP 01 单击"文件"|"打开"命令，打开一个素材文件，如图 2-84 所示。

STEP 02 在舞台区中可以查看目前舞台的显示比例，如图 2-85 所示。

图 2-84 打开素材文件

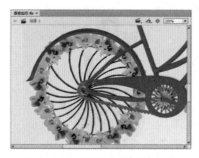

图 2-85 查看目前舞台的显示比例

STEP 03 在菜单栏中单击"视图"菜单，在弹出的菜单列表中单击"缩小"命令，如图 2-86 所示。

STEP 04 执行操作后，即可缩小舞台区中的图形对象，如图 2-87 所示。

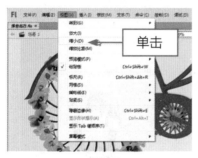

图 2-86 单击"缩小"命令

图 2-87 缩小舞台区中的图形对象

专家指点

在 Flash CC 工作界面中按【Ctrl + −】组合键，也可以快速执行"缩小"命令，快速缩小舞台区中的图形对象。

2.4.3 调整动画为符合窗口大小

在 Flash CC 工作界面中，通过"符合窗口大小"命令可以将舞台区中的图形对象以符合窗口大小的方式显示出来。

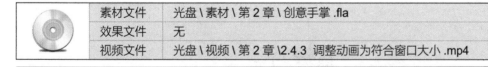

素材文件	光盘 \ 素材 \ 第 2 章 \ 创意手掌 .fla
效果文件	无
视频文件	光盘 \ 视频 \ 第 2 章 \2.4.3 调整动画为符合窗口大小 .mp4

【操练 + 视频】——调整动画为符合窗口大小

STEP 01 单击"文件"|"打开"命令，打开一个素材文件，如图 2-88 所示。

STEP 02 在舞台区中可以查看目前舞台的显示比例，如图 2-89 所示。

专家指点

在 Flash CC 工作界面中，单击"视图"菜单，在弹出的菜单列表中依次按键盘上的【M】、【W】键，也可以快速执行"符合窗口大小"命令。

图 2-88 打开素材文件

图 2-89 查看目前舞台的显示比例

STEP 03 在菜单栏中单击"视图"菜单，在弹出的菜单列表中单击"缩放比率"|"符合窗口大小"命令，如图 2-90 所示。

STEP 04 执行操作后，即可将舞台区中的图形对象以符合窗口大小的方式显示出来，如图 2-91 所示。

图 2-90 单击"符合窗口大小"命令

图 2-91 符合窗口大小显示图形

专家指点

在 Flash CC 工作界面中，在舞台区的上方单击右上角位置的"缩放比率"列表框下拉按钮，在弹出的列表中选择"符合窗口大小"选项，如图 2-92 所示，也可以将舞台区中的图形对象以符合窗口大小的方式显示出来。

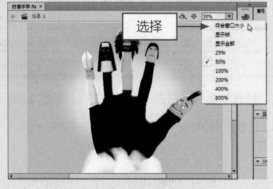

图 2-92 选择"符合窗口大小"选项

◢ 2.4.4 设置舞台内容居中显示

在 Flash CC 工作界面中，通过"舞台居中"命令可以将舞台区中的图形对象显示在舞台的最中心位置。下面向读者介绍设置舞台内容居中显示的操作方法。

素材文件	光盘 \ 素材 \ 第 2 章 \ 心形 .fla	
效果文件	无	
视频文件	光盘 \ 视频 \ 第 2 章 \2.4.4 设置舞台内容居中显示 .mp4	

【操练 + 视频】——设置舞台内容居中显示

STEP 01 单击"文件"|"打开"命令，打开一个素材文件，如图 2-93 所示。

STEP 02 在舞台区中，使用手形工具移动舞台区中图形的显示位置，如图 2-94 所示。

图 2-93 打开素材文件

图 2-94 移动图形的显示位置

STEP 03 在菜单栏中单击"视图"菜单，在弹出的菜单列表中单击"缩放比率"|"舞台居中"命令，如图 2-95 所示。

STEP 04 执行操作后，即可将图形对象显示在舞台的最中心位置，如图 2-96 所示。在该预览模式下，不会调整图形的显示比率，只会调整图形的显示位置。

图 2-95 单击"舞台居中"命令

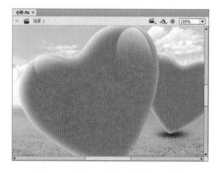

图 2-96 显示在舞台的最中心位置

专家指点

在 Flash CC 工作界面中，在舞台区的上方单击"舞台居中"按钮，也可以将图形对象显示在舞台的最中心位置。

CHAPTER 3

玩转动画图形设计：
应用绘图工具

章前知识导读

　　本章主要向用户介绍基本工具的使用。在 Flash CC 中，工具栏中包含了绘制和编辑矢量图形的各种工具，主要由工具、查看、颜色和选项 4 个选区构成，用于进行矢量图形绘制和编辑的各种操作。

新手重点索引

　　✎ 运用基本图形工具
　　✎ 运用填充图形工具
　　✎ 运用辅助图形工具

▶ 3.1 运用基本图形工具

在 Flash CC 中，系统提供了一系列的矢量图形绘制工具，使用这些工具就可以绘制出所需的各种矢量图形，并将绘制的矢量图形应用到动画制作中。本节主要介绍 Flash CC 基本绘图工具的使用方法。

3.1.1 运用铅笔工具绘图

在 Flash CC 中，使用铅笔工具绘图与使用现实生活中的铅笔绘图非常相似，铅笔工具常用于在指定的场景中绘制线条和图形。

使用铅笔工具不但可以绘制出不封闭的直线、竖线和曲线 3 种类型，还可以绘制出各种规则和不规则的封闭图形。使用铅笔工具所绘制的曲线通常不够精确，但可以通过编辑曲线对其进行修整。

选取工具箱中的铅笔工具，单击工具箱底部的"铅笔模式"按钮 ⬐，在弹出的绘图列表中有 3 种绘图模式，各模式的含义如下：

* **伸直** ⬐：主要进行形状识别，如果绘制出近似的正方形、圆、直线或曲线，Flash 将根据它的判断自动调整成相应规则的几何形状。

* **平滑** ⑤：对有锯齿的笔触进行平滑处理。

* **墨水** ⬍：可以随意地绘制出各种线条。

素材文件	光盘 \ 素材 \ 第 3 章 \ 笔筒 .fla
效果文件	光盘 \ 效果 \ 第 3 章 \ 笔筒 .fla
视频文件	光盘 \ 视频 \ 第 3 章 \3.1.1 运用铅笔工具绘图 .mp4

✕ 【操练 + 视频】——运用铅笔工具绘图

STEP|01 单击"文件"|"打开"命令，打开一个素材文件，如图 3-1 所示。

STEP|02 选取工具箱中的铅笔工具 ✐，在工具箱下方的"铅笔模式"中选择"平滑"模式，如图 3-2 所示。

图 3-1 打开素材文件　　图 3-2 选择铅笔模式

STEP|03 在"笔触"选项区中设置"笔触高度"为"1"、"样式"为"实线"、"笔触颜色"为黑色、"填充颜色"为无，如图 3-3 所示。

STEP|04 将鼠标指针移至舞台中的合适位置，如图 3-4 所示。

图 3-3 设置铅笔属性　　　　　　　　图 3-4 移动鼠标

STEP 05 单击鼠标左键并拖曳，绘制相应的曲线线段，拖至合适位置后释放鼠标左键，重复几次，如图 3-5 所示。

STEP 06 在"属性"面板中，修改铅笔属性"笔触高度"为 5、"笔触颜色"为淡蓝色（#5C78BE），如图 3-6 所示。

图 3-5 拖曳鼠标　　　　　　　　图 3-6 修改铅笔属性

STEP 07 将鼠标指针移至舞台中的合适位置，单击鼠标左键并拖曳绘制一个星形，如图 3-7 所示。

STEP 08 采用相同的方法，在图形左侧合适位置再次绘制一个星形，效果如图 3-8 所示。

图 3-7 拖曳鼠标　　　　　　　　图 3-8 绘画星形

专家指点

　　使用铅笔工具所绘制的曲线通常不够精确，但可以通过编辑曲线对其进行修整，在后面的章节中将详细介绍怎样编辑曲线。

3.1.2 运用钢笔工具绘图

　　在 Flash CC 中，钢笔工具也是用来绘制线条的，不过使用钢笔工具绘制的封闭曲线自动带有填充图形，而使用铅笔工具绘制的封闭曲线不带填充图形。使用钢笔工具可以精确地绘制直线和平滑的曲线，并可以分段绘制曲线的各个部分。

素材文件	光盘 \ 素材 \ 第 3 章 \ 车子 .fla
效果文件	光盘 \ 效果 \ 第 3 章 \ 车子 .fla
视频文件	光盘 \ 视频 \ 第 3 章 \3.1.2 运用钢笔工具绘图 .mp4

【操练 + 视频】——运用钢笔工具绘图

STEP 01 单击"文件"|"打开"命令，打开一个素材文件，如图 3-9 所示。

STEP 02 选择"图层 1"，选取钢笔工具 ，在"属性"面板的"填充和笔触"选项区中设置"笔触颜色"为黑色、"笔触高度"为 5，如图 3-10 所示。

图 3-9 打开素材文件　　　　　　　　　　图 3-10 设置钢笔属性

STEP 03 将鼠标指针移至舞台中的合适位置后单击鼠标左键，如图 3-11 所示。

STEP 04 移至合适位置后再次单击鼠标左键，即可使用钢笔工具绘制线条，效果如图 3-12 所示。

图 3-11 鼠标指针呈 形　　　　　　　　图 3-12 钢笔绘画结果

专家指点

在使用钢笔工具绘制曲线的过程中，按住【Shift】键的同时再单击鼠标左键，将绘制出一个与上一个锚点在同一垂直线或水平线上的锚点。

3.1.3 运用线条工具绘图

在 Flash CC 中绘制图形时，线条作为重要的视觉元素一直发挥着重要的作用，而且弧线、曲线和不规则线条能表现出轻盈、生动的画面。

运用工具箱中的线条工具可以绘制出不同属性的线条。可以选择绘制的线条，在"属性"面板的"填充和笔触"选项区中对线条的属性进行设置，如图 3-13 所示。

图 3-13 线条工具属性

在"属性"面板中，各主要选项的含义如下：

＊ "笔触颜色"色块：单击色块，在弹出的颜色面板中可以选择相应的颜色。如果预设的颜色不能满足用户的需求，可以通过单击颜色面板右上角的 ◎ 按钮，弹出"颜色"对话框，在其中可以对"笔触颜色"进行详细的设置。

＊ "笔触高度"文本框：用来设置所绘制线条的粗细度，可以直接在文本框中输入笔触的高度值，也可以通过拖曳"笔触"滑块来设置笔触高度。

＊ "样式"列表框：单击"样式"按钮，在弹出的列表中选择绘制的线条样式。在 Flash CC 中内置了一些常用的线条类型，如图 3-14 所示。如果软件提供的样式不能满足需要，则可单击右侧的"编辑笔触样式"按钮 ✐ ，弹出"笔触样式"对话框，如图 3-15 所示，在其中对选择线条类型的属性进行相应的设置。

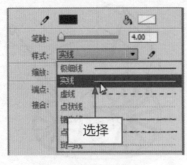

图 3-14 选择线条样式

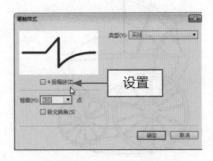

图 3-15 线条样式属性

素材文件	光盘 \ 素材 \ 第 3 章 \ 动漫卡通 .fla
效果文件	光盘 \ 效果 \ 第 3 章 \ 动漫卡通 .fla
视频文件	光盘 \ 视频 \ 第 3 章 \3.1.3 运用线条工具绘图 .mp4

■ 【操练 + 视频】——运用线条工具绘图

STEP 01 单击"文件"|"打开"命令，打开一个素材文件，如图 3-16 所示。

STEP 02 选取工具箱中的线条工具 ，在"属性"面板的"填充和笔触"选项区中设置"笔触颜色"为土黄色（#FFFF00）、"笔触高度"为 5、"样式"为"实线"，如图 3-17 所示。

图 3-16 打开素材文件

图 3-17 设置笔触属性

STEP 03 将鼠标指针移至舞台中的合适位置，此时指针呈 ＋ 形状，效果如图 3-18 所示。

STEP 04 在舞台中的合适位置单击鼠标左键并拖曳，绘制直线，效果如图 3-19 所示。

图 3-18 鼠标指针呈＋形状

图 3-19 绘制直线

3.1.4 运用椭圆工具绘图

在 Flash CC 中选取椭圆工具 ，在工具箱的"颜色"选项区中会出现矢量边线和内部填充色的属性，其中部分属性的用法如下：

＊ 如果要绘制无外框线的椭圆，可以单击"笔触颜色"按钮 ，在颜色区中单击"没有颜色"按钮 ，取消外部矢量线色彩。

＊ 如果只想得到椭圆线框的效果，可以单击"填充颜色"按钮 ，在颜色区中单击"没有颜色"按钮 ，取消内部色彩填充。

设置好椭圆工具的色彩属性后，移动鼠标指针至舞台中，指针呈"＋"形状，单击鼠标左键并进行拖曳，即可绘制出需要的椭圆。

素材文件	光盘 \ 素材 \ 第 3 章 \ 灯泡 .fla
效果文件	光盘 \ 效果 \ 第 3 章 \ 灯泡 .fla
视频文件	光盘 \ 视频 \ 第 3 章 \3.1.4 运用椭圆工具绘图 .mp4

◤◢ 【操练 + 视频】——运用椭圆工具绘图

`STEP 01` 单击"文件"|"打开"命令，打开一个素材文件，如图 3-20 所示。

`STEP 02` 选取工具箱中的椭圆工具 ◉ ，在"属性"面板的"填充和笔触"选项区中设置"填充颜色"为灰色（#CCCCCC），如图 3-21 所示。

图 3-20 打开素材文件

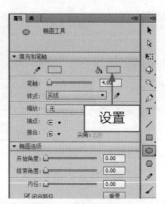

图 3-21 设置椭圆属性

`STEP 03` 将鼠标指针移至舞台中的合适位置，指针呈 ┼ 形状，如图 3-22 所示。

`STEP 04` 单击鼠标左键并拖曳，至适当位置后释放鼠标左键，绘制椭圆，效果如图 3-23 所示。

图 3-22 鼠标呈 ┼ 形

图 3-23 绘制椭圆

◤ 专家指点

　　在 Flash CC 中，在绘制矩形时，按住【Shift】键拖曳鼠标可绘制圆，按住【Shift + Alt】键拖曳鼠标可绘制以鼠标拖曳起点为圆心的圆。

　　椭圆的轮廓色和填充色既可以在工具箱中设置，也可以在"属性"面板中设置，而椭圆轮廓的粗细和椭圆的轮廓类型只能在"属性"面板中设置。

▰ 3.1.5 运用矩形工具绘图

　　在 Flash CC 中，矩形工具是几何形状绘制工具，用于创建矩形和正方形。绘制矩形的方法

很简单，只需在工具箱中选取矩形工具，在舞台上拖曳鼠标，确定矩形的轮廓后释放鼠标左键即可。还可以通过矩形工具对应的"属性"面板设置矩形的边框属性及填充颜色。

素材文件	光盘 \ 素材 \ 第 3 章 \ 福莲花 .fla
效果文件	光盘 \ 效果 \ 第 3 章 \ 福莲花 .fla
视频文件	光盘 \ 视频 \ 第 3 章 \3.1.5 运用矩形工具绘图 .mp4

【操练 + 视频】——运用矩形工具绘图

`STEP 01` 单击"文件"|"打开"命令，打开一个素材文件，如图 3-24 所示。

`STEP 02` 选取工具箱中的矩形工具 ▣，在"属性"面板的"填充和笔触"选项区中设置"笔触颜色"为棕色（#660000）、"笔触高度"为 0.5，如图 3-25 所示。

图 3-24 打开素材文件

图 3-25 设置矩形属性

`STEP 03` 将鼠标指针移至舞台区中的合适位置，单击鼠标左键并拖曳，如图 3-26 所示。

`STEP 04` 拖至合适位置后释放鼠标左键，即可在舞台中绘制一个矩形对象，效果如图 3-27 所示。

图 3-26 拖曳鼠标

图 3-27 绘制矩形

专家指点

在 Flash CC 中，在绘制矩形时，按住【Shift】键的同时单击鼠标左键并拖曳，可以绘制正方形。

3.1.6 运用多边形工具绘图

在 Flash CC 中，多角星形工具用于绘制多边形和星形的多角星形，使用该工具可以根据需要绘制出不同边数和不同大小的多边形和星形。

在默认情况下，绘制出的图形是正五边形。如果要绘制其他形状的多边形，可以单击"属性"面板中的"选项"按钮，弹出"工具设置"对话框。在该对话框中，各参数的含义如下：

* 样式：在"样式"列表框中可以选择需要绘制图形的样式，包括"多边形"和"星形"两个选项，默认的设置为"多边形"。

* 边数：在该文本框中可以根据需要输入绘制图形的边数，默认值为 5。

* 星形顶点大小：在该文本框中可以输入需要绘制图形顶点的大小，默认值为 0.5。

素材文件	光盘\素材\第 3 章\发夹 .fla
效果文件	光盘\效果\第 3 章\发夹 .fla
视频文件	光盘\视频\第 3 章\3.1.6 运用多边形工具绘图 .mp4

【操练 + 视频】——运用多边形工具绘图

STEP 01 单击"文件"|"打开"命令，打开一个素材文件，如图 3-28 所示。

STEP 02 选取工具箱中的多角星形工具 ，在"填充和笔触"选项区中设置"笔触颜色"为黄色（#FFFF00）、"填充颜色"为棕色（#521301），单击"选项"按钮，如图 3-29 所示。

图 3-28 打开素材文件　　　　图 3-29 单击"选项"按钮

STEP 03 弹出"工具设置"对话框，在其中设置"样式"为"星形"、"边数"为 5、"星形顶点大小"为 0.5，如图 3-30 所示。

STEP 04 单击"确定"按钮，将鼠标指针移至舞台中的合适位置，单击鼠标左键并拖曳，绘制一个多角星形，如图 3-31 所示。

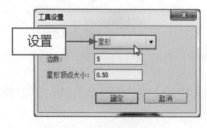

图 3-30 设置相应的选项　　　　图 3-31 绘制多角星形

STEP 05 执行操作后，即可查看绘制的多角星形，如图 3-32 所示。

STEP 06 采用同样的方法，绘制其他的多角星形，效果如图 3-33 所示。

图 3-32 查看绘制的多角星形

图 3-33 绘制其他多角星形

📖 3.1.7 运用刷子工具绘图

在 Flash CC 中，使用刷子工具可以绘制各种形状，为各种物体涂抹颜色。

	素材文件	光盘 \ 素材 \ 第 3 章 \ 圣诞老人 .fla
	效果文件	光盘 \ 效果 \ 第 3 章 \ 圣诞老人 .fla
	视频文件	光盘 \ 视频 \ 第 3 章 \3.1.7 运用刷子工具绘图 .mp4

▶ 【操练 + 视频】——运用刷子工具绘图

STEP 01 单击"文件"|"打开"命令，打开一个素材文件，如图 3-34 所示。

STEP 02 选取工具箱中的刷子工具 🖌️，在"填充和笔触"选项区中设置"填充颜色"为红色，如图 3-35 所示。

图 3-34 打开素材文件

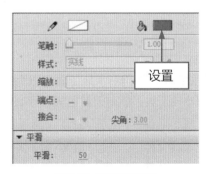

图 3-35 设置填充颜色

STEP 03 将鼠标指针移至舞台中的合适位置，单击鼠标左键并拖曳，绘制一条直线，如图 3-36 所示。

STEP 04 采用同样的方法，绘制其他线条，效果如图 3-37 所示。

图 3-36 绘制线条   图 3-37 绘制其他线条

专家指点

　　选取刷子工具后，在工具箱下方单击"刷子模式"按钮 🔘，可以选择刷子的 5 种模式，各模式的含义如下：

　　* "标准绘画"模式：在该模式下，使用刷子工具绘制图形位于所有其他对象之上。

　　* "颜料填充"模式：在该模式下，使用刷子工具绘制的图形只覆盖填充图形和背景，而不覆盖线条。

　　* "后面绘画"模式：在该模式下，使用刷子工具绘制的图形只覆盖舞台背景，而不覆盖线条和其他填充。

　　* "颜料选择"模式：在该模式下，使用刷子工具绘制的图形只覆盖选定的填充。

　　* "内部绘画"模式：在该模式下，使用刷子工具绘制的图形只作用于下笔处的填充区域，而不覆盖其他任何对象。

▶ 3.2 运用填充图形工具

　　在 Flash CC 中，绘制矢量图形的轮廓线条后，通常还需要为图形填充相应的颜色。恰当的颜色填充不但可以使图形更加精美，同时对于线条中出现的细小失误也具有一定的修补作用。填充与描边工具包括墨水瓶工具、颜料桶工具、滴管工具和渐变变形工具等，本节主要对这些工具进行详细的介绍。

3.2.1 运用墨水瓶工具绘图

　　在 Flash CC 中，使用墨水瓶工具可以为绘制好的矢量线段填充颜色，也可以为指定色块加上边框，但墨水瓶工具不能对矢量色块进行填充。

素材文件	光盘 \ 素材 \ 第 3 章 \ 记事本 .fla	
效果文件	光盘 \ 效果 \ 第 3 章 \ 记事本 .fla	
视频文件	光盘 \ 视频 \ 第 3 章 \3.2.1 运用墨水瓶工具绘图 .mp4	

◤ 【操练 + 视频】——运用墨水瓶工具绘图

STEP 01 单击"文件"|"打开"命令，打开一个素材文件，如图 3-38 所示。

STEP 02 选取工具箱中的墨水瓶工具 🖋，在"属性"面板的"填充和笔触"选项区中设置"笔触颜色"为绿色（#66FF00）、"笔触高度"为 3，如图 3-39 所示。

图 3-38 打开素材文件　　　　　　　　图 3-39 设置相应选项

STEP 03 将鼠标指针移至需要填充轮廓的图形上单击鼠标左键，即可填充轮廓颜色，如图 3-40 所示。

STEP 04 采用同样的方法，填充其他轮廓效果，如图 3-41 所示。

图 3-40 填充轮廓　　　　　　　　　图 3-41 填充其他轮廓

专家指点

在 Flash CC 中，如果单击一个没有轮廓线的区域，那么墨水瓶工具将自动为该区域增加轮廓线。如果该区域有轮廓线，则会将轮廓线改为墨水瓶工具设定的样式。

3.2.2 运用颜料桶工具绘图

在 Flash CC 中，颜料桶工具可以用颜色填充封闭的区域，它可以填充空的区域，也可以更改已涂色的颜色。用户可以用纯色、渐变填充以及位图填充进行涂色。此外，还可以使用颜料桶工具填充未完全封闭的区域，并且可以指定在使用颜料桶工具时闭合形状轮廓中的间隙。

素材文件	光盘 \ 素材 \ 第 3 章 \ 喜洋洋 .fla
效果文件	光盘 \ 效果 \ 第 3 章 \ 喜洋洋 .fla
视频文件	光盘 \ 视频 \ 第 3 章 \3.2.2 运用颜料桶工具绘图 .mp4

【操练 + 视频】——运用颜料桶工具绘图

STEP 01 单击"文件"|"打开"命令，打开一个素材文件，如图 3-42 所示。

STEP 02 选取工具箱中的颜料桶工具 ，在"属性"面板的"填充和笔触"选项区中设置"填充颜色"为白色，如图 3-43 所示。

图 3-42 打开素材文件

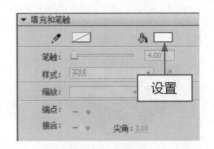

图 3-43 设置填充颜色

STEP 03 将鼠标指针移至需要填充的图形对象上，指针呈 形状，如图 3-44 所示。

STEP 04 单击鼠标左键，即可使用颜料桶填充图形对象，如图 3-45 所示。

图 3-44 鼠标指针呈 形状

图 3-45 填充图形

专家指点

　　选择颜料桶工具后，在工具箱下方出现一个"间隔大小"按钮，如图 3-46 所示，单击该按钮右下角的下三角按钮，弹出列表框，在其中可以设置空隙大小，各模式含义如下：

图 3-46 "间隔大小"按钮

* 不封闭空隙：在该模式下，不允许有空隙，只限于封闭空隙。

* 封闭小空隙：在该模式下，允许有小空隙。

* 封闭中等空隙：在该模式下，允许有中型空隙。

* 封闭大空隙：在该模式下，允许有大空隙。

3.2.3 运用滴管工具绘图

在 Flash CC 中，滴管工具可以吸取矢量色块属性、矢量线条属性、位图属性以及文字属性等，并可以将选择的属性应用到其他对象中。

素材文件	光盘 \ 素材 \ 第 3 章 \ 生日快乐 .fla	
效果文件	光盘 \ 效果 \ 第 3 章 \ 生日快乐 .fla	
视频文件	光盘 \ 视频 \ 第 3 章 \3.2.3 运用滴管工具绘图 .mp4	

【操练 + 视频】——运用滴管工具绘图

STEP 01 单击"文件"|"打开"命令，打开一个素材文件，如图 3-47 所示。

STEP 02 选取工具箱中的滴管工具 ，将鼠标指针移至舞台中黄色的图形上吸取颜色，如图 3-48 所示。

图 3-47 打开一个素材文件 　　　　　图 3-48 吸取颜色

STEP 03 将鼠标指针移至需要填充的图形对象上，如图 3-49 所示。

STEP 04 单击鼠标左键，即可使用颜料桶填充图形对象，如图 3-50 所示。

图 3-49 移动鼠标指针位置 　　　　　图 3-50 填充颜色

3.2.4 运用渐变变形工具绘图

在 Flash CC 中，运用渐变变形工具可以对已经存在的填充进行调整，包括线性渐变填充、放射状填充和位图填充。

素材文件	光盘 \ 素材 \ 第 3 章 \ 冰 .fla	
效果文件	光盘 \ 效果 \ 第 3 章 \ 冰 .fla	
视频文件	光盘 \ 视频 \ 第 3 章 \3.2.4 运用渐变变形工具绘图 .mp4	

STEP 01 单击"文件"|"打开"命令，打开一个素材文件，如图 3-51 所示。

STEP 02 选取工具箱中的渐变变形工具 ▣，如图 3-52 所示。

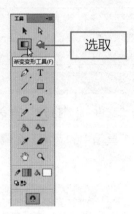

选取

图 3-51 打开素材文件 图 3-52 选取渐变变形工具

STEP 03 选择需要渐变的图形，调出变形框，将鼠标指针移至控制柄上单击鼠标左键并拖曳，如图 3-53 所示。

STEP 04 托至合适位置后释放鼠标左键，即可调整变形，效果如图 3-54 所示。

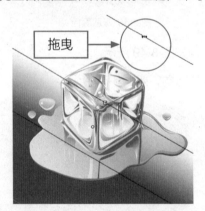

拖曳

图 3-53 拖曳鼠标 图 3-54 调整变形

专家指点

渐变变形工具主要用于对图形对象的各种填充方式进行变形处理，可对已经存在的渐变填充进行调整。使用渐变变形工具可以方便地对渐变填充效果进行旋转、拉伸、倾斜和缩放等变换操作。

▶3.3 运用辅助图形工具

在 Flash CC 中，可以根据需要运用辅助绘图工具对已经绘制好的图形进行编辑。常用的辅助绘图工具有选择工具、部分选取工具、套索工具、缩放工具、手形工具和任意变形工具等，本

节主要对这些工具进行详细的介绍。

◢ 3.3.1 运用选择工具选择图形

在 Flash CC 中，选择工具主要用来选择和移动对象，还可以改变对象的大小。通过选取工具箱中的选择工具可以选择任意对象，包括矢量、元件和位图。选择对象后，还可以进行移动或改变对象的形状等操作。

素材文件	光盘 \ 素材 \ 第 3 章 \ 圣诞女郎 .fla
效果文件	光盘 \ 效果 \ 第 3 章 \ 圣诞女郎 .fla
视频文件	光盘 \ 视频 \ 第 3 章 \3.3.1 运用选择工具选择图形 .mp4

【操练 + 视频】——运用选择工具选择图形

STEP 01 单击"文件"|"打开"命令，打开一个素材文件，如图 3-55 所示。

STEP 02 在工具箱中选取选择工具 ▶，如图 3-56 所示。

图 3-55 打开素材文件　　　　　　　　　图 3-56 选取选择工具

STEP 03 将鼠标指针移至需要选择的图形上，如图 3-57 所示。

STEP 04 单击鼠标左键即可选择图形，被选择的图形四周显示蓝色边框，如图 3-58 所示。

图 3-57 定位鼠标　　　　　　　　　图 3-58 选择图形

3.3.2 运用部分选取工具选择图形

在 Flash CC 中，部分选取工具是修改和调整路径的有效工具，主要用于选择线条、移动线条、编辑节点及调整节点方向等。选取工具箱中的部分选取工具 ，将鼠标指针移至需要选择的图形上单击鼠标左键，即可选择该图形，如图 3-59 所示。

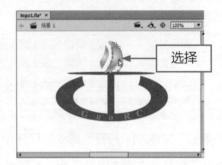

图 3-59 选择图形

专家指点

部分选取工具是以贝塞尔曲线的方式进行编辑的，这样能方便地对路径上的控制点进行选取、拖曳、调整路径方向及删除节点等操作，使图形达到理想的效果。

使用部分选取工具时，当鼠标指针的右下角为黑色的实心方框时，可以移动对象；当鼠标指针的右下角为空心方框时，可移动路径上的一个锚点。

3.3.3 运用套索工具选择图形

在 Flash CC 中，使用套索工具可以精确地选择不规则图形中的任意部分。多边形工具适合选择有规则的区域，魔术棒用来选择相同色块区域。

	素材文件	光盘 \ 素材 \ 第 3 章 \ 蝴蝶 .fla
	效果文件	光盘 \ 效果 \ 第 3 章 \ 蝴蝶 .fla
	视频文件	光盘 \ 视频 \ 第 3 章 \3.3.3 运用套索工具选择图形 .mp4

【操练+视频】——运用套索工具选择图形

STEP 01 单击"文件"|"打开"命令，打开一个素材文件，如图 3-60 所示。

图 3-60 打开素材文件

STEP 02 选取工具箱中的套索工具 ，将鼠标指针移至需要选择的图形上单击鼠标左键并拖曳，拖至起点位置后释放鼠标左键，效果如图 3-61 所示。

STEP 03 执行操作后，即可运用套索工具选择图形，如图 3-62 所示。

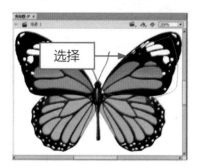 

图 3-61 选择图形区域过程　　　　　　　图 3-62 选择图形

专家指点

在工具箱中选取套索工具，将鼠标指针移至舞台中，单击鼠标左键并拖曳至合适位置后释放鼠标左键，即可在图形对象中选择需要的范围。选取套索工具后，在工具箱底部显示套索按钮。各按钮的含义如下：

* "魔术棒" 按钮 ：主要用于沿选择对象的轮廓进行大范围的选取，也可以选取色彩范围。

* "魔术棒设置" 按钮 ：在选项区域中单击该按钮，弹出 "魔术棒设置" 属性面板，如图 3-63 所示，在其中可以设置魔术棒选取的色彩范围。

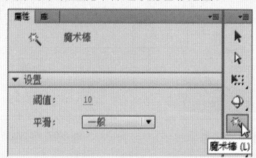

图 3-63 "魔术棒" 属性设置面板

* "多边形模式" 按钮 ：主要对不规则的图形进行比较精确的选择。

使用套索工具，需要先设置属性再进行区域选择，采用默认属性才不需要先进行属性修改操作。选中区域后再选择套索工具，无法修改属性，需要先取消选中的区域。运用套索工具选择区域时，无法选中图片中的局部区域，可先分离图片。

3.3.4 运用缩放工具缩放图形

在 Flash CC 中，缩放工具用来放大或缩小舞台的显示大小。在处理图形的细微之处时，使用缩放工具可以帮助设计者完成重要的细节设计。选取缩放工具后，在工具箱中会显示 "放大" 和 "缩小" 按钮，可以根据需要选择相应的按钮。

素材文件	光盘 \ 素材 \ 第 3 章 \ 史努比 .fla
效果文件	光盘 \ 效果 \ 第 3 章 \ 史努比 .fla
视频文件	光盘 \ 视频 \ 第 3 章 \3.3.4 运用缩放工具缩放图形 .mp4

【操练 + 视频】——运用缩放工具缩放图形

STEP 01 单击"文件"|"打开"命令，打开一个素材文件，如图 3-64 所示。

STEP 02 选取工具箱中的缩放工具 ，将鼠标指针移至需要放大的图形上，此时指针呈 形状，如图 3-65 所示。

图 3-64 打开素材文件

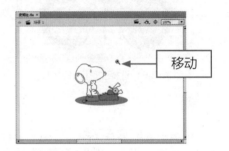

图 3-65 鼠标指针呈 形状

STEP 03 单击鼠标左键，即可放大图形，如图 3-66 所示。

STEP 04 选取工具箱中的缩放工具 ，将鼠标指针移至需要缩小的图形上，按住【Alt】键的同时单击鼠标左键两次，即可缩小图形，如图 3-67 所示。

图 3-66 放大图形

图 3-67 缩小图形

3.3.5 运用手形工具移动图形

在 Flash CC 中，在动画尺寸非常大或者舞台放大的情况下，在工作区域中不能完全显示舞台中的内容时，可以使用手形工具移动舞台。

素材文件	光盘 \ 素材 \ 第 3 章 \ 热气球 .fla
效果文件	光盘 \ 效果 \ 第 3 章 \ 热气球 .fla
视频文件	光盘 \ 视频 \ 第 3 章 \3.3.5 运用手形工具移动图形 .mp4

【操练 + 视频】——运用手形工具移动图形

STEP 01 单击"文件"|"打开"命令，打开一个素材文件，如图 3-68 所示。

STEP 02 选取工具箱中的缩放工具 ，将图形放大，如图 3-69 所示。

图 3-68 打开素材文件

图 3-69 放大图像

STEP 03 选取工具箱中的手形工具 ，将鼠标指针移至舞台中，此时鼠标指针呈 形状，如图 3-70 所示。

STEP 04 单击鼠标左键并向右拖曳，即可移动舞台，效果如图 3-71 所示。

移动

图 3-70 移动鼠标

图 3-71 移动舞台

3.3.6 运用任意变形工具编辑图形

在 Flash CC 中，任意变形工具用来改变和调整对象的形状。对象的变形不仅包括缩放、旋转、倾斜和翻转等基本变形方式，还包括扭曲及封套等特殊变形方式。各种变形都有其特点，灵活运用可以制作出很多特殊效果。

素材文件	光盘 \ 素材 \ 第 3 章 \ 广告 .fla
效果文件	光盘 \ 效果 \ 第 3 章 \ 广告 .fla
视频文件	光盘 \ 视频 \ 第 3 章 \3.3.6 运用任意变形工具编辑图形 .mp4

【操练 + 视频】——运用任意变形工具编辑图形

STEP 01 单击"文件"|"打开"命令，打开一个素材文件，如图 3-72 所示。

STEP 02 选取工具箱中的任意变形工具 ，选择需要变形的图形，如图 3-73 所示。

专家指点

在 Flash CC 中，使用任意变形工具可以对图形对象进行自由变换操作，包括旋转、倾斜、缩放和翻转图形对象。当选择了需要变形的对象后，选取工具箱中的任意变形工具，即可设置对象的变形方式。

图 3-72 打开素材文件

图 3-73 选择图形

STEP 03 将鼠标移至右上角的变形控制点上，单击鼠标左键并拖曳，如图 3-74 所示。

STEP 04 拖至合适位置后释放鼠标左键，即可变形图形，效果如图 3-75 所示。

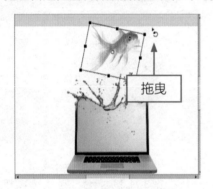

图 3-74 拖拽变形控制点

图 3-75 变形效果

专家指点

　　选取工具箱中的任意变形工具后，在工具箱底部出现"旋转与倾斜"按钮、"缩放"按钮、"扭曲"按钮和"封套"按钮，各按钮的含义如下：

* "旋转与倾斜"按钮 ⟲：单击该按钮，可以对选择的对象进行旋转或倾斜操作。

* "缩放"按钮 ⊡：单击该按钮，可以对选择的对象进行放大或缩小操作。

* "扭曲"按钮 ◩：单击该按钮，可以对选择的对象进行扭曲操作。该功能只对分离后的对象，即矢量图有效，且对四角的控制点有效。

* "封套"按钮 ▨：单击该按钮，当前被选择的对象四周就会出现更多的控制点，可以对该对象进行更加精确的变形操作。

CHAPTER

深度剖析动画设计：
编辑锚点与线条

4

章前知识导读

　　在 Flash CC 中绘制图形时，除了需要使用各种绘图工具外，还需要对编辑动画图形线条的操作进行掌握，这样可以使用户绘制出更加符合需求的动画图形。本章主要向读者介绍编辑锚点与线条的操作方法。

新手重点索引

　　✎　操作动画图形的锚点
　　✎　设置与编辑矢量线条
　　✎　添加形状提示与编辑图形

⟩ 4.1 操作动画图形的锚点

在 Flash CC 工作界面中，可根据需要编辑矢量线条的锚点，使制作的矢量图形更加符合需求。本节主要向读者介绍编辑矢量线条锚点的各种方法，主要包括选择锚点、添加锚点、减少锚点、移动锚点、尖突锚点，以及平滑锚点等。

◢ 4.1.1 选择动画图形的锚点

在编辑锚点之前，首先需要选择相应锚点。下面向读者介绍选择 de 锚点的操作方法。

素材文件	光盘 \ 素材 \ 第 4 章 \ 爱心日历 .fla
效果文件	无
视频文件	光盘 \ 视频 \ 第 4 章 \4.1.1 选择动画图形的锚点 .mp4

◤ 【操练 + 视频】——选择动画图形的锚点

STEP 01 单击"文件" | "打开"命令，打开一个素材文件，如图 4-1 所示。

STEP 02 在工具箱中选择部分选取工具，如图 4-2 所示。

图 4-1 打开素材文件　　　　　　图 4-2 选取部分选取工具

STEP 03 运用部分选取工具在图形的边缘选择背景轮廓线，如图 4-3 所示。

STEP 04 在背景轮廓线的相应锚点上单击鼠标左键，即可选择该锚点，如图 4-4 所示。

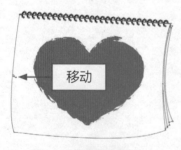

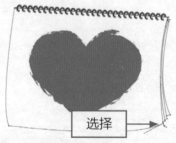

图 4-3 选择背景轮廓线　　　　　　图 4-4 选择锚点

◤ 专家指点

　　运用部分选取工具选择图形时，如果需要选择单独的线条，必须确定线条和图形对象是分离的，否则将会选择和线条相连的所有图形边线。

4.1.2 添加动画图形的锚点

在 Flash CC 工作界面中，可以在矢量图形的线条中添加相应的锚点，用来更改矢量图形的整体形状。下面向读者介绍在线条中添加锚点的操作方法。

素材文件	光盘 \ 素材 \ 第 4 章 \ 高尔夫球 .fla
效果文件	光盘 \ 效果 \ 第 4 章 \ 高尔夫球 .fla
视频文件	光盘 \ 视频 \ 第 4 章 \4.1.2 添加动画图形的锚点 .mp4

【操练 + 视频】——添加动画图形的锚点

`STEP 01` 单击"文件"|"打开"命令，打开一个素材文件，如图 4-5 所示。

`STEP 02` 在工具箱中选择部分选取工具，在图形的边缘选择背景轮廓线，如图 4-6 所示。

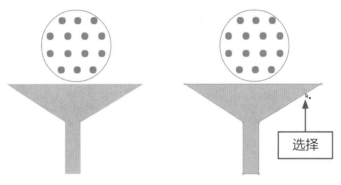

图 4-5 打开素材文件　　　　图 4-6 选择背景轮廓线

`STEP 03` 在工具箱中选取添加锚点工具 ，如图 4-7 所示。

`STEP 04` 将鼠标指针移至舞台区需要添加锚点的位置，此时指针呈带加号的钢笔形状 ，单击鼠标左键，即可添加一个锚点，如图 4-8 所示。

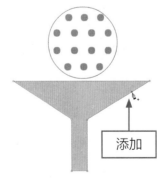

图 4-7 选取添加锚点工具　　　　图 4-8 添加一个锚点

`STEP 05` 将鼠标指针移至左侧另一位置再次单击鼠标左键，即可在图形的轮廓线上添加第 2 个锚点，如图 4-9 所示。

`STEP 06` 采用同样的方法，在图形边缘的轮廓线上添加第 3 个和第 4 个锚点，如图 4-10 所示，完成锚点的添加操作。

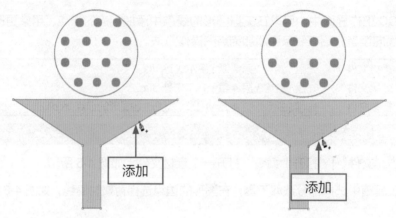

图 4-9 添加第 2 个锚点　　　　　　图 4-10 添加其他锚点

4.1.3 减少动画图形的锚点

在 Flash CC 工作界面中，可以在矢量图形的线条中删除相应的锚点，使制作的矢量图形更加符合需求。下面向读者介绍在线条中减少锚点的操作方法。

素材文件	光盘 \ 素材 \ 第 4 章 \ 礼品盒子 .fla
效果文件	光盘 \ 效果 \ 第 4 章 \ 礼品盒子 .fla
视频文件	光盘 \ 视频 \ 第 4 章 \4.1.3 减少动画图形的锚点 .mp4

【操练 + 视频】——减少动画图形的锚点

STEP 01 单击"文件"|"打开"命令，打开一个素材文件，如图 4-11 所示。

STEP 02 在工具箱中选择部分选取工具，在图形的边缘选择背景轮廓线，如图 4-12 所示。

图 4-11 打开素材文件　　　　　　图 4-12 选择背景轮廓线

STEP 03 在工具箱中，选取删除锚点工具 ，如图 4-13 所示。

STEP 04 将鼠标指针移至舞台区需要减少锚点的位置，此时指针呈带减号的钢笔形状 ，如图 4-14 所示。

图 4-13 选取删除锚点工具　　　　图 4-14 定位鼠标

STEP 05 在相应锚点上单击鼠标左键，即可减少一个锚点。减少锚点后，图形的整体形状将发生变化，如图 4-15 所示。

STEP 06 退出锚点编辑状态，在舞台区中可以查看图形的最终效果，如图 4-16 所示。

图 4-15 减少一个锚点　　　　图 4-16 查看图形的最终效果

◢ 4.1.4 移动动画图形的锚点

如果矢量图形的整体形状没有达到要求，此时可以通过移动锚点的位置来更改矢量图形的整体形状。下面向读者介绍在线条中移动锚点的操作方法，希望读者熟练掌握。

素材文件	光盘 \ 素材 \ 第 4 章 \ 开车 .fla
效果文件	光盘 \ 效果 \ 第 4 章 \ 开车 .fla
视频文件	光盘 \ 视频 \ 第 4 章 \4.1.4 移动动画图形的锚点 .mp4

◣◥【操练 + 视频】——移动动画图形的锚点

STEP 01 单击"文件"|"打开"命令，打开一个素材文件，如图 4-17 所示。

STEP 02 在工具箱中选择部分选取工具，在图形的边缘选择背景轮廓线，然后将鼠标指针移至需要移动的锚点上单击鼠标左键，选中该锚点，如图 4-18 所示。

STEP 03 在选中的锚点上单击鼠标左键并向上拖曳，拖至合适位置后释放鼠标左键，即可移动锚点对象，如图 4-19 所示。

STEP 04 退出锚点编辑状态，在舞台区中可以查看移动锚点后的图形效果，如图 4-20 所示。

STEP 05 采用同样的方法，再次运用部分选取工具移动舞台区图形左侧与右侧的锚点对象并拖曳至合适位置，如图 4-21 所示。

STEP 06 退出锚点编辑状态，预览移动锚点后的最终图形效果，如图 4-22 所示。

图 4-17 打开素材文件

图 4-18 选中锚点

图 4-19 移动锚点

图 4-20 移动锚点后的图形效果

图 4-21 移动舞台区图形下方的锚点

图 4-22 预览移动锚点后的图形效果

专家指点

在 Flash CC 中还可以使用部分选取工具选择锚点后，按键盘上的方向键来移动锚点。

4.1.5 尖突动画图形的锚点

在动画制作的过程中，可以根据需要在图形中尖突相应的锚点，下面向读者介绍在线条中尖突锚点的操作方法。

	素材文件	光盘 \ 素材 \ 第 4 章 \ 开车 .fla
	效果文件	光盘 \ 效果 \ 第 4 章 \ 开车 .fla
	视频文件	光盘 \ 视频 \ 第 4 章 \4.1.5 尖突动画图形的锚点 .mp4

【操练 + 视频】——尖突动画图形的锚点

STEP 01 单击 "文件" | "打开" 命令，打开一个素材文件，如图 4-23 所示。

STEP 02 在工具箱中选择部分选取工具，在图形的边缘选择背景轮廓线，显示出锚点对象，如图 4-24 所示。

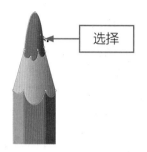

图 4-23 打开素材文件　　　　　图 4-24 选择背景轮廓线

专家指点

在 Flash CC 中，按键盘上的【A】键，可以快速切换至部分选取工具编辑状态。

STEP 03 在工具箱中选取转换锚点工具 ，如图 4-25 所示。

STEP 04 将鼠标指针移至舞台区中相应的锚点上，此时指针呈尖突形状 ，如图 4-26 所示。

图 4-25 选取转换锚点工具　　　　图 4-26 定位鼠标

STEP 05 在锚点上单击鼠标左键，即可尖突该锚点，如图 4-27 所示。

STEP 06 退出锚点编辑状态，在舞台区中可以查看尖突锚点后的图形效果，如图 4-28 所示。

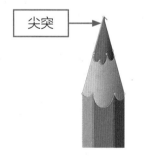

图 4-27 尖突锚点　　　　图 4-28 查看尖突锚点后的图形效果

专家指点

按键盘上的【C】键，可以快速切换至转换锚点工具；按【P】键，可以快速切换至钢笔工具。

4.1.6 平滑动画图形的锚点

在动画制作的过程中，用户可以根据需要在图形中平滑相应的锚点。下面向读者介绍在线条中平滑锚点的操作方法。

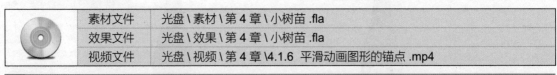

素材文件	光盘 \ 素材 \ 第 4 章 \ 小树苗 .fla
效果文件	光盘 \ 效果 \ 第 4 章 \ 小树苗 .fla
视频文件	光盘 \ 视频 \ 第 4 章 \4.1.6 平滑动画图形的锚点 .mp4

【操练 + 视频】——平滑动画图形的锚点

STEP 01 单击"文件"|"打开"命令，打开一个素材文件，如图 4-29 所示。

STEP 02 在工具箱中选择部分选取工具，在图形的边缘选择背景轮廓线，显示出锚点，如图 4-30 所示。

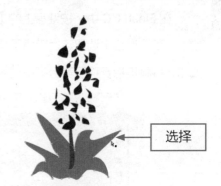

图 4-29 打开素材文件　　　　　　　　　　图 4-30 选择背景轮廓线

STEP 03 将鼠标指针移至矢量图形中需要平滑操作的锚点上，单击该锚点，此时该锚点呈实心显示状态，如图 4-31 所示。

STEP 04 在选择的锚点上单击鼠标左键并拖曳，此时曲线线条形状已被修改，如图 4-32 所示。

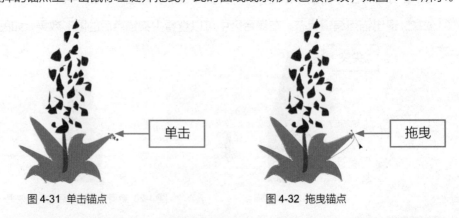

图 4-31 单击锚点　　　　　　　　　　图 4-32 拖曳锚点

STEP 05 释放鼠标左键，即可平滑锚点，如图 4-33 所示。

STEP 06 退出锚点编辑状态，在舞台区中可以查看平滑锚点后的图形效果，如图 4-34 所示。

图 4-33 平滑锚点

图 4-34 平滑锚点后的图形效果

✍ 4.1.7 调节动画图形的锚点

当使用转换锚点工具调出锚点的两个调节线时，此时可以根据需要调整锚点两端调节线的位置，从而修改图形的整体效果。

	素材文件	光盘 \ 素材 \ 第 4 章 \ 小树苗 .fla
	效果文件	光盘 \ 效果 \ 第 4 章 \ 小树苗 .fla
	视频文件	光盘 \ 视频 \ 第 4 章 \4.1.7 调节动画图形的锚点 .mp4

【操练 + 视频】——调节动画图形的锚点

`STEP 01` 单击"文件" | "打开"命令，打开一个素材文件，如图 4-35 所示。

`STEP 02` 在工具箱中选取部分选取工具，如图 4-36 所示。

图 4-35 打开素材文件

图 4-36 选取部分选取工具

`STEP 03` 在图形的边缘选择背景轮廓线，显示出锚点对象，如图 4-37 所示。

`STEP 04` 在需要调节的锚点上单击鼠标左键，使该锚点呈实心显示状态，并显示出左右两端的调节线，如图 4-38 所示。

`STEP 05` 将鼠标指针移至右侧锚点调节线上，如图 4-39 所示。

`STEP 06` 按住【Alt】键的同时单击鼠标左键并向上拖曳，拖至合适位置后释放鼠标左键，即可调整锚点右侧的线条形状，如图 4-40 所示。

`STEP 07` 采用同样的方法，将鼠标指针移至左侧锚点调节线上，按住【Alt】键的同时单击鼠标左键并向上拖曳，拖至合适位置后释放鼠标左键，即可调整锚点左侧的线条形状，如图 4-41 所示。

`STEP 08` 退出锚点编辑状态，在舞台区中可以查看调节锚点后的图形效果，如图 4-42 所示。

图 4-37 显示出锚点对象

图 4-38 显示出左右两端的调节线

图 4-39 移至右侧锚点调节线上

图 4-40 调整锚点右侧的线条形状

图 4-41 调整锚点左侧的线条形状

图 4-42 查看图形最终效果

▸▸ 4.2 设置与编辑矢量线条

　　在 Flash CC 中，绘制矢量图形的轮廓线条后，通常还需要为矢量线条设置相应的颜色。运用工具箱中的相关工具，可以设置矢量图形线条的笔触颜色、笔触大小以及线性样式等。本节主要向读者介绍设置矢量线条属性的操作方法。

◢ 4.2.1 调整笔触的颜色

　　在 Flash CC 中提供了多种不同的笔触颜色，用户可以根据实际需要设置相应的笔触颜色。下面向读者介绍设置笔触颜色的操作方法。

	素材文件	光盘 \ 素材 \ 第 4 章 \ 帽子 .fla
	效果文件	光盘 \ 效果 \ 第 4 章 \ 帽子 .fla
	视频文件	光盘 \ 视频 \ 第 4 章 \4.2.1 调整笔触的颜色 .mp4

STEP 01 单击"文件"|"打开"命令，打开一个素材文件，如图 4-43 所示。

STEP 02 选取工具箱中的选择工具 ，选择需要设置笔触颜色的图形，如图 4-44 所示。

图 4-43 打开素材文件

图 4-44 选择需要设置笔触颜色的图形

STEP 03 在"属性"面板的"填充和笔触"选项区中单击"笔触颜色"色块，在弹出的颜色面板中选择紫色（#6600FF），如图 4-45 所示。

STEP 04 执行操作后，即可将选择图形的"笔触颜色"设置为紫色，如图 4-46 所示。

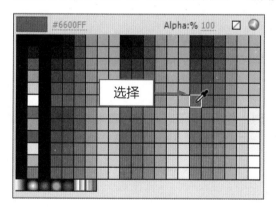

图 4-45 在颜色面板中选择紫色

图 4-46 "笔触颜色"设置为紫色

专家指点

在颜色面板中，在左上方颜色框的右侧手动输入颜色的参数值，也可以更改笔触颜色的属性。另外，通过设置右侧的 Alpha 参数值，可以更改图形笔触颜色的不透明度效果。

4.2.2 调整笔触的大小

用户不仅可以设置笔触颜色，还可以根据需要来设置笔触的大小，通过这样的设置可以让图形达到更好的效果。

在上一例的基础上，选取工具箱中的选择工具 ，选择需要设置笔触大小的图形，如图 4-47 所示。在"属性"面板的"填充和笔触"选项区中设置"笔触高度"为 8，如图 4-48 所示。

图 4-47 选择图形

图 4-48 设置笔触大小

执行操作后，即可设置图形的笔触大小，效果如图 4-49 所示。

图 4-49 设置图形笔触大小

专家指点

在"属性"面板中设置图形的笔触高度时，除了可以在"笔触"右侧的数值框中输入相应的数值来设置笔触高度外，拖曳"笔触"右侧的滑块，向右拖曳至合适位置，也可以设置笔触的高度。

4.2.3 调整笔触的样式

在 Flash CC 中包含 7 种不同的笔触样式，如极细线、实线、虚线、点状线、锯齿线、点刻线以及斑马线等，如图 4-50 所示。

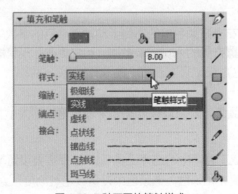

图 4-50 7 种不同的笔触样式

下面介绍 3 种常用的笔触样式，供读者学习和参考。

1．虚线样式

在制作图形的过程中，可以根据图形的属性设置图形线条的虚线样式。在"属性"面板的"填充和笔触"选项区中单击"样式"右侧的下拉按钮，在弹出的列表中选择"虚线"选项，即可更改图形的笔触样式为虚线样式，效果如图 4-51 所示。

图 4-51 更改图形的笔触样式为虚线样式

2．实线样式

也可根据需要将图形的笔触样式设置为实线样式：在"属性"面板的"填充和笔触"选项区中单击"样式"右侧的下拉按钮，在弹出的列表中选择"实线"选项，即可更改图形笔触样式为实线样式，效果如图 4-52 所示。

图 4-52 更改图形笔触样式为实线样式

3．点刻线样式

还可根据需要将图形的笔触样式设置为点刻线样式：在"属性"面板的"填充和笔触"选项区中单击"样式"右侧的下拉按钮，在弹出的列表中选择"点刻线"选项，即可将选择的图形的线性样式设置为点刻线样式，效果如图 4-53 所示。

图 4-53 更改图形笔触样式为点刻线样式

4.2.4 删除矢量线条

在绘制动画图形时，可以根据需要删除已存在的线条。下面向读者介绍删除矢量图形线条的操作方法。

素材文件	光盘 \ 素材 \ 第 4 章 \ 高尔夫球杆 .fla
效果文件	光盘 \ 效果 \ 第 4 章 \ 高尔夫球杆 .fla
视频文件	光盘 \ 视频 \ 第 4 章 \4.2.4 删除矢量线条 .mp4

【操练 + 视频】——删除矢量线条

STEP 01 单击"文件"|"打开"命令，打开一个素材文件，如图 4-54 所示。

STEP 02 选取工具箱中的选择工具 ，选择需要删除的矢量线条对象，如图 4-55 所示。

图 4-54 打开素材文件

选择

图 4-55 选择矢量线条对象

专家指点

在 Flash CC 工作界面中，还可以通过以下两种方法删除矢量线条：

* 选择需要删除的矢量线条，按【Delete】键。

* 选择需要删除的矢量线条，按【Backspace】键。

STEP 03 在菜单栏中单击"编辑"菜单，在弹出的菜单列表中单击"清除"命令，如图 4-56 所示。

STEP 04 执行操作后，即可删除舞台中不需要的矢量图形线条，在舞台中可以预览最终的图形效果，如图 4-57 所示。

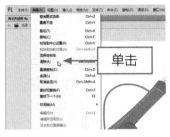

图 4-56 单击"清除"命令　　　　图 4-57 删除不需要的矢量图形线条

专家指点

在"编辑"菜单下，按键盘上的【A】键，也可以快速执行"清除"命令。

4.2.5 分割矢量线条

分割线条就是将某一线条分割成多个部分，用户可以根据自己的需求来对所绘制对象的线条进行分割处理，以达到自己所需要的效果。

素材文件	光盘\素材\第4章\杯子.fla
效果文件	光盘\效果\第4章\杯子.fla
视频文件	光盘\视频\第4章\4.2.5 分割矢量线条.mp4

【操练＋视频】——分割矢量线条

STEP 01 单击"文件"|"打开"命令，打开一幅素材图形，如图 4-58 所示。

STEP 02 选取工具箱中的矩形工具 ▫，在"属性"面板中设置矩形的"笔触"为无，"填充颜色"为黑色，如图 4-59 所示。

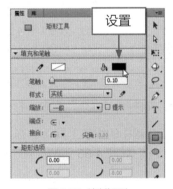

图 4-58 打开素材图像　　　　图 4-59 绘制矩形

STEP 03 在图形中的合适位置拖曳鼠标，如图 4-60 所示。

STEP 04 绘制相应的矩形，效果如图 4-61 所示。

STEP 05 选择绘制的矩形对象，按【Ctrl ＋ B】组合键，将图形打散。在菜单栏中单击"编辑"菜单，在弹出的菜单列表中单击"清除"命令，如图 4-62 所示。

STEP 06 执行操作后，即可查看分割线条后的矢量图形，效果如图 4-63 所示。

图 4-60 拖曳鼠标

图 4-61 绘制矩形

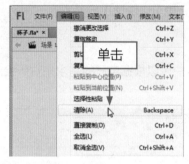

图 4-62 单击"清除"命令

图 4-63 查看线条分割效果

4.2.6 扭曲矢量线条

扭曲直线是指对直线进行扭曲变形，使其变为曲线。下面向读者介绍扭曲矢量图形线条的操作方法。

素材文件	光盘 \ 素材 \ 第 4 章 \ 杯中饮料 .fla
效果文件	光盘 \ 效果 \ 第 4 章 \ 杯中饮料 .fla
视频文件	光盘 \ 视频 \ 第 4 章 \4.2.6 扭曲矢量线条 .mp4

【操练 + 视频】——扭曲矢量线条

STEP 01 单击"文件"|"打开"命令，打开一个素材文件，如图 4-64 所示。

STEP 02 选取工具箱中的线条工具 ，在"属性"面板中设置"笔触高度"为 6、"笔触颜色"为绿色（#339933），如图 4-65 所示。

图 4-64 打开素材文件

图 4-65 设置线条属性

STEP 03 在图形的上方单击鼠标左键并拖曳，绘制直线，此时鼠标指针呈 ┿ 形状，如图 4-66 所示。

STEP 04 拖至合适位置后释放鼠标，即可绘制直线，效果如图 4-67 所示。

图 4-66 拖曳鼠标

图 4-67 绘制直线

STEP 05 选取工具箱中的选择工具 ▶，将鼠标指针移至图形最上方的直线上，指针呈 ▶ 形状，单击鼠标左键并拖曳，拖至合适位置后释放鼠标，改变直线的弧度，效果如图 4-68 所示。

STEP 06 采用同样的方法，将其他的三条直线进行扭曲，效果如图 4-69 所示。

图 4-68 扭曲直线

图 4-69 扭曲其他直线

4.2.7 平滑矢量曲线

在 Flash CC 中，有两种方法可以平滑矢量曲线：第一种是通过工具箱中的"平滑"按钮平滑曲线；另一种是通过菜单栏中的"平滑"命令平滑曲线，下面向读者分别进行介绍。

1．通过"平滑"工具平滑曲线

在制作动画的过程中，可以对绘制好的曲线进行平滑处理。下面向读者介绍平滑曲线图形的操作方法。

	素材文件	光盘\素材\第 4 章\卡通车 .fla
	效果文件	光盘\效果\第 4 章\卡通车 .fla
	视频文件	光盘\视频\第 4 章\4.2.7 平滑矢量曲线（1）.mp4

【操练 + 视频】——通过"平滑"工具平滑曲线

STEP 01 单击"文件" |"打开"命令，打开一个素材文件，如图 4-70 所示。

STEP 02 选取工具箱中的选择工具 ▶，在舞台中选择需要平滑曲线的图形，如图 4-71 所示。

图 4-70　打开素材文件　　　　　　图 4-71　选择需要平滑曲线的图形

STEP 03　在工具箱的底部多次重复单击"平滑"按钮 $\boxed{S}$，如图 4-72 所示。

STEP 04　执行上述操作后，即可平滑所选的线条，如图 4-73 所示。

图 4-72　单击"平滑"按钮　　　　　图 4-73　平滑所选的线条

2．通过"平滑"命令平滑曲线

在制作动画的过程中，还可以通过"平滑"命令对相应的矢量线条进行平滑操作。

	素材文件	光盘 \ 素材 \ 第 4 章 \ 球类 .fla
	效果文件	光盘 \ 效果 \ 第 4 章 \ 球类 .fla
	视频文件	光盘 \ 视频 \ 第 4 章 \4.2.7 平滑矢量曲线（2）.mp4

【操练 + 视频】——通过"平滑"命令平滑曲线

STEP 01　单击"文件"|"打开"命令，打开一个素材文件，如图 4-74 所示。

STEP 02　选取工具箱中的选择工具 $\boxed{\ }$，在舞台中选择需要平滑的曲线，如图 4-75 所示。

STEP 03　在菜单栏中单击"修改"菜单，在弹出的菜单列表中多次重复单击"形状"|"平滑"命令，如图 4-76 所示。

STEP 04　执行上述操作后，即可平滑所选的线条，如图 4-77 所示。

专家指点

　　单击"修改"菜单后，在弹出的菜单列表中依次按键盘上的【P】、【H】键，也可以快速执行"平滑"命令。

图 4-74 打开素材文件

图 4-75 选择需要平滑的曲线

图 4-76 单击"平滑"命令

图 4-77 平滑所选线条的效果

4.2.8 伸直矢量曲线

在 Flash CC 中，用户有两种方法可以伸直矢量曲线：第一种是通过工具箱中的"伸直"按钮伸直曲线；另一种是通过菜单栏中的"伸直"命令伸直曲线，下面向读者分别进行介绍。

1．通过"伸直"工具伸直曲线

伸直曲线图形可以使图形中的曲线出现棱角，接近直线。下面向读者介绍伸直曲线图形的操作方法。

素材文件	光盘 \ 素材 \ 第 4 章 \ 卡通 .fla
效果文件	光盘 \ 效果 \ 第 4 章 \ 卡通 .fla
视频文件	光盘 \ 视频 \ 第 4 章 \4.2.8 伸直矢量曲线（1）.mp4

【操练 + 视频】——通过"伸直"工具伸直曲线

STEP 01 单击"文件"|"打开"命令，打开一个素材文件，如图 4-78 所示。

STEP 02 在"时间轴"面板中选择"图层 2"的第 1 帧，如图 4-79 所示。

STEP 03 在工具箱中选取铅笔工具，如图 4-80 所示。

STEP 04 在"属性"面板中设置"笔触颜色"为橘色（#FF6600）、"填充颜色"为无，如图 4-81 所示。

STEP 05 在"属性"面板中继续设置"笔触高度"为 5，单击"样式"右侧的下拉按钮，在弹出的列表中选择"实线"选项，如图 4-82 所示。

STEP 06 将鼠标指针移至舞台区中的合适位置，单击鼠标左键并拖曳，绘制线条，如图 4-83 所示。

图 4-78 打开素材文件

图 4-79 选择"图层 2"第 1 帧

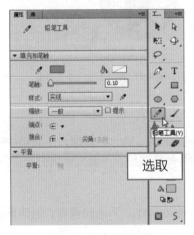

图 4-80 选取铅笔工具

图 4-81 设置绘画属性

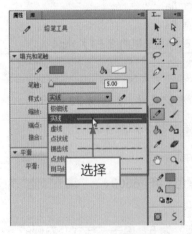

图 4-82 选择"实线"选项

图 4-83 绘制矢量线条

STEP 07 选取工具箱中的选择工具,选择刚绘制的矢量线条对象,如图 4-84 所示。

STEP 08 在工具箱的底部多次单击"伸直"按钮 ，如图 4-85 所示。

图 4-84 选择绘制的矢量线条对象

图 4-85 单击"伸直"按钮

STEP 09 执行操作后,即可对图形中的线条进行多次伸直操作,效果如图 4-86 所示。

图 4-86 对线条进行多次伸直操作

2.通过"伸直"命令伸直曲线

还可以通过"伸直"命令对相应的矢量线条进行伸直操作。下面向读者介绍通过命令伸直曲线的操作方法。

	素材文件	光盘 \ 素材 \ 第 4 章 \ 美白牙齿 .fla
	效果文件	光盘 \ 效果 \ 第 4 章 \ 美白牙齿 .fla
	视频文件	光盘 \ 视频 \ 第 4 章 \4.2.8 伸直矢量曲线(2).mp4

【操练 + 视频】——通过"伸直"命令伸直曲线

STEP 01 单击"文件"|"打开"命令,打开一个素材文件,如图 4-87 所示。

STEP 02 选取工具箱中的选择工具,在舞台中单击鼠标左键并拖曳,选取图形下方的部分图形对象,如图 4-88 所示。

STEP 03 在菜单栏中单击"修改"菜单,在弹出的菜单列表中单击"形状"|"伸直"命令,如图 4-89 所示。

STEP 04 连续单击两次"伸直"命令,即可对图形中的曲线进行伸直处理,如图 4-90 所示。

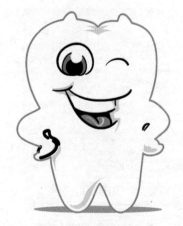

图 4-87 打开素材文件

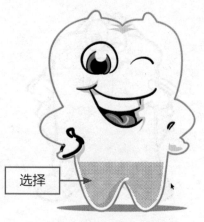

图 4-88 选取部分图形对象

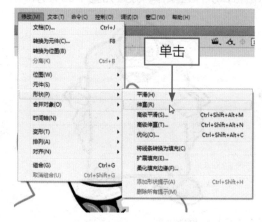

图 4-89 单击"伸直"命令

图 4-90 对曲线进行伸直处理

STEP 05 退出图形编辑状态，在舞台中查看曲线伸直后的效果，如图 4-91 所示。

STEP 06 采用同样的方法，对图形顶部的线条进行伸直处理，最终效果如图 4-92 所示。

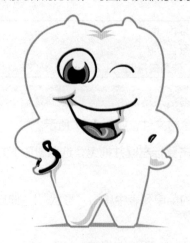

图 4-91 查看曲线伸直后的效果

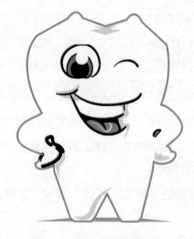

图 4-92 对线条进行伸直处理

◢ 4.2.9 高级平滑曲线

通过"高级平滑"功能可以手动设置曲线的平滑参数，一次性达到用户需要的平滑效果。下面向读者介绍对曲线进行高级平滑的操作方法。

	素材文件	光盘\素材\第4章\女孩头像.fla
	效果文件	光盘\效果\第4章\女孩头像.fla
	视频文件	光盘\视频\第4章\4.2.9 高级平滑曲线.mp4

【操练+视频】——高级平滑曲线

STEP 01 单击"文件"|"打开"命令，打开一个素材文件，如图4-93所示。

STEP 02 选取工具箱中的选择工具，在舞台中选择需要平滑的曲线对象，这里选择整个图形对象，如图4-94所示。

图4-93 打开素材文件　　　　图4-94 选择需要平滑的曲线对象

STEP 03 在菜单栏中单击"修改"菜单，在弹出的菜单列表中单击"形状"|"高级平滑"命令，如图4-95所示。

STEP 04 执行操作后，弹出"高级平滑"对话框，如图4-96所示。

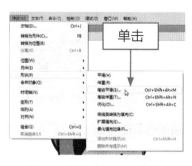

图4-95 单击"高级平滑"命令　　　　图4-96 "高级平滑"对话框

STEP 05 在该对话框中，设置"下方的平滑角度"为180、"上方的平滑角度"为180、"平滑强度"为100，如图4-97所示。

STEP 06 设置完成后单击"确定"按钮，即可平滑曲线，效果如图4-98所示。

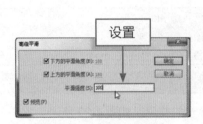

设置

图 4-97 设置各项平滑参数　　　　　图 4-98 平滑曲线效果

4.2.10 高级伸直曲线

通过"高级伸直"功能可以手动设置曲线的伸直参数，一次性达到用户需要的伸直效果。下面向读者介绍对曲线进行高级伸直的操作方法。

素材文件	光盘 \ 素材 \ 第 4 章 \ 漂亮帽子 .fla
效果文件	光盘 \ 效果 \ 第 4 章 \ 漂亮帽子 .fla
视频文件	光盘 \ 视频 \ 第 4 章 \4.2.10 高级伸直曲线 .mp4

【操练 + 视频】——高级伸直曲线

STEP 01 单击"文件" |"打开"命令，打开一个素材文件，如图 4-99 所示。

STEP 02 选取工具箱中的选择工具，在舞台中选择需要伸直处理的曲线，如图 4-100 所示。

选择

图 4-99 打开素材文件　　　　　图 4-100 选择需要伸直处理的曲线

STEP 03 在菜单栏中单击"修改"菜单，在弹出的菜单列表中单击"形状" |"高级伸直"命令，如图 4-101 所示。

STEP 04 执行操作后，弹出"高级伸直"对话框，在其中设置"伸直强度"为 100，如图 4-102 所示。

专家指点

按【Ctrl + Shift + Alt + N】组合键，也可以快速弹出"高级伸直"对话框。

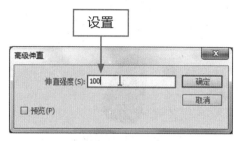

图 4-101 单击"高级伸直"命令　　　　　　图 4-102 设置"伸直强度"为 100

STEP 05 设置完成后单击"确定"按钮，即可伸直曲线，更改图形整体形状，如图 4-103 所示。

STEP 06 退出图形编辑状态，在舞台中查看图形的最终效果，如图 4-104 所示。

图 4-103 更改图形整体形状　　　　　　图 4-104 查看图形最终效果

▶ 4.3　添加形状提示与编辑图形

在 Flash CC 工作界面中，可以对图形的填充属性进行设置，使矢量图形更加符合用户的需求。本节主要向读者介绍修改矢量图形填充属性的操作方法，主要包括将线条转换为填充、添加形状提示、扩展填充、缩小填充，以及柔化填充边缘等内容。

◢ 4.3.1　将矢量线条转换为填充

在绘制图形的过程中，常常需要将线条转化为填充，这样可以方便更好地编辑矢量图形对象。下面向读者介绍将线条转换为填充的操作方法。

	素材文件	光盘 \ 素材 \ 第 4 章 \ 小狗 .fla
	效果文件	光盘 \ 效果 \ 第 4 章 \ 小狗 .fla
	视频文件	光盘 \ 视频 \ 第 4 章 \4.3.1 将矢量线条转换为填充 .mp4

【操练 + 视频】——将矢量线条转换为填充

STEP 01 单击"文件"|"打开"命令，打开一个素材文件，如图 4-105 所示。

STEP 02 用"选取工具"将其移至舞台中，按住【Shift】键选择图形中需要转换为填充的线条，如图 4-106 所示。

图 4-105 打开素材图像

图 4-106 选中线条

STEP 03 在菜单栏中单击"修改"|"形状"|"将线条转换为填充"命令，如图 4-107 所示。

STEP 04 执行上述操作后，即可将线条转换为填充，如图 4-108 所示。

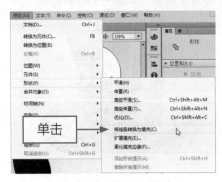

图 4-107 单击相应命令

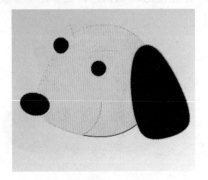

图 4-108 将线条转换为填充

STEP 05 选择所有已转换为填充的线条，在"属性"面板中设置"填充颜色"为蓝色（#66CCFF），效果如图 4-109 所示。

STEP 06 执行上述操作后，即可查看更改颜色后的图形效果，如图 4-110 所示。

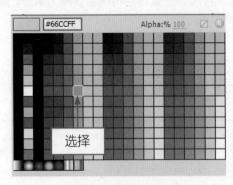

图 4-109 设置填充颜色

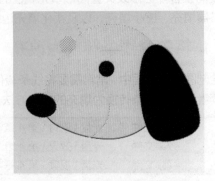

图 4-110 更改颜色后的图形效果

STEP 07 选取工具箱中的墨水瓶工具，在"属性"面板中设置"笔触颜色"为调色板底部的七彩色、"笔触高度"为 6，如图 4-111 所示。

STEP 08 选中填充的线条并单击，重新对图形进行描边处理，效果如图 4-112 所示。

图 4-111 设置各项参数

图 4-112 描边后的图形效果

4.3.2 在图形中添加形状提示

要想控制更加复杂或罕见的形状变化，可以使用形状提示。形状提示会标识起始形状和结束形状中的相对应的点。

形状提示包含字母（a~z），用于识别起始形状和结束形状中的相对应的点。最多可以使用26 个形状提示。

	素材文件	光盘 \ 素材 \ 第 4 章 \ 车子 .fla
	效果文件	光盘 \ 效果 \ 第 4 章 \ 车子 .fla
	视频文件	光盘 \ 视频 \ 第 4 章 \4.3.2 在图形中添加形状提示 .mp4

【操练 + 视频】——在图形中添加形状提示

STEP 01 单击"文件"|"打开"命令，打开一个素材文件，如图 4-113 所示。

STEP 02 在"时间轴"面板中选择形状补间动画中的第一个关键帧，如图 4-114 所示，此时关键帧所对应的图形对象也为选中状态。

图 4-113 打开素材图像

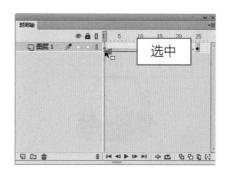

图 4-114 选中第一个关键帧

STEP 03 在菜单栏中单击"修改"菜单，在弹出的菜单列表中单击"形状"|"添加形状提示"命令，如图 4-115 所示。

STEP 04 此时，起始形状会在该形状的某处显示一个带有字母 a 的红色圆圈符号，如图 4-116 所示。

图 4-115 单击"添加形状提示"命令

图 4-116 添加形状提示

STEP 05 可以选择添加的形状提示，将其移至需要标记的点，如图 4-117 所示。

STEP 06 选择形状补间动画的最后一个关键帧，如图 4-118 所示。

图 4-117 移动"a"形状提示

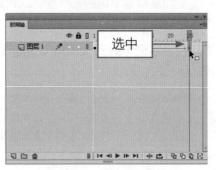

图 4-118 选中最后一个关键帧

STEP 07 该帧所对应的图形形状也会显示一个带有字母 a 的圆圈，如图 4-119 所示。

STEP 08 将形状提示移到结束形状中与标记的第一点对应的点，如图 4-120 所示。至此，即可完成添加形状提示的操作。

图 4-119 最后一帧显示图

图 4-120 移动形状提示

专家指点

按【Ctrl + Shift + H】组合键，也可以快速在舞台中创建的图形对象上添加形状提示。

STEP 09 按【Ctrl + Enter】组合键，测试制作的图形动画效果，如图 4-121 所示。

图 4-121 测试制作的图形动画效果

4.3.3 在图形中删除形状提示

当不需要在动画图形中添加形状提示时，此时可以将添加的形状提示进行删除操作。

在菜单栏中单击"修改"|"形状"|"删除所有提示"命令，如图 4-122 所示。执行操作后，即可删除图形中的形状提示，此时图形中将不显示"a"提示。

图 4-122 单击"删除所有提示"命令

专家指点

在 Flash CC 工作界面中，单击"修改"|"形状"命令，在弹出的子菜单中按【M】键，也可以快速执行"删除所有提示"命令。

4.3.4 在图形中进行扩展填充

在 Flash CC 工作界面中，如果需要向外扩展图形，可以使用 Flash 的扩展填充功能。下面向读者介绍扩展填充图形对象的操作方法。

选取工具箱中的选择工具，在舞台区中选择需要扩展填充的图形对象，如图 4-123 所示。在菜单栏中单击"修改"|"形状"|"扩展填充"命令，弹出"扩展填充"对话框，设置"距离"为"10 像素"，如图 4-124 所示。

单击"确定"按钮，即可扩展所选图形的填充区域，效果如图 4-125 所示。在"属性"面板中，还可以根据需要修改图形的填充颜色，效果如图 4-126 所示。

图 4-123 选择要扩展填充的图形对象

图 4-124 设置"距离"参数

图 4-125 扩展所选图形的填充区域

图 4-126 修改图形的填充颜色

4.3.5 在图形中进行缩小填充

在 Flash CC 工作界面中,不仅可以扩展填充区域,还可以根据需要缩小填充区域。下面向读者介绍缩小填充图形的操作方法。

选取工具箱中的选择工具 ,选择需要缩小填充的图形对象,如图 4-127 所示。在菜单栏中单击"修改"|"形状"|"扩展填充"命令,弹出"扩展填充"对话框,设置"距离"为"40 像素",选中"插入"单选按钮,设置完成后单击"确定"按钮,即可缩小填充图形对象,效果如图 4-128所示。

图 4-127 选择需要缩小填充的图形

图 4-128 缩小填充图形对象

4.3.6 柔化填充边缘图形对象

不同于位图软件，如果需要在 Flash 中获得具有柔化边缘的图形，就需要使用柔化填充边缘的功能。

	素材文件	光盘 \ 素材 \ 第 4 章 \ 红色爱心 .fla
	效果文件	光盘 \ 效果 \ 第 4 章 \ 红色爱心 .fla
	视频文件	光盘 \ 视频 \ 第 4 章 \4.3.6 柔化填充边缘图形对象 .mp4

【操练 + 视频】——柔化填充边缘图形对象

STEP 01 单击"文件"|"打开"命令，打开一个素材文件，如图 4-129 所示。

STEP 02 选取工具箱中的选择工具 ，选择需要柔化填充的图形对象，如图 4-130 所示。

图 4-129 打开素材文件　　　　　图 4-130 选择要柔化填充的图形对象

STEP 03 在菜单栏中单击"修改"菜单，在弹出的菜单列表中单击"形状"|"柔化填充边缘"命令，如图 4-131 所示。

STEP 04 执行操作后，弹出"柔化填充边缘"对话框，在其中设置"距离"为"15 像素"，并选中"扩展"单选按钮，如图 4-132 所示。

图 4-131 单击"柔化填充边缘"命令　　　图 4-132 设置柔化填充参数

STEP 05 设置完成后单击"确定"按钮，即可柔化所选图形的填充边缘，如图 4-133 所示。

STEP 06 退出图形编辑状态，在舞台中查看图形对象的柔化边缘效果，如图 4-134 所示。

图 4-133 柔化所选图形的填充边缘　　　　图 4-134 查看图形对象的柔化边缘效果

4.3.7 擦除不需要的图形对象

有些图形需要修改，可以使用橡皮擦对图形修改涂擦。下面向读者介绍擦除图形的操作方法。

	素材文件	光盘 \ 素材 \ 第 4 章 \ 鸡公哈哈 .fla
	效果文件	光盘 \ 效果 \ 第 4 章 \ 鸡公哈哈 .fla
	视频文件	光盘 \ 视频 \ 第 4 章 \4.3.7 擦除不需要的图形对象 .mp4

【操练 + 视频】——擦除不需要的图形对象

STEP 01 单击"文件"|"打开"命令，打开一个素材文件，如图 4-135 所示。

STEP 02 在工具箱中选取橡皮擦工具 ⬛，如图 4-136 所示。

图 4-135 打开素材文件　　　　　图 4-136 选取橡皮擦工具

STEP 03 将鼠标指针移至需要擦除的图形对象上，此时指针呈 ● 形状，如图 4-137 所示。

STEP 04 在需要擦除图像的位置上单击鼠标左键并拖曳，拖至合适位置后释放鼠标左键，即可将图形对象进行擦除，如图 4-138 所示。

STEP 05 继续在图形上拖曳鼠标，对图形进行擦除操作，如图 4-139 所示。

STEP 06 将不需要的图形擦除完成后释放鼠标左键，即可预览擦除后的图形最终效果，如图 4-140 所示。

图 4-137 移至需要擦除的图形对象上

图 4-138 将图形对象进行擦除

图 4-139 对图形进行擦除操作

图 4-140 预览擦除后的图形效果

CHAPTER 5

探索高级绘图技法：
编辑与变形动画

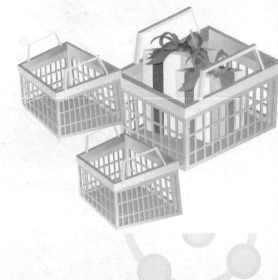

章前知识导读

　　在 Flash CC 中提供了编辑与变形动画的各种方法，包括选择对象、剪切对象、复制对象和变形对象等，在实际制作动画时可以将单个的对象合成一组，然后作为一个对象来处理。本章主要介绍编辑与变形动画的操作方法。

新手重点索引

　　✎ 编辑整个动画图形对象　　　　✎ 排列与对齐动画图形对象

　　✎ 变形与旋转动画图形对象　　　　✎ 高级处理动画图形对象

▶5.1 编辑整个动画图形对象

在 Flash CC 中提供了多种方法对舞台上的图形对象进行操作，包括剪切对象、删除对象、复制对象、再制对象、组合对象以及分离对象等，下面分别向读者进行简单的介绍，希望读者熟练掌握。

5.1.1 选择动画图形对象

在 Flash CC 中，可以通过两种方式选择动画图像，下面分别进行简单介绍。

1．直接选择图形对象

运用选择工具可以快速在动画文档中选择图形对象，操作方法很简单：首先选取工具箱中的选择工具▶，将鼠标指针移至需要选择的图形对象上，如图 5-1 所示。单击鼠标左键，即可选择图形对象，如图 5-2 所示。

图 5-1 将鼠标指针移至图形对象上　　图 5-2 选择图形对象

2．使用时间轴选择对象

在 Flash CC 中，使用时间轴选择对象，可以选择当前图层上的所有对象，下面向读者介绍使用时间轴选择对象的操作方法。

在"时间轴"面板中选择"图层 1"的第 1 帧，如图 5-3 所示。执行操作后，即可选择当前图层第 1 帧上的所有图形对象，被选中的图形对象周围显示方框，如图 5-4 所示。

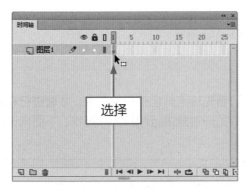 

图 5-3 选择"图层 1"的第 1 帧　　图 5-4 选中图层上的所有对象

专家指点

选取工具箱中的选择工具 ![] ，选择舞台中的图形对象后，按住【Shift】键的同时运用选择工具在舞台中选择其他的图形对象，即可添加选择区域。

5.1.2 移动动画图形对象

在 Flash CC 中，选择工具不仅可以选择图形，还可以用来移动图形对象。下面介绍使用选择工具移动图形对象的操作方法。

选取工具箱中的选择工具 ![] ，选择需要移动的图形对象，如图 5-5 所示。单击鼠标左键并向右拖曳，拖至舞台区的合适位置后释放鼠标左键，即可移动对象，效果如图 5-6 所示。

图 5-5 选择需要移动的对象　　　图 5-6 移动对象后的效果

专家指点

选取工具箱中的选择工具 ![] ，选择需要移动的图形对象后，多次按键盘上的向左方向键，被选择的图形对象将以像素为单位按照方向键的方向进行移动。还可以在"属性"面板的"位置和大小"选项区中输入相应的参数，如图 5-7 所示，移动图形对象。

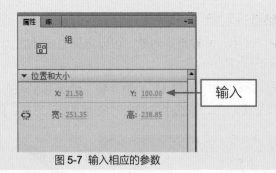

图 5-7 输入相应的参数

5.1.3 剪切动画图形对象

在制作动画效果时，要复制粘贴对象之前，首先应该剪切相应的对象，才能进行粘贴操作。运用"剪切对象"功能还可以将舞台中不需要的图形对象进行间接删除操作。下面向读者介绍剪切图形对象的操作方法。

	素材文件	光盘 \ 素材 \ 第 5 章 \ 雪人 .fla
	效果文件	光盘 \ 效果 \ 第 5 章 \ 雪人 .fla
	视频文件	光盘 \ 视频 \ 第 5 章 \5.1.3 剪切动画图形对象 .mp4

【操练＋视频】——剪切动画图形对象

STEP 01 单击"文件"|"打开"命令，打开一个素材文件，如图 5-8 所示。

STEP 02 选取工具箱中的选择工具 ，在舞台中选择需要剪切的图形对象，这里选择雪人中的树枝，如图 5-9 所示。

图 5-8 打开素材文件　　　　　图 5-9 选择需要剪切的图形对象

STEP 03 在菜单栏中单击"编辑"菜单，在弹出的菜单列表中单击"剪切"命令，如图 5-10 所示。

STEP 04 还可以在舞台中需要剪切的图形对象上单击鼠标右键，在弹出的快捷菜单中选择"剪切"选项，如图 5-11 所示。

图 5-10 单击"剪切"命令　　　　　图 5-11 选择"剪切"选项

STEP 05 执行操作后，即可剪切舞台中选择的图形对象，效果如图 5-12 所示。

图 5-12 剪切选择的图形对象

专家指点

还可以通过以下两种方法执行"剪切"命令：

* 按【Ctrl + X】组合键，执行"剪切"命令。

* 单击"窗口"菜单，在弹出的菜单列表中按【T】键，也可以执行"剪切"命令。

5.1.4 删除动画图形对象

在制作动画效果时，有时可能需要删除多余的图形对象。下面向读者介绍删除图形的操作方法。

	素材文件	光盘 \ 素材 \ 第 5 章 \ 红樱桃 .fla
	效果文件	光盘 \ 效果 \ 第 5 章 \ 红樱桃 .fla
	视频文件	光盘 \ 视频 \ 第 5 章 \5.1.4 删除动画图形对象 .mp4

【操练 + 视频】——删除动画图形对象

STEP 01 单击"文件"|"打开"命令，打开一个素材文件，如图 5-13 所示。

STEP 02 选取工具箱中的选择工具 ，在舞台中选择需要删除的图形对象，如图 5-14 所示。

图 5-13 打开素材文件　　　　图 5-14 选择需要删除的图形对象

STEP 03 在菜单栏中单击"编辑"|"清除"命令，如图 5-15 所示。

STEP 04 执行操作后，即可删除选择的图形对象，效果如图 5-16 所示。

图 5-15 单击"清除"命令　　　　图 5-16 删除选择的图形对象效果

专家指点

还可以在"时间轴"面板中选择需要删除图形的所在帧，在关键帧上单击鼠标右键，在弹出的快捷菜单中选择"清除帧"选项，也可以快速删除动画图形。

5.1.5 复制动画图形对象

在制作动画效果时，有时可能需要用到同样的图形对象，这时就可以通过复制图形来对图形对象进行编辑操作。

	素材文件	光盘 \ 素材 \ 第 5 章 \ 工具篮 .fla
	效果文件	光盘 \ 效果 \ 第 5 章 \ 工具篮 .fla
	视频文件	光盘 \ 视频 \ 第 5 章 \5.1.5 复制动画图形对象 .mp4

【操练 + 视频】——复制动画图形对象

STEP 01 单击"文件"|"打开"命令，打开一个素材文件，如图 5-17 所示。

STEP 02 选取工具箱中的选择工具 ，在舞台中选择需要复制的图形对象，如图 5-18 所示。

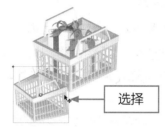

图 5-17 打开素材文件　　　图 5-18 选择需要复制的图形对象

STEP 03 在菜单栏中单击"编辑"菜单，在弹出的菜单列表中单击"复制"命令，如图 5-19 所示。

STEP 04 还可以在舞台中需要复制的图形对象上单击鼠标右键，在弹出的快捷菜单中选择"复制"选项，如图 5-20 所示，即可复制图形对象。

图 5-19 单击"复制"命令　　　图 5-20 选择"复制"选项

专家指点

还可以通过以下两种方法执行"复制"命令：

　＊ 按【Ctrl + C】组合键，执行"复制"命令。

　＊ 单击"窗口"菜单，在弹出的菜单列表中按【C】键，也可以执行"复制"命令。

STEP 05 在菜单栏中单击"编辑"菜单，在弹出的菜单列表中单击"粘贴到中心位置"命令，如图 5-21 所示。

STEP 06 还可以在舞台中的空白位置上单击鼠标右键，在弹出的快捷菜单中选择"粘贴到中心位置"选项，如图 5-22 所示。

图 5-21 单击"粘贴到中心位置"命令　　　图 5-22 选择"粘贴到中心位置"选项

专家指点

还可以通过以下两种方法执行"粘贴到中心位置"命令：

* 按【 Ctrl + V 】组合键，执行"粘贴到中心位置"命令。

* 单击"窗口"菜单，在弹出的菜单列表中按【 P 】键，也可以快速执行"粘贴到中心位置"命令。

STEP 07 执行操作后，即可将复制的图形对象粘贴到舞台的中心位置，如图 5-23 所示。

STEP 08 选取工具箱中的移动工具，将复制的图形对象移至舞台中的左上角位置，效果如图 5-24 所示。

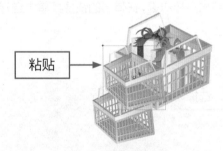

图 5-23 粘贴到舞台的中心位置　　　图 5-24 移动图形对象后的效果

📑 5.1.6 再制动画图形对象

通过"直接复制"命令可以直接对舞台中的图形对象进行再制操作，下面向读者介绍再制图形对象的操作方法。

素材文件	光盘 \ 素材 \ 第 5 章 \ 足球 .fla
效果文件	光盘 \ 效果 \ 第 5 章 \ 足球 .fla
视频文件	光盘 \ 视频 \ 第 5 章 \5.1.6 再制动画图形对象 .mp4

【操练 + 视频】——再制动画图形对象

STEP 01 单击"文件"|"打开"命令，打开一个素材文件，如图 5-25 所示。

STEP 02 选取工具箱中的选择工具 , 在舞台中选择需要再制的图形对象，这里选择上方的小足球图形，如图 5-26 所示。

图 5-25 打开素材文件　　　　图 5-26 选择需要再制的图形对象

STEP 03 在菜单栏中单击"编辑"|"直接复制"命令，如图 5-27 所示。

STEP 04 执行操作后，即可在舞台中对图形对象进行再制操作，如图 5-28 所示。

图 5-27 单击"直接复制"命令　　　　图 5-28 对图形对象进行再制操作

STEP 05 多次执行"直接复制"命令，对图形进行多次再制操作，效果如图 5-29 所示。

图 5-29 对图形进行多次再制操作

专家指点

还可以通过以下两种方法执行"直接复制"命令：

* 按【Ctrl + D】组合键，执行"直接复制"命令。

* 单击"窗口"菜单，在弹出的菜单列表中按【D】键，也可以快速执行"直接复制"命令。

5.1.7 组合动画图形对象

在 Flash CC 中，可以对舞台上的图形对象进行组合。选取工具箱中的选择工具 ，在舞台中选择需要组合的图形对象，如图 5-30 所示。在菜单栏中单击"修改"|"组合"命令，即可将选择的图形对象进行组合操作，效果如图 5-31 所示。

图 5-30 选择需要组合的图形　　　　　　图 5-31 将图形对象进行组合

专家指点

当需要编辑组合中的某个单独图形时，此时需要对图形进行解组操作。选择舞台中已经组合的图形对象，在菜单栏中单击"修改"|"取消组合"命令，即可将图形对象进行取消组合操作，被取消组合的图形将变为单个图形对象。取消组合后的图形前后对比效果如图 5-32 所示。

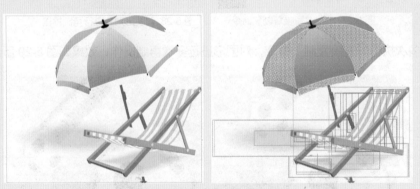

图 5-32 取消组合后的图形前后对比效果

还可以通过以下两种方法执行"取消组合"命令：

* 按【Ctrl + Shift + G】组合键，执行"取消组合"命令。

* 单击"修改"菜单，在弹出的菜单列表中按【U】键，也可以快速执行"取消组合"命令。

5.1.8 分离动画图形对象

将矢量图形添加到文档后,使用"分离"命令可以将图形进行分离操作。下面向读者介绍分离图形对象的操作方法。

素材文件	光盘\素材\第5章\礼物.fla	
效果文件	光盘\效果\第5章\礼物.fla	
视频文件	光盘\视频\第5章\5.1.8 分离动画图形对象.mp4	

【操练+视频】——分离动画图形对象

STEP 01 单击"文件"|"打开"命令,打开一个素材文件,如图5-33所示。

STEP 02 选取工具箱中的选择工具,在舞台工作区中选择需要进行分离操作的图形对象,如图5-34所示。

图5-33 打开素材文件 　　　　图5-34 选择需要分离的图形对象

STEP 03 在菜单栏中单击"修改"菜单,在弹出的菜单列表中单击"分离"命令,如图5-35所示。

STEP 04 还可以在舞台中需要分离的图形对象上单击鼠标右键,在弹出的快捷菜单中选择"分离"选项,如图5-36所示。

图5-35 单击"分离"命令 　　　　图5-36 选择"分离"选项

专家指点

在 Flash CC 工作界面中，用户还可以通过以下两种方法执行"分离"命令。

* 按【Ctrl + B】组合键，执行"分离"命令。

* 单击"修改"菜单，在弹出的菜单列表中按【K】键，也可以执行"分离"命令。

STEP 05 此时即可对图形对象进行分离操作，被分离的图形将变成色块对象，如图 5-37 所示。

STEP 06 使用移动工具可以单独选择舞台中被分离的某一个图形色块，如图 5-38 所示，完成图形的分离操作。

图 5-37 分离图形操作　　图 5-38 选择分离的图形色块

▶ 5.2 变形与旋转动画图形对象

在制作动画时，常常需要对场景中绘制的图形或导入的图像进行各种变形操作。在 Flash CC 中，可以通过"修改"|"变形"菜单下的相关命令对对象进行封套、缩放、旋转和倾斜等操作，对动画图形对象进行各种变形。

◢ 5.2.1 封套动画图形对象

在 Flash CC 中，使用封套功能可以弥补扭曲变形在某些细节部分无法照顾到的缺陷。进行封套变形的对象也是属于填充形式，所以其他形式的对象要进行封套变形时，需先进行转换或打散操作。

使用封套功能可以对对象进行细微的调整，此时将在对象周围出现一个封套变形控制框，通过拖动封套变形控制框上的控制点以及控制手柄可以改变封套的形状，封套内的对象也随之改变。

素材文件	光盘 \ 素材 \ 第 5 章 \H 图形 .fla
效果文件	光盘 \ 效果 \ 第 5 章 \H 图形 .fla
视频文件	光盘 \ 视频 \ 第 5 章 \5.2.1 封套动画图形对象 .mp4

【操练 + 视频】——封套动画图形对象

STEP 01 单击"文件"|"打开"命令，打开一幅已经分离的素材图像，如图 5-39 所示。

STEP 02 选取选择工具，在舞台中选择要进行封套变形的图形对象，如图 5-40 所示。

STEP 03 在菜单栏中单击"修改"|"变形"|"封套"命令，如图 5-41 所示。

STEP 04 执行操作后，即可调出封套变形控制框，如图 5-42 所示。

图 5-39 打开素材图像

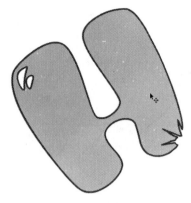

图 5-40 选择图形对象

图 5-41 单击"封套"命令

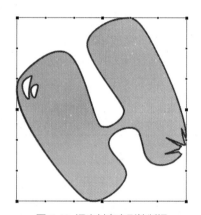

图 5-42 调出封套变形控制框

STEP|05 将鼠标指针移至圆形控制点处，单击鼠标左键并拖曳，如图 5-43 所示。

STEP|06 封套变形控制框呈 S 形状变形，效果如图 5-44 所示。

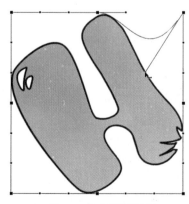

图 5-43 拖曳圆形控制点

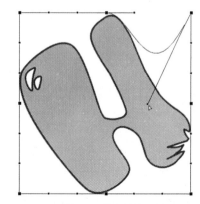

图 5-44 拖曳效果

STEP|07 将鼠标指针移至方形控制点处，单击鼠标左键并拖曳，如图 5-45 所示。

STEP|08 封套变形控制框凹进或凸出，效果如图 5-46 所示。

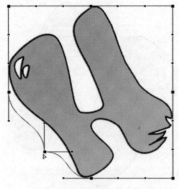

图 5-45 拖曳方形控制点

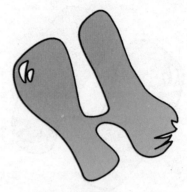

图 5-46 拖曳效果

5.2.2 缩放和旋转动画图形对象

在 Flash CC 中，缩放和旋转对象是将对象放大或缩小，以及转动一定的角度。下面向读者介绍缩放和旋转动画图形对象的操作方法。

素材文件	光盘 \ 素材 \ 第 5 章 \ 彩球 .fla
效果文件	光盘 \ 效果 \ 第 5 章 \ 彩球 .fla
视频文件	光盘 \ 视频 \ 第 5 章 \5.2.2 缩放和旋转动画图形对象 .mp4

【操练 + 视频】——缩放和旋转动画图形对象

STEP 01 单击"文件"|"打开"命令，打开一个素材文件，如图 5-47 所示。

STEP 02 使用选择工具选中对象"6"，如图 5-48 所示。

图 5-47 打开素材文件

图 5-48 选中对象

STEP 03 在菜单栏中单击"修改"菜单，在弹出的菜单列表中单击"变形"|"缩放和旋转"命令，如图 5-49 所示。

STEP 04 弹出"缩放和旋转"对话框，在其中设置"缩放"为 140%、"旋转"为 -30 度，如图 5-50 所示。

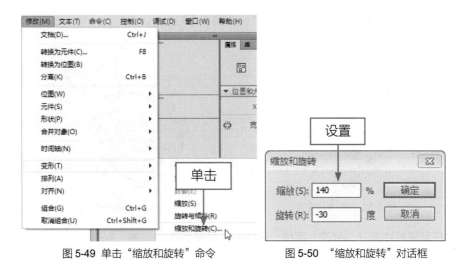

图 5-49 单击"缩放和旋转"命令　　　　　图 5-50 "缩放和旋转"对话框

专家指点

　　在 Flash CC 工作界面中单击"修改"菜单,在弹出的菜单列表中依次按键盘上的【T】、【C】键,也可以快速执行"缩放和旋转"命令。

STEP 05 完成设置后,单击"确定"按钮,即可对图形进行缩放和旋转变形操作,再使用任意变形工具对图像进行稍微调整,效果如图 5-51 所示。

图 5-51 缩放和旋转变形后的图像效果

5.2.3 旋转和倾斜动画图形对象

　　在 Flash CC 中,旋转就是将对象转动一定的角度,倾斜则是在水平或垂直方向上弯曲对象。

素材文件	光盘 \ 素材 \ 第 5 章 \ 动物头像 .fla	
效果文件	光盘 \ 效果 \ 第 5 章 \ 动物头像 .fla	
视频文件	光盘 \ 视频 \ 第 5 章 \5.2.3 旋转和倾斜动画图形对象 .mp4	

【操练 + 视频】——旋转和倾斜动画图形对象

STEP 01 单击"文件"|"打开"命令,打开一个素材文件,如图 5-52 所示。

STEP 02 使用选择工具选择需要变形的对象，如图 5-53 所示。

图 5-52 打开素材文件

图 5-53 选择操作对象

STEP 03 在菜单栏中单击"修改"菜单，在弹出的菜单列表中单击"变形"|"旋转与倾斜"命令，如图 5-54 所示。

STEP 04 执行操作后，即可调出旋转与倾斜变形控制框，如图 5-55 所示。

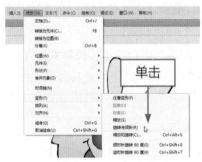

图 5-54 单击"旋转与倾斜"命令

图 5-55 调出旋转与倾斜变形控制框

专家指点

　　在 Flash CC 工作界面中单击"修改"菜单，在弹出的菜单列表中依次按键盘上的【T】、【R】键，也可以快速执行"旋转与倾斜"命令。

STEP 05 将鼠标指针移至变形控制框的上下边或左右边中点的控制点上单击鼠标左键并拖曳，效果如图 5-56 所示。

STEP 06 执行上述操作，即可倾斜变形选择的对象，效果如图 5-57 所示。

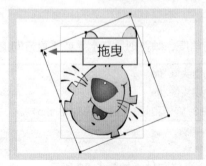

图 5-56 拖曳鼠标

图 5-57 旋转与倾斜对象效果

5.2.4 顺时针旋转动画图形 90 度

在制作动画效果时，可以将图形对象进行顺时针旋转操作，使制作的动画效果更加符合用户的需求。下面向读者介绍顺时针旋转图形 90 度的操作方法。

选取工具箱中的选择工具，选择舞台中需要顺时针旋转的图形对象，如图 5-58 所示。在菜单栏中单击"修改"菜单，在弹出的菜单列表中单击"变形"|"顺时针旋转 90 度"命令，执行操作后，即可将图形对象进行顺时针旋转操作，效果如图 5-59 所示。

图 5-58 选择图形对象

图 5-59 顺时针旋转操作

专家指点

在 Flash CC 工作界面中，还可以通过以下两种方法执行"顺时针旋转 90 度"命令。

∗ 按【Ctrl + Shift + 9】组合键，执行"顺时针旋转 90 度"命令。

∗ 单击"修改"菜单，在弹出的菜单列表中依次按键盘上的【T】、【0】键，也可以快速执行"顺时针旋转 90 度"命令。

5.2.5 逆时针旋转动画图形 90 度

在 Flash CC 工作界面中，使用"逆时针旋转 90 度"命令可以将图形对象进行逆时针旋转操作。

选取工具箱中的选择工具，选择舞台中需要逆时针旋转的图形对象，如图 5-60 所示。在菜单栏中单击"修改"菜单，在弹出的菜单列表中单击"变形"|"逆时针旋转 90 度"命令，执行操作后即可将图形对象进行逆时针旋转操作，效果如图 5-61 所示。

图 5-60 选择图形对象

图 5-61 逆时针旋转操作

专家指点

还可以通过以下两种方法执行"逆时针旋转 90 度"命令:

* 按【Ctrl + Shift + 7】组合键,执行"逆时针旋转 90 度"命令。

* 单击"修改"菜单,在弹出的菜单列表中依次按键盘上的【T】、【9】键,也可以快速执行"逆时针旋转 90 度"命令。

5.2.6 改变动画图形大小与形状

在操作过程中有时需要调整对象的大小与形状,操作方法很简单,下面向读者进行简单介绍。

选取工具箱中的选择工具 ,单击对象外的舞台工作区,将鼠标指针移至线或轮廓线(不要移到填充物)处,指针右下角出现一个小弧形(指向线边处时)或小直线(指向线端或折点处时),如图 5-62 所示。单击鼠标左键并拖曳,拖至合适位置后释放鼠标,此时图形发生了大小与形状的变化,如图 5-63 所示。

图 5-62 鼠标指针出现一个小弧形

图 5-63 改变大小与形状的效果

5.2.7 使用面板编辑动画图形对象

在 Flash CC 工作界面中,可以通过"变形"面板对图形对象进行变形操作,调整图形对象的宽高比例。下面介绍使用面板编辑动画图形对象的操作方法。

在"变形"面板中,各主要选项的含义如下:

* 文本框:输入缩放百分比数值,并按【Enter】键确认,即可改变选中对象的水平宽度。

* 文本框:输入百分比数,并按【Enter】键确认,即可改变选中对象的垂直高度。

* "复制并应用变形"按钮 :单击该按钮,即可复制一个改变了水平宽度的选中对象。

* "重置"按钮 :单击该按钮,可以使选中的对象恢复到变换前的状态。

* "约束"复选框:选中该复选框,可使 文本框与 文本框内的数据不一样。

素材文件	光盘 \ 素材 \ 第 5 章 \ 南瓜 .fla
效果文件	光盘 \ 效果 \ 第 5 章 \ 南瓜 .fla
视频文件	光盘 \ 视频 \ 第 5 章 \5.2.7 使用面板编辑动画图形对象 .mp4

【操练 + 视频】——使用面板编辑动画图形对象

STEP 01 单击"文件"|"打开"命令，打开一个素材文件，如图 5-64 所示。

STEP 02 选取工具箱中的选择工具，选择舞台中需要变形的图形对象，如图 5-65 所示。

图 5-64 打开素材文件 图 5-65 选择图形对象

STEP 03 在菜单栏中单击"窗口"|"变形"命令，如图 5-66 所示。

STEP 04 执行操作后，即可打开"变形"面板，如图 5-67 所示。

图 5-66 单击"变形"命令 图 5-67 "变形"面板

STEP 05 在"变形"面板中设置"缩放宽度"和"缩放高度"均为 150%，如图 5-68 所示。

STEP 06 在面板中的"旋转"数值框中输入 5，对图形进行旋转操作，如图 5-69 所示。

图 5-68 设置缩放参数 图 5-69 设置旋转参数

STEP 07 设置完成后，即可对舞台中选择的图形对象进行变形操作，如图 5-70 所示。

STEP 08 使用移动工具调整图形在舞台中的位置，效果如图 5-71 所示。

图 5-70 对图形对象进行变形操作　　图 5-71 调整图形在舞台中的位置

▶ 5.3 排列与对齐动画图形对象

在制作动画时，同一层上的对象往往是按照绘制或导入的顺序排列自己的前后位置，最先绘制或导入的对象在底层，最后绘制或导入的对象在顶层。而有的时候必须调整对象的排列顺序，以适应设计者的需要。本节主要向读者介绍排列与对齐图形对象的操作方法。

◢ 5.3.1 将动画图形移至顶层

使用"移至顶层"命令可以将选择的图形对象移至顶层，下面向读者介绍将图形移至顶层的操作方法。

	素材文件	光盘 \ 素材 \ 第 5 章 \ 雨伞 .fla
	效果文件	光盘 \ 效果 \ 第 5 章 \ 雨伞 .fla
	视频文件	光盘 \ 视频 \ 第 5 章 \5.3.1 将动画图形移至顶层 .mp4

【操练 + 视频】——将动画图形移至顶层

STEP 01 单击"文件"|"打开"命令，打开一个素材文件，如图 5-72 所示。

STEP 02 选取工具箱中的选择工具，选择舞台中需要移至顶层的图形对象，这里选择雨伞图形，如图 5-73 所示。

图 5-72 打开素材文件　　图 5-73 选择雨伞图形

STEP 03 在菜单栏中单击"修改"菜单，在弹出的菜单列表中单击"排列"|"移至顶层"命令，如图 5-74 所示。

STEP 04 还可以在舞台中需要移至顶层的图形对象上单击鼠标右键，在弹出的快捷菜单中选择"移至顶层"选项，如图 5-75 所示。

图 5-74 单击"移至顶层"命令

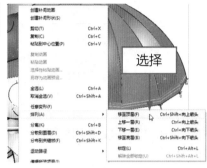

图 5-75 选择"移至顶层"选项

STEP 05 执行操作后，即可将图形对象移至顶层，如图 5-76 所示。

STEP 06 退出图形选择状态，在舞台中可以查看图形移至顶层后的效果，如图 5-77 所示。

图 5-76 将图形对象移至顶层

图 5-77 移至顶层后的图形效果

专家指点

还可以通过以下两种方法执行"移至顶层"命令：

* 按【Ctrl + Shift + ↑】组合键，执行"移至顶层"命令。

* 单击"修改"菜单，在弹出的菜单列表中依次按键盘上的【A】、【F】键，也可以快速执行"移至顶层"命令。

5.3.2 将动画图形上移一层

在 Flash CC 工作界面中，使用"上移一层"命令可以将选择的图形对象向上移一层。下面向读者介绍将图形上移一层的操作方法。

选取工具箱中的选择工具，选择舞台中需要上移一层的图形对象，如图 5-78 所示。在菜单栏中单击"修改"|"排列"|"上移一层"命令，即可将图形对象向上移一层，效果如图 5-79 所示。

图 5-78 选择图形对象　　　　图 5-79 将图形对象向上移一层

专家指点

　　在 Flash CC 工作界面中，按【Ctrl +↑】组合键，也可以快速执行"上移一层"命令，将图形对象上移一层。

5.3.3 将动画图形下移一层

　　在 Flash CC 工作界面中，使用"下移一层"命令可以将选择的图形对象向下移一层。下面向读者介绍将图形下移一层的操作方法。

　　选取工具箱中的选择工具，选择舞台中需要下移一层的图形对象，如图 5-80 所示。在菜单栏中单击"修改"|"排列"|"下移一层"命令，即可将图形对象向下移一层，效果如图 5-81 所示。

图 5-80 选择需要下移一层的图形　　　　图 5-81 将图形对象向下移一层

专家指点

　　在 Flash CC 工作界面中，按【Ctrl +↓】组合键，也可以快速执行"下移一层"命令，将图形对象下移一层。

5.3.4 将动画图形移至底层

　　在 Flash CC 工作界面中，使用"移至底层"命令可以将选择的图形对象移至底层。下面向读者介绍将图形移至底层的操作方法。

　　选取工具箱中的选择工具，选择舞台中需要移至底层的图形对象，如图 5-82 所示。在菜单栏中单击"修改"|"排列"|"移至底层"命令，即可将图形对象移至底层，效果如图 5-83 所示。

图 5-82 选择需要移至底层的图形

图 5-83 将图形对象移至底层

专家指点

在 Flash CC 工作界面中，按【Ctrl + Shift + ↓】组合键，也可以快速执行"移至底层"命令，将图形对象移至底层。

5.3.5 左对齐动画图形

在 Flash CC 工作界面中，使用"左对齐"命令可以将图形对象进行左对齐操作。

	素材文件	光盘 \ 素材 \ 第 5 章 \ 水果 .fla
	效果文件	光盘 \ 效果 \ 第 5 章 \ 水果 .fla
	视频文件	光盘 \ 视频 \ 第 5 章 \5.3.5 左对齐动画图形 .mp4

【操练 + 视频】——左对齐动画图形

STEP 01 单击"文件"|"打开"命令，打开一个素材文件，如图 5-84 所示。

STEP 02 选取工具箱中的选择工具，选择舞台中需要左对齐的图形对象，如图 5-85 所示。

图 5-84 打开素材文件

图 5-85 选择需要左对齐的图形对象

STEP 03 在菜单栏中单击"修改"菜单，在弹出的菜单列表中单击"对齐"|"左对齐"命令，如图 5-86 所示。

STEP 04 执行操作后，即可将选择的多个图形对象进行左对齐操作，如图 5-87 所示。

STEP 05 退出图形选择状态，在舞台中可以查看图形的最终效果，如图 5-88 所示。

图 5-86 单击"左对齐"命令

图 5-87 将图形进行左对齐操作

图 5-88 查看图形的最终效果

专家指点

还可以通过以下两种方法执行"左对齐"命令：

* 按【Ctrl + Alt + 1】组合键，执行"左对齐"命令。

* 单击"修改"|"对齐"命令，在弹出的子菜单中按【L】键，也可以快速执行"左对齐"命令。

5.3.6 水平居中对齐动画图形

在 Flash CC 工作界面中，使用"水平居中"命令可以将图形对象进行水平居中对齐操作。

选取工具箱中的选择工具，选择舞台中需要居中对齐的图形对象，如图 5-89 所示。在菜单栏中单击"修改"菜单，在弹出的菜单列表中单击"对齐"|"水平居中"命令，即可将选择的多个图形对象进行水平居中对齐操作，效果如图 5-90 所示。

专家指点

还可以通过以下两种方法执行"水平居中"命令：

* 按【Ctrl + Alt + 2】组合键，也可以快速执行"水平居中"命令。

* 单击"修改"|"对齐"命令，在弹出的子菜单中按【C】键，也可以快速执行"水平居中"命令。

图 5-89 选择需要居中对齐的图形　　　　　　图 5-90 水平居中对齐的效果

5.3.7 右对齐动画图形

在 Flash CC 工作界面中，使用"右对齐"命令可以将图形对象进行右对齐操作。下面向读者介绍右对齐图形对象的操作方法。

选取工具箱中的选择工具，选择舞台中需要右对齐的图形对象，如图 5-91 所示。在菜单栏中单击"修改"菜单，在弹出的菜单列表中单击"对齐"|"右对齐"命令，即可将选择的多个图形对象进行右对齐操作，如图 5-92 所示。

图 5-91 选择需要右对齐的图形　　　　　　图 5-92 右对齐操作的效果

专家指点

在 Flash CC 工作界面中，按【Ctrl + Alt + 3】组合键，也可以快速执行"右对齐"命令。

▶ 5.4 高级处理动画图形对象

在 Flash CC 中，如果需要合并图层对象，可单击"修改"|"合并对象"子菜单中的相应命令，通过合并或改变现有对象来创建新的形状。在有些情况下，所选择的对象的堆叠顺序决定了操作的工作方式。

在 Flash CC 中，合并对象包括联合、交集、打孔以及裁切 4 种操作方式。本节主要介绍这 4 种合并图形对象的方法，希望读者熟练掌握高级处理动画图形的操作。

5.4.1 对动画进行联合处理

在运用 Flash CC 制作动画的过程中，如果需要同时对多个对象进行编辑，选择两个或多个

形状后，单击"修改"|"合并对象"|"联合"命令，可以将选择的对象合并成单个的形状。

素材文件	光盘\素材\第5章\骆驼.fla
效果文件	光盘\效果\第5章\骆驼.fla
视频文件	光盘\视频\第5章\5.4.1　对动画进行联合处理.mp4

【操练+视频】——对动画进行联合处理

STEP01 单击"文件"|"打开"命令，打开一个素材文件，如图5-93所示。

STEP02 在舞台中选择需要联合的图形对象，如图5-94所示。

图 5-93　打开素材文件

图 5-94　选择图形对象

STEP03 在菜单栏中，单击"修改"菜单，在弹出的菜单列表中单击"合并对象"|"联合"命令，如图5-95所示。

STEP04 执行操作后，即可联合选择的图形对象，如图5-96所示。

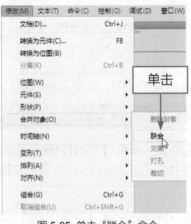
图 5-95　单击"联合"命令

图 5-96　联合图形对象

5.4.2　对动画进行交集处理

在 Flash CC 中，可以创建两个或多个对象的交集对象。单击"修改"|"合并对象"|"交集"

命令，即可通过创建交集对象来改变现有对象，从而创造新的图形形状。

	素材文件	光盘\素材\第5章\聚会.fla
	效果文件	光盘\效果\第5章\聚会.fla
	视频文件	光盘\视频\第5章\5.4.2 对动画进行交集处理.mp4

【操练＋视频】——对动画进行交集处理

STEP 01 单击"文件"|"打开"命令，打开一个素材文件，如图 5-97 所示。

STEP 02 选取工具箱中的多角星形工具，在"颜色"面板中设置相应的选项，如图 5-98 所示。

图 5-97 打开素材文件　　　　图 5-98 设置相应的选项

STEP 03 单击工具箱底部的"对象绘制"按钮 ，在舞台中的合适位置绘制一个五角星形对象，如图 5-99 所示。

STEP 04 选取工具箱中的选择工具，选择舞台中需要交集的图形对象，如图 5-100 所示。

图 5-99 绘制五角星形　　　　图 5-100 选择图形对象

STEP 05 在菜单栏中单击"修改"菜单，在弹出的菜单列表中单击"合并对象"|"交集"命令，如图 5-101 所示。

STEP 06 执行操作后，即可交集选择的图形对象，如图 5-102 所示。

图 5-101 单击"交集"命令	图 5-102 交集图形对象

专家指点

在 Flash CC 中，只有在"对象绘制"模式下绘制的图形才能进行交集、打孔和裁切等合并图形对象操作。

5.4.3 对动画进行打孔处理

在 Flash CC 中，通过单击"修改"|"合并对象"|"打孔"命令可以删除所选对象最上层的图形，覆盖另一所选对象的部分。

	素材文件	光盘 \ 素材 \ 第 5 章 \ 打孔 .fla
	效果文件	光盘 \ 效果 \ 第 5 章 \ 打孔 .fla
	视频文件	光盘 \ 视频 \ 第 5 章 \5.4.3 对动画进行打孔处理 .mp4

【操练 + 视频】——对动画进行打孔处理

STEP 01 单击"文件"|"打开"命令，打开一个素材文件，如图 5-103 所示。

STEP 02 选取工具箱中的椭圆工具，在"属性"面板中设置"填充颜色"为黑色，单击工具箱底部的"对象绘制"按钮，在舞台中的合适位置绘制一个椭圆，如图 5-104 所示。

图 5-103 打开素材文件	图 5-104 绘制椭圆

STEP 03 采用同样的方法绘制另一个椭圆，并在"属性"面板中设置其"填充颜色"为黄色，如图 5-105 所示。

STEP 04 选取工具箱中的选择工具，在舞台中选择绘制的两个椭圆，如图 5-106 所示。

图 5-105 绘制另一个椭圆　　　　　　图 5-106 选择图形对象

STEP 05 在菜单栏中单击"修改"菜单，在弹出的菜单列表中单击"合并对象"|"打孔"命令，如图 5-107 所示。

STEP 06 执行操作后，即可打孔图形对象，适当调整其位置，效果如图 5-108 所示。

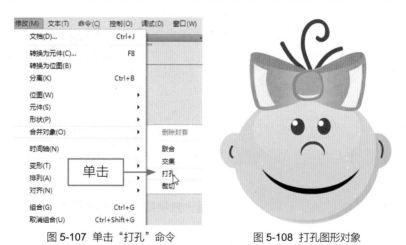

图 5-107 单击"打孔"命令　　　　　　图 5-108 打孔图形对象

5.4.4　对动画进行裁切处理

在 Flash CC 中，裁切图形对象是指使用某一个图形对象的形状裁切另一个图形对象，可以通过单击"修改"|"合并对象"|"裁切"命令来裁切选择的图形对象。

	素材文件	光盘 \ 素材 \ 第 5 章 \ 裁切 .fla
	效果文件	光盘 \ 效果 \ 第 5 章 \ 裁切 .fla
	视频文件	光盘 \ 视频 \ 第 5 章 \5.4.4　对动画进行裁切处理 .mp4

【操练 + 视频】——对动画进行裁切处理

STEP 01 单击"文件"|"打开"命令，打开一个素材文件，如图 5-109 所示。

STEP 02 选取工具箱中的矩形工具，在"颜色"面板中设置相应的选项，如图 5-110 所示。

图 5-109 打开素材文件　　　　图 5-110 设置相应的选项

STEP 03 在舞台中的合适位置绘制一个矩形，如图 5-111 所示。

STEP 04 采用同样的方法，在舞台中绘制一个黑色椭圆，如图 5-112 所示。

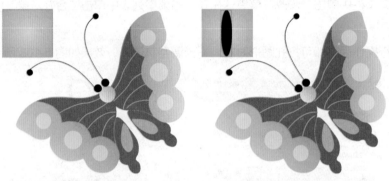

图 5-111 绘制矩形　　　　　　图 5-112 绘制椭圆

STEP 05 选择绘制的两个图形对象，单击"修改"|"合并对象"|"裁切"命令，即可裁切图形对象，如图 5-113 所示。

STEP 06 适当地调整裁切图形对象的大小和位置，效果如图 5-114 所示。

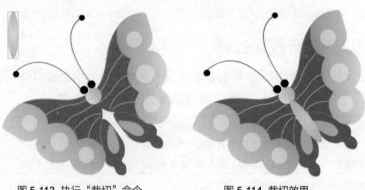

图 5-113 执行"裁切"命令　　　　图 5-114 裁切效果

CHAPTER

动画色彩最佳组合：
填充动画颜色

6

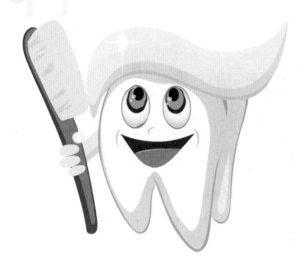

章前知识导读

　　世界是五颜六色、丰富多彩的，颜色可以表达作品的主题思想，给人以视觉冲击力。Flash CC 向读者提供了多种填充或描绘动画图形的工具、按钮以及面板，使用这些功能可以制作出不同效果的填充与描边效果。

新手重点索引

✐ 选取动画图形颜色的方法　　　　✐ 使用面板填充动画图形

✐ 掌握动画图形颜色的填充类型　　✐ 使用按钮填充动画图形

▶ 6.1 选取动画图形颜色的方法

Flash CC 提供了多种颜色选择的方式，用户可以选择相应的快捷方式来选择自己所需的颜色，这也为用户节省了不少的时间。

6.1.1 通过笔触颜色按钮选取图形颜色

在 Flash CC 中，用笔触颜色按钮选取颜色，可以改变形状的轮廓颜色，方便对改变轮廓的图像颜色进行编辑。

在工具箱中单击"笔触颜色"色块，如图 6-1 所示。执行操作后，弹出颜色面板，在其中选择紫色（#3300FF），如图 6-2 所示。

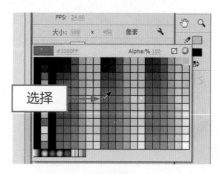

图 6-1 单击"笔触颜色"色块　　　　　　图 6-2 选择紫色

颜色选取完成后，此时"笔触颜色"色块由绿色变成了紫色，如图 6-3 所示，完成颜色的选取操作。选取工具箱中的绘图工具后，在"属性"面板中单击"笔触颜色"色块，在弹出的颜色面板中也可以选择相应的图形颜色，如图 6-4 所示。

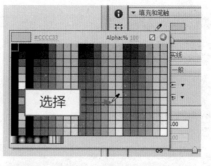

图 6-3 "笔触颜色"由绿色变成了紫色　　　图 6-4 "属性"面板中的"笔触颜色"

6.1.2 通过填充颜色按钮选取图形颜色

"填充颜色"功能可以方便用户快速、简便地将所选形状进行颜色编辑，使用"填充颜色"按钮可以快速改变颜色。

素材文件	光盘 \ 素材 \ 第 6 章 \ 电子广告 .fla
效果文件	无
视频文件	光盘 \ 视频 \ 第 6 章 \6.1.2 通过填充颜色按钮选取图形颜色 .mp4

【操练 + 视频】——通过填充颜色按钮选取图形颜色

STEP 01 单击"文件"|"打开"命令，打开一个素材文件，如图 6-5 所示。

STEP 02 在工具箱中单击"填充颜色"色块，如图 6-6 所示。

图 6-5 打开素材文件

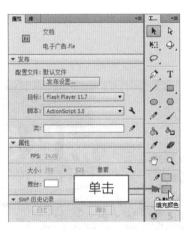

图 6-6 单击"填充颜色"色块

STEP 03 弹出颜色面板，鼠标指针呈滴管形状 🖋️，将指针移至舞台区中素材画面的合适位置，如图 6-7 所示。

STEP 04 单击鼠标左键，即可选择鼠标指针处的颜色，在工具箱中的"填充颜色"色块将显示所选颜色，如图 6-8 所示。

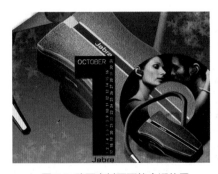

图 6-7 移至素材画面的合适位置

图 6-8 "填充颜色"色块发生变化

6.1.3 通过滴管工具选取图形颜色

使用滴管工具是比较快捷的一种选色方法，可以直接在元素中吸取颜色。下面向读者介绍运用滴管工具选取颜色的操作方法。

素材文件	光盘 \ 素材 \ 第 6 章 \ 钢铁侠 .fla
效果文件	无
视频文件	光盘 \ 视频 \ 第 6 章 \6.1.3 通过滴管工具选取图形颜色 .mp4

【操练＋视频】——通过滴管工具选取图形颜色

STEP 01 单击"文件"|"打开"命令，打开一个素材文件，如图 6-9 所示。

STEP 02 在工具箱中选取滴管工具，如图 6-10 所示。

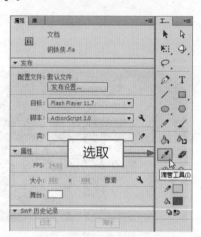

图 6-9 打开一个素材文件　　　　　　　图 6-10 选取滴管工具

STEP 03 将鼠标指针移至舞台区中图形的合适位置，指针呈滴管形状 ✐，如图 6-11 所示。

STEP 04 单击鼠标左键，即可选择鼠标指针处的颜色，在工具箱中的"填充颜色"色块将显示所选颜色，如图 6-12 所示。

图 6-11 鼠标指针呈滴管形状　　　　　　图 6-12 色块将显示所选颜色

6.1.4 通过"颜色"对话框选取图形颜色

在 Flash CC 中，灵活运用"颜色"对话框可以选择自己所需要的颜色。

	素材文件	无
	效果文件	无
	视频文件	光盘 \ 视频 \ 第 6 章 \6.1.4 通过"颜色"对话框选取图形颜色 .mp4

【操练 + 视频】——通过"颜色"对话框选取图形颜色

`STEP 01` 在工具箱中单击"填充颜色"按钮，弹出"颜色"面板，单击右上角的 ◎ 按钮，如图 6-13 所示。

`STEP 02` 执行操作后，即可弹出"颜色选择器"对话框，如图 6-14 所示。

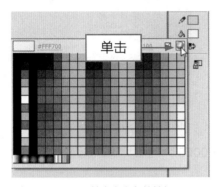

图 6-13 单击右上角的按钮

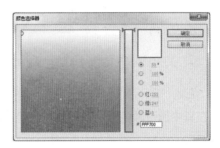

图 6-14 "颜色选择器"对话框

`STEP 03` 在该对话框中重新选择一种颜色，这里选择蓝色（#0A00FF），如图 6-15 所示。

`STEP 04` 设置完成后，单击"确定"按钮，即可更改工具箱中"填充颜色"色块的颜色，如图 6-16 所示。

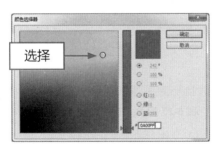

图 6-15 选择蓝色

图 6-16 更改工具箱中的填充颜色

6.1.5 通过"颜色"面板选取图形颜色

在 Flash CC 工作界面中，可任意利用"颜色"面板选取自己所需的颜色。下面向读者介绍运用"颜色"面板选取颜色的操作方法。

	素材文件	无
	效果文件	无
	视频文件	光盘 \ 视频 \ 第 6 章 \6.1.5 通过"颜色"面板选取图形颜色 .mp4

STEP 01 在菜单栏中单击"窗口"|"颜色"命令，如图 6-17 所示。

STEP 02 执行操作后，即可打开"颜色"面板，如图 6-18 所示。

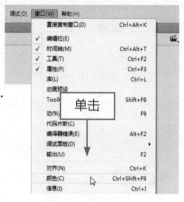

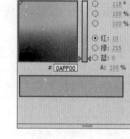

图 6-17 单击"颜色"命令 图 6-18 "颜色"面板

STEP 03 在其中通过颜色预览框选择粉红色（#FF00F5），此时"填充颜色"色块将发生变化，如图 6-19 所示。

STEP 04 采用同样的方法，在颜色预览框中选择笔触的颜色，更改笔触颜色的色块，如图 6-20 所示。

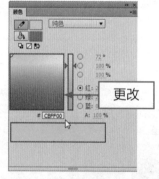

图 6-19 更改"填充颜色"色块 图 6-20 更改"笔触颜色"色块

专家指点

在"颜色"面板中，除了可以通过颜色预览框中的圆形○图标来选择颜色外，还可以在预览框下方的文本框中手动输入颜色的参数来设置颜色类型，还可以在面板中的"红"、"绿"、"蓝"数值框中输入相关数值来设置颜色参数。

▶ 6.2 掌握动画图形颜色的填充类型

打开"颜色"面板，在该面板中向用户提供了多种颜色填充类型，如纯色填充、线性渐变填充、径向渐变填充以及位图填充等。本节主要向读者详细介绍运用"颜色"面板填充图形颜色的操作方法。

◪ 6.2.1 通过纯色填充图形颜色

使用"颜色"面板可以为要创建对象的笔触颜色或填充指定一种颜色，或对选择对象的笔触或填充颜色进行编辑。

	素材文件	光盘 \ 素材 \ 第 6 章 \ 刷牙 .fla
	效果文件	光盘 \ 效果 \ 第 6 章 \ 刷牙 .fla
	视频文件	光盘 \ 视频 \ 第 6 章 \6.2.1 通过纯色填充图形颜色 .mp4

✕ 【操练 + 视频】——通过纯色填充图形颜色

`STEP 01` 单击"文件"|"打开"命令，打开一个素材文件，如图 6-21 所示。

`STEP 02` 在工具箱中选取选择工具，在舞台中选中需要更改颜色属性的部分图形对象，如图 6-22 所示。

图 6-21 打开素材文件

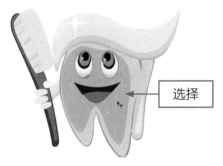

图 6-22 选择部分图形对象

`STEP 03` 单击"窗口"|"颜色"命令，打开"颜色"面板，单击"线性渐变"右侧的下拉按钮，在弹出的列表中选择"纯色"选项，如图 6-23 所示。

`STEP 04` 更改填充类型为"纯色"，然后更改"填充颜色"为白色，如图 6-24 所示。

图 6-23 选择"纯色"选项

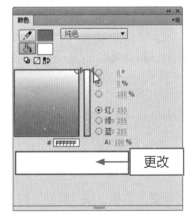

图 6-24 更改"填充颜色"为白色

`STEP 05` 纯色设置完成后，此时舞台中的图形颜色将发生变化，如图 6-25 所示。

`STEP 06` 退出图形编辑状态，在舞台中可以查看更改颜色后的图形效果，如图 6-26 所示。

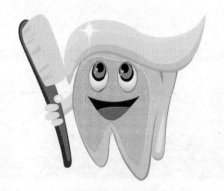

图 6-25 图形颜色发生变化　　　　　　　　图 6-26 查看更改颜色后的图形效果

专家指点

在"颜色"面板中，"纯色"的填充类型是"颜色"面板中的默认填充类型。

6.2.2 通过线性渐变填充图形颜色

在 Flash CC 中，使用"颜色"面板可以为要创建对象的笔触颜色或填充指定一种渐变色，或对选择对象的笔触或填充颜色进行渐变编辑。用户可以根据自己的需要进行颜色的选择，以达到完美的效果。

素材文件	光盘 \ 素材 \ 第 6 章 \ 学习 .fla
效果文件	光盘 \ 效果 \ 第 6 章 \ 学习 .fla
视频文件	光盘 \ 视频 \ 第 6 章 \6.2.2 通过线性渐变填充图形颜色 .mp4

【操练 + 视频】——通过线性渐变填充图形颜色

STEP 01 单击"文件"|"打开"命令，打开一个素材图形，如图 6-27 所示。

STEP 02 在舞台中选中对象，如图 6-28 所示。

图 6-27 打开素材图形　　　　　　　　图 6-28 选中对象

STEP 03 打开"颜色"面板，在"类型"列表框中选择"线性渐变"选项，图 6-29 所示。

STEP 04 执行操作后，"颜色"面板会随之发生变化，如图 6-30 所示。

STEP 05 在"颜色"面板中设置下方第 1 个色标的颜色为淡蓝色（#02E5F7），如图 6-31 所示。

STEP 06 在第 1 个色标的右侧单击鼠标左键，添加第 2 个色标，如图 6-32 所示。

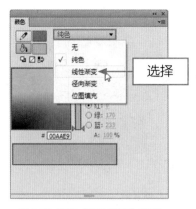

图 6-29 选择"线性渐变"选项

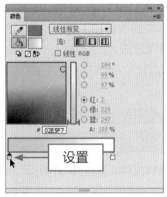

图 6-30 "颜色"面板发生变化

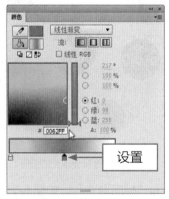

图 6-31 设置第 1 个色标的颜色

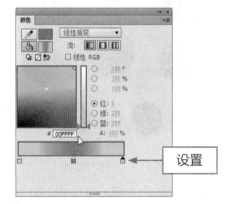

图 6-32 添加第 2 个色标

STEP 07 在颜色预览框中设置第 2 个色标的颜色为水蓝色（#0062FF），如图 6-33 所示。

STEP 08 在颜色预览框中设置第 3 个色标的颜色为淡蓝色（#00FFFF），如图 6-34 所示。

图 6-33 设置第 2 个色标的颜色

图 6-34 设置第 3 个色标的颜色

STEP 09 面板中的各项设置完成后，在舞台中可以查看更改图形颜色为线性渐变后的效果，如图 6-35 所示。

STEP 10 采用述相同的方法，设置右侧另一只耳朵的颜色为线性渐变色，效果如图 6-36 所示。

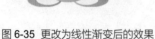

图 6-35 更改为线性渐变后的效果 　　　　　 图 6-36 设置另一只耳朵为线性渐变色

6.2.3 通过径向渐变填充图形颜色

在 Flash CC 中，径向渐变填充可以使用工具箱中的按钮和工具，也可以使用"颜色"面板来实现。下面向读者介绍使用径向渐变填充图形的操作方法。

素材文件	光盘 \ 素材 \ 第 6 章 \ 瓢虫 .fla
效果文件	光盘 \ 效果 \ 第 6 章 \ 瓢虫 .fla
视频文件	光盘 \ 视频 \ 第 6 章 \6.2.3 通过径向渐变填充图形颜色 .mp4

【操练 + 视频】——通过径向渐变填充图形颜色

STEP 01 单击"文件"|"打开"命令，打开一个素材文件，如图 6-37 所示。

STEP 02 在工具箱中选取选择工具，在舞台中选择要进行径向渐变填充的图形，如图 6-38 所示。

图 6-37 打开素材图形 　　　　　　　 图 6-38 选择要填充的图形

STEP 03 打开"颜色"面板，在其中设置"类型"为"径向渐变"，如图 6-39 所示。

STEP 04 执行操作后，"颜色"面板下方的各调色功能将发生变化，如图 6-40 所示。

STEP 05 在"颜色"面板中设置第 1 个色标的颜色为红色（#FF0000），如图 6-41 所示。

STEP 06 此时，舞台中的图形填充颜色将发生变化，如图 6-42 所示。

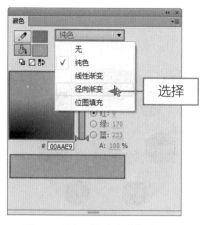

图 6-39 选择"径向渐变"选项

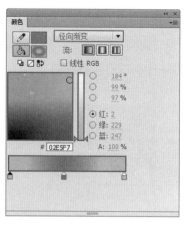

图 6-40 调色功能发生变化

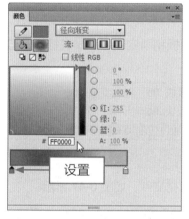

图 6-41 设置第 1 个色标的颜色

图 6-42 舞台中的图形颜色变化

STEP 07 在"颜色"面板中设置第 2 个色标的颜色为粉红色（#F395E2），如图 6-43 所示。

STEP 08 此时，在舞台中可以查看更改径向渐变填充后的图形效果，如图 6-44 所示。

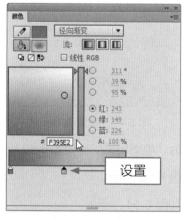

图 6-43 设置第 2 个色标的颜色

图 6-44 舞台中的图形颜色变化

STEP 09 在"颜色"面板中设置第 3 个色标的颜色为红色（#FF0000），如图 6-45 所示。

STEP 10 此时，在舞台中可以查看更改径向渐变填充后的图形最终效果，如图 6-46 所示。

图 6-45 设置第 3 个色标的颜色

图 6-46 舞台中的图形颜色变化

6.2.4 通过位图填充图形颜色

在 Flash CC 中，位图填充只能使用"颜色"面板和渐变变形工具进行填充与编辑。下面向读者介绍通过位图填充图形颜色的操作方法。

素材文件	光盘 \ 素材 \ 第 6 章 \ 卡通版块 .fla、花儿绽放 .jpg
效果文件	光盘 \ 效果 \ 第 6 章 \ 卡通版块 .fla
视频文件	光盘 \ 视频 \ 第 6 章 \6.2.4 通过位图填充图形颜色 .mp4

【操练 + 视频】——通过位图填充图形颜色

STEP 01 单击"文件"|"打开"命令，打开一个素材文件，如图 6-47 所示。

STEP 02 在工具箱中选取选择工具，选择需要进行位图填充的图形对象，如图 6-48 所示。

图 6-47 打开素材图形

图 6-48 选择图形对象

STEP 03 打开"颜色"面板，在其中设置"类型"为"位图填充"，如图 6-49 所示。

STEP 04 在"颜色"面板中单击"导入"按钮，如图 6-50 所示。

STEP 05 执行操作后，弹出"导入到库"对话框，如图 6-51 所示。

STEP 06 在该对话框中选择需要导入的位图图像，如图 6-52 所示。

图 6-49 选择"位图填充"选项

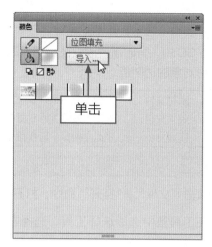

图 6-50 单击"导入"按钮

图 6-51 "导入到库"对话框

图 6-52 选择需要导入的位图图像

STEP 07 单击"打开"按钮，即可将选择的位图图像文件导入到"颜色"面板中，如图 6-53 所示。

STEP 08 此时，舞台中的图形对象已经进行了位图填充操作，效果如图 6-54 所示。

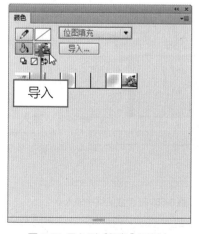

图 6-53 导入到"颜色"面板中

图 6-54 位图填充后的效果

6.2.5 通过 Alpha 值填充图形颜色

在 Flash CC 中，有时需要改变图形对象的透明度，在"颜色"面板中设置颜色的 Alpha 值，即可改变图形对象的透明度。

素材文件	光盘 \ 素材 \ 第 6 章 \ 小船 .fla
效果文件	光盘 \ 效果 \ 第 6 章 \ 小船 .fla
视频文件	光盘 \ 视频 \ 第 6 章 \6.2.5 通过 Alpha 值填充图形颜色 .mp4

【操练 + 视频】——通过 Alpha 值填充图形颜色

STEP 01 单击"文件"|"打开"命令，打开一个素材文件，如图 6-55 所示。

STEP 02 在工具箱中选取选择工具，选择需要进行 Alpha 透明度填充的图形对象，如图 6-56 所示。

图 6-55 打开素材图形　　　　　图 6-56 选择图形对象

STEP 03 单击"窗口"|"颜色"命令，打开"颜色"面板，在"线性渐变"下方单击左侧第 1 个色标，使其呈选中状态，如图 6-57 所示。

STEP 04 在面板右侧的 A 数值框上单击鼠标左键，使其呈输入状态，然后输入 0，如图 6-58 所示，即设置第 1 个色标的图形颜色完全透明。

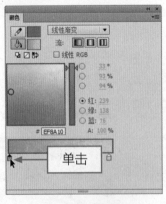

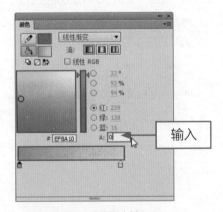

图 6-57 单击第 1 个色标　　　　　图 6-58 在 A 数值框中输入 0

STEP 05 按【Enter】键确认，此时第 1 个色标的颜色显示为透明状态，色标部分没有任何颜色，如图 6-59 所示。

STEP 06 执行上述操作后，即可将舞台中选择的图形对象设置为 Alpha 透明渐变填充，效果如图 6-60 所示。

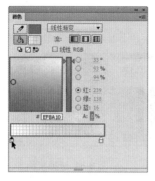

图 6-59 第 1 个色标的颜色显示为透明

图 6-60 Alpha 透明渐变填充效果

6.3 使用面板填充动画图形

在 Flash CC 工作界面中，还可以使用不同的面板来填充图形对象，常用的包括"属性"面板填充图形、"颜色"面板填充图形以及"样本"面板填充图形等。本节主要向读者介绍使用面板填充图形的操作方法，希望读者熟练掌握。

6.3.1 通过"属性"面板填充图形颜色

在 Flash CC 工作界面中，使用"属性"面板可以快速填充需要的图形颜色。

素材文件	光盘 \ 素材 \ 第 6 章 \ 钱袋 .fla
效果文件	光盘 \ 效果 \ 第 6 章 \ 钱袋 .fla
视频文件	光盘 \ 视频 \ 第 6 章 \6.3.1 通过"属性"面板填充图形颜色 .mp4

【操练 + 视频】——通过"属性"面板填充图形颜色

STEP 01 单击"文件"|"打开"命令，打开一个素材文件，如图 6-61 所示。

STEP 02 选取选择工具，选择舞台中需要填充颜色的图形对象，如图 6-62 所示。

图 6-61 打开素材图形

图 6-62 选择图形对象

STEP 03 打开"属性"面板，将鼠标指针移至"填充颜色"色块上，如图 6-63 所示。

STEP 04 单击鼠标左键，在弹出的颜色面板中选择紫色（#9900FF），如图 6-64 所示。

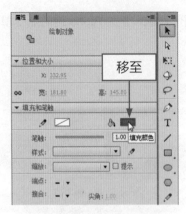

图 6-63 移至"填充颜色"色块上

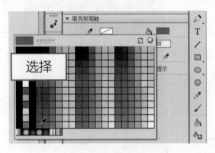

图 6-64 选择紫色

STEP 05 执行操作后,即可更改舞台中选择的图形对象的颜色,如图 6-65 所示。

STEP 06 退出图形编辑状态,在舞台中可以查看图形的最终效果,如图 6-66 所示。

图 6-65 更改图形对象颜色

图 6-66 查看图形最终效果

6.3.2 通过"颜色"面板填充图形颜色

在 Flash CC 工作界面中,使用"颜色"面板可以手动设置图形的颜色参数,调试出用户需要的颜色效果。下面向读者介绍使用"颜色"面板填充图形颜色的操作方法。

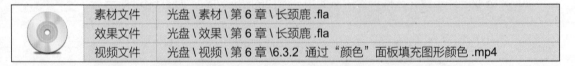

	素材文件	光盘 \ 素材 \ 第 6 章 \ 长颈鹿 .fla
	效果文件	光盘 \ 效果 \ 第 6 章 \ 长颈鹿 .fla
	视频文件	光盘 \ 视频 \ 第 6 章 \6.3.2 通过"颜色"面板填充图形颜色 .mp4

STEP 01 单击"文件"|"打开"命令,打开一个素材文件,如图 6-67 所示。

STEP 02 选取工具箱中的选择工具,选择舞台中需要填充颜色的图形对象,如图 6-68 所示。

STEP 03 单击"窗口"|"颜色"命令,打开"颜色"面板,如图 6-69 所示。

STEP 04 在"颜色"面板中,设置颜色为棕色(#853C17),如图 6-70 所示。

STEP 05 执行操作后,即可更改选择的图形颜色,如图 6-71 所示。

STEP 06 退出图形编辑状态,在舞台中可以查看图形的最终效果,如图 6-72 所示。

图 6-67 打开素材文件

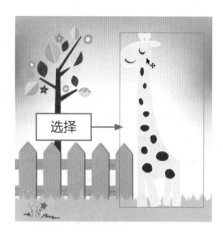

图 6-68 选择图形对象

图 6-69 "颜色"面板

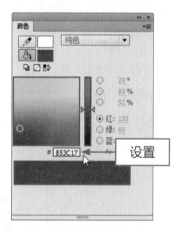

图 6-70 设置颜色为棕色

图 6-71 更改选择的图形颜色

图 6-72 查看图形的最终效果

6.3.3 通过"样本"面板填充图形颜色

在 Flash CC 工作界面中，"样本"面板为用户提供了多种常用的现成颜色色块，选择相应的颜色色块后，即可更改图形的颜色效果。

素材文件	光盘\素材\第6章\金鱼.fla
效果文件	光盘\效果\第6章\金鱼.fla
视频文件	光盘\视频\第6章\6.3.3 通过"样本"面板填充图形颜色.mp4

【操练+视频】——通过"样本"面板填充图形颜色

STEP 01 单击"文件"|"打开"命令，打开一个素材文件，如图 6-73 所示。

STEP 02 选取工具箱中的选择工具，选择舞台中需要填充颜色的图形对象，如图 6-74 所示。

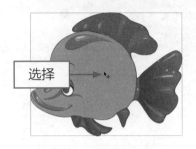

图 6-73 打开素材文件　　　　　　　　　图 6-74 选择图形对象

STEP 03 在菜单栏中单击"窗口"|"样本"命令，如图 6-75 所示。

STEP 04 打开"样本"面板，在其中选择下方的红色放射渐变色块，如图 6-76 所示。

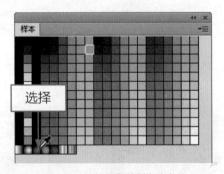

图 6-75 单击"样本"命令　　　　　　　图 6-76 选择红色放射渐变色块

STEP 05 执行操作后，即可更改选择的图形颜色，如图 6-77 所示。

STEP 06 退出图形编辑状态，在舞台中可以查看图形的最终效果，如图 6-78 所示。

图 6-77 更改选择的图形颜色　　　　　　图 6-78 查看图形最终效果

▶6.4 使用按钮填充动画图形

在 Flash CC 工作界面中，不仅可以使用各种面板中的功能来填充图形对象，还可以使用各种颜色按钮来填充图形对象。本节主要向读者介绍使用按钮填充图形对象的操作方法，主要包括使用"笔触颜色"按钮、"填充颜色"按钮、"黑白"按钮以及"没有颜色"按钮等。

◢ 6.4.1 通过"笔触颜色"按钮填充图形颜色

在 Flash CC 工作界面中，使用"笔触颜色"按钮可以填充图形中的轮廓颜色。

素材文件	光盘\素材\第6章\蔬菜.fla
效果文件	光盘\效果\第6章\蔬菜.fla
视频文件	光盘\视频\第6章\6.4.1 通过"笔触颜色"按钮填充图形颜色.mp4

【操练 + 视频】——通过"笔触颜色"按钮填充图形颜色

STEP 01 单击"文件"|"打开"命令，打开一个素材文件，如图 6-79 所示。

STEP 02 选取工具箱中的选择工具，选择舞台中需要填充颜色的图形对象，如图 6-80 所示。

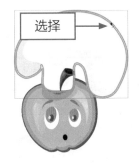

图 6-79 打开素材文件　　　　图 6-80 选择图形对象

STEP 03 在工具箱中单击"笔触颜色"色块 ✎▉，如图 6-81 所示。

STEP 04 执行操作后，弹出颜色面板，在其中选择蓝色（#3399FF），如图 6-82 所示。

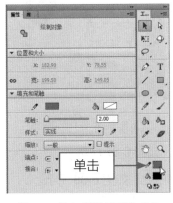

图 6-81 单击"笔触颜色"色块　　　　图 6-82 选择蓝色

STEP 05 执行操作后，即可更改选择图形的轮廓颜色，如图 6-83 所示。

STEP 06 退出图形编辑状态，在舞台中可以查看图形的最终效果，如图 6-84 所示。

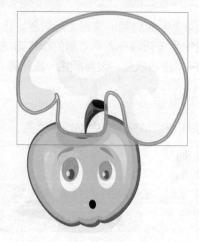

图 6-83 更改选择的图形轮廓颜色　　　　　　图 6-84 查看图形最终效果

6.4.2 通过"填充颜色"按钮填充图形颜色

在 Flash CC 工作界面中，使用"填充颜色"按钮可以填充图形的颜色，丰富图形的画面效果，使图形更具展现力、吸引力。

素材文件	光盘 \ 素材 \ 第 6 章 \ 小小黑板 .fla
效果文件	光盘 \ 效果 \ 第 6 章 \ 小小黑板 .fla
视频文件	光盘 \ 视频 \ 第 6 章 \6.4.2 通过"填充颜色"按钮填充图形颜色 .mp4

【操练 + 视频】——通过"填充颜色"按钮填充图形颜色

STEP 01 单击"文件"|"打开"命令，打开一个素材文件，如图 6-85 所示。

STEP 02 选取工具箱中的选择工具，选择舞台中需要填充颜色的图形对象，如图 6-86 所示。

图 6-85 打开素材文件　　　　　　　　图 6-86 选择图形对象

STEP 03 在工具箱中单击"填充颜色"色块 🖌️■，如图 6-87 所示。

STEP 04 执行操作后，弹出颜色面板，在其中选择白色，如图 6-88 所示。

STEP 05 执行操作后，即可更改选择图形的填充颜色，如图 6-89 所示。

STEP 06 退出图形编辑状态，在舞台中可以查看图形的最终效果，如图 6-90 所示。

图 6-87 单击"填充颜色"色块

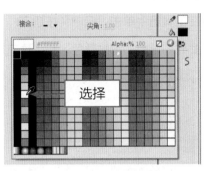

图 6-88 选择白色

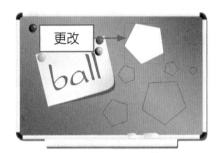

图 6-89 更改选择图形的颜色

图 6-90 查看图形最终效果

6.4.3 通过"黑白"按钮填充图形颜色

在 Flash CC 工作界面中，使用"黑白"按钮可以将图形填充为黑白色，制作出画面的黑白效果，使画面更具艺术风采。

素材文件	光盘 \ 素材 \ 第 6 章 \ 车子 .fla
效果文件	光盘 \ 效果 \ 第 6 章 \ 车子 .fla
视频文件	光盘 \ 视频 \ 第 6 章 \6.4.3 通过"黑白"按钮填充图形颜色 .mp4

【操练 + 视频】——通过"黑白"按钮填充图形颜色

STEP 01 单击"文件"|"打开"命令，打开一个素材文件，如图 6-91 所示。

STEP 02 选取工具箱中的选择工具，选择舞台中所有的图形对象，如图 6-92 所示。

图 6-91 打开素材文件

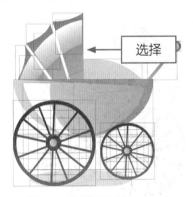

图 6-92 选择图形对象

STEP 03 在工具箱中单击"黑白"按钮 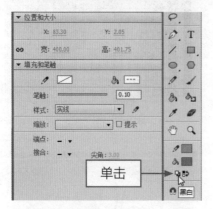，如图 6-93 所示。

STEP 04 此时即可将"笔触颜色"和"填充颜色"设置为黑白色调，如图 6-94 所示。

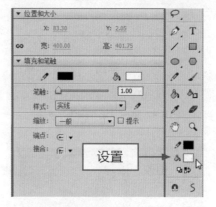

图 6-93 单击"黑白"按钮　　　　　　　图 6-94 设置为黑白色调

STEP 05 执行操作后，即可将图形颜色设置为黑白色调，效果如图 6-95 所示。

STEP 06 在"属性"面板中设置"笔触高度"为 5，如图 6-96 所示。

图 6-95 更改图形颜色为黑白　　　　　　图 6-96 设置笔触高度

STEP 07 按【Enter】键确认，设置黑白图形笔触高度，增加图形的美观度，如图 6-97 所示。

STEP 08 退出图形编辑状态，在舞台中可以查看图形的最终效果，如图 6-98 所示。

图 6-97 设置黑白图形笔触高度　　　　　图 6-98 查看图形最终效果

6.4.4 通过"没有颜色"按钮填充图形颜色

在 Flash CC 工作界面中，使用"没有颜色"按钮 ☑ 可以将图形中现有的填充颜色进行清除操作。

素材文件	光盘 \ 素材 \ 第 6 章 \ 帽子 .fla
效果文件	光盘 \ 效果 \ 第 6 章 \ 帽子 .fla
视频文件	光盘 \ 视频 \ 第 6 章 \6.4.4 通过"没有颜色"按钮填充图形颜色 .mp4

【操练 + 视频】——通过"没有颜色"按钮填充图形颜色

STEP 01 单击"文件" | "打开"命令，打开一个素材文件，如图 6-99 所示。

STEP 02 选取工具箱中的选择工具，选择舞台中所有的图形对象，如图 6-100 所示。

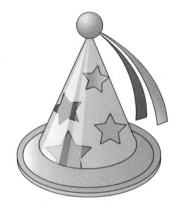

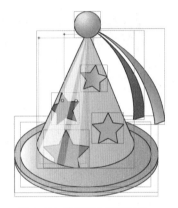

图 6-99 打开素材文件　　　图 6-100 选择所有图形对象

STEP 03 在工具箱中单击"填充颜色"色块 ，在弹出的颜色面板中单击"没有颜色"按钮 ☑，如图 6-101 所示。

STEP 04 执行操作后，即可清除图形中所有的填充颜色，效果如图 6-102 所示。

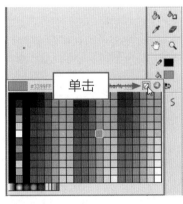

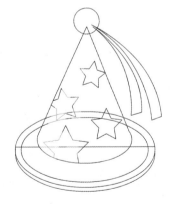

图 6-101 单击"没有颜色"按钮　　　图 6-102 清除图形中所有的填充颜色

CHAPTER

呈现丰富动画元素：
图层与文本

[风谷文化]

城市炫舞
跳舞你美丽的舞姿

章前知识导读

　　为了在创建 Flash 动画时方便对舞台中的对象进行管理，通常将不同类型的对象放置在不同的图层上。另外，动画中的文字内容是用文本工具直接创建出来的对象，它是一种特殊的对象。本章主要介绍图层与文本应用技巧。

新手重点索引

　　✎ 创建与编辑图层对象　　　　✎ 编辑动画文本的效果

　　✎ 创建静态与动态文本　　　　✎ 创建动画文本特殊效果

▶ 7.1 创建与编辑图层对象

在新创建的 Flash 文档中，只有一个默认的图层——"图层 1"用户可根据需求创建新的图层，运用图层组织和布局影片中的文本、图像、声音和动画文件，使它们处于不同的图层中，更加方便对素材进行编辑和管理。

▨ 7.1.1 创建动画图层

在 Flash CC 工作界面中，可以通过"图层"面板中的"新建图层"按钮▣，创建一个新图层。

启动 Flash CC 程序，新建一个 Flash 文件，将鼠标指针移至"时间轴"面板左下角的"新建图层"按钮 ▣ 上，如图 7-1 所示。单击鼠标左键，即可创建图层，如图 7-2 所示。

图 7-1 定位鼠标

图 7-2 新建图层

在 Flash CC 工作界面中，新建的图层会自动排列在所选图层的上方，还可以通过以下 3 种方法创建图层：

＊选项：在图层列表中的某个图层上单击鼠标右键，在弹出的快捷菜单中选择"插入图层"选项，如图 7-3 所示。

＊命令：单击"插入"|"时间轴"|"图层"命令，如图 7-4 所示。

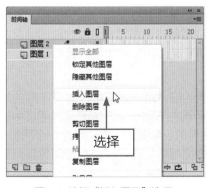

图 7-3 选择"插入图层"选项

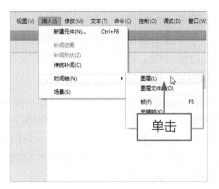

图 7-4 单击"图层"命令

＊快捷键：单击"插入"|"时间轴"命令，在弹出的子菜单中按【L】键，也可以执行"图层"命令。

7.1.2 选择动画图层

在Flash CC中,选择图层后,所选图层在舞台区的图形对象和在时间轴上的所有帧都将被选择。

首先将鼠标指针移至"时间轴"面板的"图层 1"上,如图 7-5 所示。单击鼠标左键,即可选择图层,如图 7-6 所示。

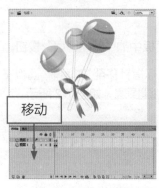
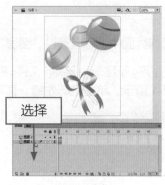

图 7-5 移动鼠标位置　　　　　　　　图 7-6 选择图层

专家指点

用鼠标在时间轴中选择一个图层就能激活该图层。图层的名称旁边出现一个铅笔图标时,表示该图层是应有的工作图层。每次只能有一个图层设置为当前工作图层。当一个图层被选中时,位于该图层中的对象也将会被选中。

在 Flash CC 中,选择图层的方法有 3 种,分别如下:

* 名称: 使用鼠标在图层上单击图层的名称。
* 帧: 单击时间轴上对应图层中的任意一帧。
* 对象: 在舞台上选择相应的对象。

图层可以帮助用户组织文档中的插图,可以在图层上绘制和编辑对象,而不会影响其他图层上的对象。在图层上没有内容的舞台区域中,可以透过该图层看到下面的图层。

创建 Flash 文档时,其中仅包含一个图层。如果需要在文档中组织插图、动画和其他元素,可添加更多的图层。还可以隐藏、锁定或重新排列图层。可以创建的图层数只受计算机内存的限制,而且图层不会增加发布的 SWF 文件的文件大小。只有放入图层的对象才会增加文件的大小。

在 Flash CC 中,图层就好像是一张张透明的纸,每一张纸中放置了不同的内容,将这些内容组合在一起就形成了完整的图形,显示状态下居于上方的图层其图层中的对象也是居于其他对象的上方。每当新建一个 Flash 文件时,系统就会自动新建一个图层——"图层 1",接下来绘制的所有图形都会被放在这个图层中。还可根据需要创建新图层,新建的图层会自动排列在已有图层的上方。

7.1.3 移动动画图层

在制作动画的过程中,如果需要将动画中某个处于后层的对象移动到前层中,最快捷的方法就是移动图层。

将鼠标指针移至"时间轴"面板中需要移动的图层上，如图7-7所示。单击鼠标左键并向上拖曳，释放鼠标左键，即可移动图层，此时舞台中的图形效果如图7-8所示。

图 7-7 选择图层

图 7-8 移动图层

> **专家指点**
>
> 在编辑动画时，熟练、灵活地使用图层不仅可以使制作更加方便，而且使用图层还可以制作一些特殊效果。下面将对图层的特点和作用进行介绍。
>
> （1）图层的特点
>
> 在 Flash CC 中，图层的特点主要有以下几个方面：
>
> * 使用图层有助于对舞台上各对象进行处理。
>
> * 每个图层上都可以包含任意数量的对象，这些对象在该图层上又有自身层叠顺序。
>
> * 可以将图层理解为一个透明的胶片，可以层层叠加，最先创建的图层在最下面。
>
> * 当改变该图层的位置时，本图层中的所有对象都会随着图层位置的改变而改变，但图层内部对象的层叠顺序则不会改变。
>
> * 使用图层可以将动画中的静态元素和动态元素分割开来，这样大大减小了整个动画文件的大小。
>
> （2）图层的作用
>
> 在 Flash CC 中，图层的作用主要有以下两个方面：
>
> * 对图层中的某个对象进行单独编辑制作时，可以不影响其他图层中的内容。
>
> * 利用引导层和遮罩层可以制作引导动画和遮罩动画。

7.1.4 重命名动画图层

默认状态下，每增加一个图层，Flash 会自动以"图层 1"、"图层 2"的格式为该图层命名，但是这种命名方式在图层很多的情况下很不方便，这时可根据需要对相应的图层进行重命名，使每个图层的名称都具有一定的含义。

	素材文件	光盘 \ 素材 \ 第 7 章 \ 相机 .fla
	效果文件	光盘 \ 效果 \ 第 7 章 \ 相机 .fla
	视频文件	光盘 \ 视频 \ 第 7 章 \7.1.4 重命名动画图层 .mp4

【操练 + 视频】——重命名动画图层

STEP 01 单击"文件"|"打开"命令，打开一个素材文件，如图 7-9 所示。

STEP 02 在"时间轴"面板中，将鼠标指针移至 layer1 图层的名称上方后双击鼠标左键，如图 7-10 所示。

| 图 7-9 打开素材文件 | 图 7-10 双击图层名称 |

STEP 03 此时名称呈可编辑状态，如图 7-11 所示。

STEP 04 在文本框中输入"相机"文本，并按【Enter】键进行确认，即可重命名图层，如图 7-12 所示。

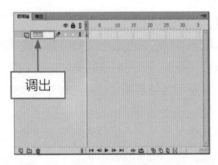

| 图 7-11 调出文本框 | 图 7-12 重命名图层 |

专家指点

在"时间轴"面板中，选择需要重命名的图层对象，在图层名称上单击鼠标右键，在弹出的快捷菜单中选择"属性"选项，即可弹出"图层属性"对话框，在其中也可以重命名图层的名称。

7.1.5 删除动画图层

在运用 Flash CC 制作动画的过程中，对于多余的图层可以将其删除。在删除图层的同时，该图层在舞台中对应的内容都将被删除。

	素材文件	光盘 \ 素材 \ 第 7 章 \ 草莓 .fla
	效果文件	光盘 \ 效果 \ 第 7 章 \ 草莓 .fla
	视频文件	光盘 \ 视频 \ 第 7 章 \7.1.5 删除动画图层 .mp4

【操练 + 视频】——删除动画图层

STEP 01 单击"文件"|"打开"命令，打开一个素材文件，如图 7-13 所示。

STEP 02 在"时间轴"面板中选择"图层 2"，如图 7-14 所示。

图 7-13 打开素材文件

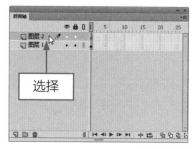

图 7-14 选择"图层 2"

STEP 03 在该图层上单击鼠标右键，在弹出的快捷菜单中选择"删除图层"选项，如图 7-15 所示。

STEP 04 执行操作后，即可将选择的图层删除，效果如图 7-16 所示。

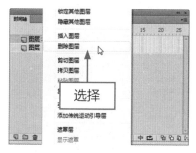

图 7-15 选择"删除图层"选项

图 7-16 删除图层

专家指点

在 Flash CC 中，可以通过以下两种方法删除图层：

* 按钮：单击"时间轴"面板底部的"删除"按钮。

* 选项：选择需要删除的图层并单击鼠标右键，在弹出的快捷菜单中选择"删除图层"选项。

7.1.6 复制动画图层

在制作 Flash 动画时，有时需要将一个图层中的内容复制到另一个图层中。

素材文件	光盘 \ 素材 \ 第 7 章 \ 卡哇伊 .fla	
效果文件	光盘 \ 效果 \ 第 7 章 \ 卡哇伊 .fla	
视频文件	光盘 \ 视频 \ 第 7 章 \7.1.6 复制动画图层 .mp4	

【操练 + 视频】——复制动画图层

STEP 01 单击"文件"|"打开"命令，打开素材文件，在"时间轴"面板中选择需要复制的图层名称，如图 7-17 所示。

STEP 02 单击"编辑"|"时间轴"|"复制帧"命令，即可复制帧，如图 7-18 所示。

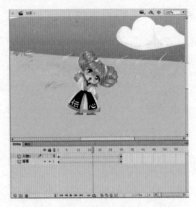

图 7-17 选择需要复制的图层

图 7-18 单击"复制帧"命令

STEP 03 单击时间轴底部的"新建图层"按钮 🔲，新建图层，如图 7-19 所示。

STEP 04 选择新建的图层，单击"编辑"|"时间轴"|"粘贴帧"命令，如图 7-20 所示。

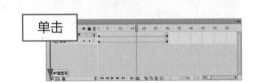

图 7-19 新建图层

图 7-20 单击"粘贴帧"命令

STEP 05 粘贴上一步骤中所复制的图层中的对象，然后运用选择工具选择粘贴的对象，如图 7-21 所示。

STEP 06 将其移至舞台的右侧，效果如图 7-22 所示，即可完成图层的复制。

图 7-21 选择粘贴对象

图 7-22 复制图层效果

7.1.7 插入动画图层文件夹

当一个 Flash 动画的图层较多时，会给阅读、调整、修改和复制 Flash 动画带来不便。为了方便 Flash 动画的阅读与编辑，可以将同一类型的图层放置到一个图层文件夹中，形成图层目录结构。

单击"时间轴"面板下方的"新建文件夹"按钮 ，即可在"文字"图层的上方插入一个名为"文件夹 1"的图层文件夹，如图 7-23 所示。按住【Ctrl】键的同时，在"时间轴"面板中选择多个需要移至"文件夹 1"图层文件夹中的图层，如图 7-24 所示。

图 7-23 新建"文件夹 1"图层文件夹　　图 7-24 选中需要移动的图层

单击鼠标左键并拖曳，将其移至"文件夹 1"图层文件夹中，此时选中的所有图层会自动向右缩进，如图 7-25 所示，表示选择的图层已经移至"文件夹 1"图层文件夹中。单击"文件夹 1"图层文件夹名称左侧的向下箭头图标 ，可以将"文件夹 1"图层文件夹收缩，不显示该文件夹内的图层，效果如图 7-26 所示。

图 7-25 将选中的图层移至图层文件夹中　　图 7-26 收缩图层文件夹

专家指点

在 Flash CC 中，创建图层文件夹的方法有两种，分别如下：

* 命令：在时间轴中选择任意图层，单击"插入"|"时间轴"|"图层文件夹"命令。

* 选项：选中任一图层后单击鼠标右键，再弹出的快捷菜单中选择"插入文件夹"选项。

▶7.2 创建静态与动态文本

　　动画文本和图像一样，也是非常重要并且使用非常广泛的一种对象。文字动画设计会给 Flash 动画作品增色不少。在 Flash 影片中，可以使用文本传达信息，丰富影片的表现形式，实现人机"对话"等交互行为。文本的使用大大增强了 Flash 影片的表现功能，使 Flash 影片更加精彩，并为影片的使用性提供了更多的解决方案。

◢7.2.1 创建静态文本

　　在默认情况下，使用文本工具创建的文本为静态文本，所创建的静态文本在发布的 Flash 作品中是无法修改的。

素材文件	光盘 \ 素材 \ 第 7 章 \ 羊村 .fla
效果文件	光盘 \ 效果 \ 第 7 章 \ 羊村 .fla
视频文件	光盘 \ 视频 \ 第 7 章 \7.2.1 创建静态文本 .mp4

【操练 + 视频】——创建静态文本

STEP 01 单击"文件"|"打开"命令，打开一个素材文件，如图 7-27 所示。

STEP 02 选取工具箱中的文本工具，如图 7-28 所示。

图 7-27 打开素材文件

图 7-28 选取文本工具

STEP 03 在"属性"面板中设置"文本类型"为"静态文本"、"改变文本方向"为"垂直"、"系列"为"方正卡通简体"、"大小"为 100，如图 7-29 所示。

STEP 04 在舞台区创建一个文本框，如图 7-30 所示。

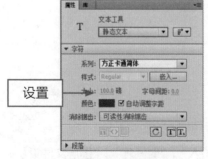

图 7-29 设置文本属性

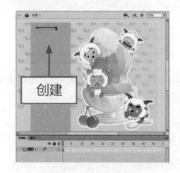

图 7-30 创建文本框

STEP 05 在文本框中输入文本，如图 7-31 所示。

STEP 06 在舞台空白处点击显示最终效果，如图 7-32 所示。

图 7-31 输入文本

图 7-32 创建静态文本

7.2.2 创建动态文本

动态文本是一种交互式的文本对象，文本会根据文本服务器的输入不断更新。用户可随时更新动态文本中的信息，即使在作品完成后也可以改变其中的信息。

素材文件	光盘 \ 素材 \ 第 7 章 \ 倾国倾城 .fla
效果文件	光盘 \ 效果 \ 第 7 章 \ 倾国倾城 .fla、倾国倾城 .swf
视频文件	光盘 \ 视频 \ 第 7 章 \7.2.2 创建动态文本 .mp4

【操练＋视频】——创建动态文本

STEP 01 单击"文件" | "打开"命令，打开一个素材文件，如图 7-33 所示。

STEP 02 在"时间轴"面板中选择"图层 2"的第 1 帧，如图 7-34 所示。

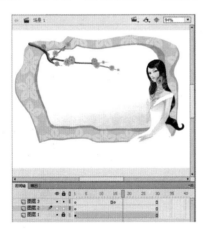

图 7-33 打开素材文件

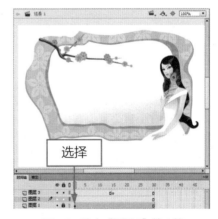

图 7-34 选中"图层 2"第 1 帧

STEP 03 选取工具箱中的文本工具，在舞台区合适位置创建一个文本框，如图 7-35 所示。

STEP 04 在"属性"面板中设置"文本类型"为"动态文本"、"实例名称"为 word、"系列"为"迷你黄草简体"、"大小"为 60、"消除锯齿"为"使用设备字体"，如图 7-36 所示。

STEP 05 在"时间轴"面板中选择"图层 3"的第 1 帧，如图 7-37 所示。

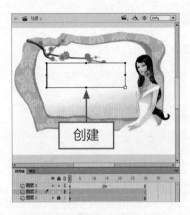

图 7-35 创建文本框

图 7-36 设置文本属性

STEP 06 按【F9】键，弹出"动作 - 帧"面板，如图 7-38 所示。

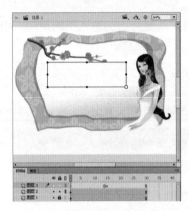

图 7-37 选择"图层 3"第 1 帧

图 7-38 "动作 - 帧"面板

STEP 07 在该面板中输入代码，如图 7-39 所示。

STEP 08 在"时间轴"面板中选择"图层 3"的第 30 帧，如图 7-40 所示。

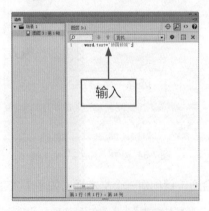

图 7-39 输入第 1 帧代码

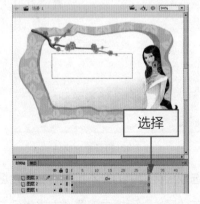

图 7-40 选择"图层 3"第 30 帧

STEP 09 按【F9】键，弹出"动作 - 帧"面板，如图 7-41 所示。

STEP 10 在该面板中输入代码，如图 7-42 所示。

图 7-41 "动作 - 帧"面板　　　　　　　　图 7-42 输入第 30 帧代码

STEP 11 单击"控制"|"测试"命令，测试动画效果，如图 7-43 所示。

图 7-43 测试创建动态文本效果

专家指点

　　制作本实例时，所打开的 Flash 文档必须是 ActionScript 2.0 的文档，因为 ActionScript 3.0 的 Flash 文档不可以对动态文本的变量进行设置。

7.2.3 创建输入文本

　　输入文本多用于申请表、留言簿等一些需要用户输入文本的表格页面，它是一种交互性运用的文本格式，用户可即时输入文本在其中。该文本类型最难得的便是有密码输入类型，即输入的文本均以星号表示。

素材文件	光盘 \ 素材 \ 第 7 章 \ 登录 .fla
效果文件	光盘 \ 效果 \ 第 7 章 \ 登录 .fla、登录 .swf
视频文件	光盘 \ 视频 \ 第 7 章 \7.2.3 创建输入文本 .mp4

【操练＋视频】——创建输入文本

STEP 01 单击"文件"|"打开"命令，打开一个素材文件，如图 7-44 所示。

STEP 02 选择"图层 4"中的第 1 帧，效果如图 7-45 所示。

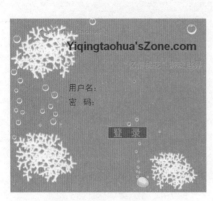

图 7-44 打开一个素材文件

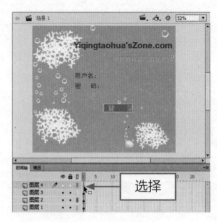

图 7-45 选择相应帧

STEP 03 选取工具箱中的文本工具，在舞台中的合适位置绘制一个适当大小的输入文本框，效果如图 7-46 所示。

STEP 04 单击"属性"面板中的"在文本周围显示边框"按钮 □，如图 7-47 所示，使文本框显示边框效果。

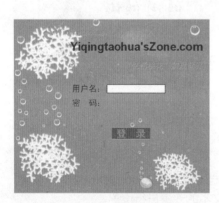

图 7-46 绘制一个输入文本框

图 7-47 单击相应的按钮

> **专家指点**
>
> 　　选取工具箱中的文本工具，在"属性"面板中单击"字体"下拉按钮，在弹出的下拉列表中提供了多种字体样式，可选择需要的字体。
>
> 　　单击"文本"|"字体"命令，在弹出的子菜单中可以选择一种需要的字体。如果安装的字体比较多，则会在菜单的前端、末端出现三角箭头，单击该箭头可以查看更多的字体选项并加以选择。

STEP 05 在菜单栏中单击"控制"菜单，在弹出的菜单列表中单击"测试影片"|"在 Flash Professional 中"命令，如图 7-48 所示。

STEP 06 测试影片效果，在相应的文本框中可输入文本 yiqingtaohua，效果如图 7-49 所示。

图 7-48 单击相应的命令

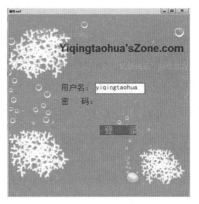

图 7-49 输入文本

▶ 7.3 编辑动画文本的效果

在 Flash CC 中，选择相应的工具后，"属性"面板也会发生相应的变化，以显示与该工具相关联的设置。例如，选取工具箱中的文本工具后，其"属性"面板中会显示文本的相关属性，在其中可轻松对选择的文本进行相应的属性设置，使动画文本效果更加符合用户的需求。本节主要向读者详细地介绍文本工具的基本操作方法。

☑ 7.3.1 移动动画文本

在 Flash CC 中，移动文本主要是通过移动文本框来实现的，用户可根据动画文档的需求随意调整动画文本的摆放位置。

选取工具箱中的选择工具，选择舞台区的文本对象，如图 7-50 所示。单击鼠标左键并向下拖曳，拖至舞台区合适位置后释放鼠标左键，即可移动文本，如图 7-51 所示。

图 7-50 选择文本对象

图 7-51 移动文本后的效果

☑ 7.3.2 设置动画文本字号

在 Flash CC 中，单击"文本"|"大小"命令，在弹出的子菜单中选择相应的字号选项，即可调整文本字号。

素材文件	光盘 \ 素材 \ 第 7 章 \ 保护环境 fla
效果文件	光盘 \ 效果 \ 第 7 章 \ 保护环境 .fla
视频文件	光盘 \ 视频 \ 第 7 章 \7.3.2 设置动画文本字号 .mp4

【操练 + 视频】——设置动画文本字号

STEP 01 单击 "文件" | "打开" 命令，打开一个素材文件，如图 7-52 所示。

STEP 02 选取工具箱中的选择工具，选择舞台区中的文本对象，如图 7-53 所示。

图 7-52 打开素材文件

图 7-53 选择文本对象

STEP 03 在 "属性" 面板的 "字符" 选项区中设置 "大小" 为 50，如图 7-54 所示。

STEP 04 按【Enter】键进行确认，即可设置文本字号，如图 7-55 所示。

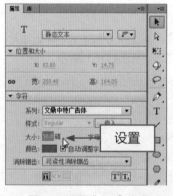

图 7-54 设置 "大小" 为 50

图 7-55 设置文本字号

专家指点

在 Flash CC 中，设置字体大小的方法有两种，分别如下：

* 命令：单击 "文本" | "大小" 命令，在弹出的子菜单中可以选择相应的字号。

* 文本框：在 "属性" 面板的 "字号" 文本框中输入相应的字号。

7.3.3 设置动画文本字体

在 Flash CC 中，可根据需要对动画文本的字体类型进行更改操作，使其在动画中显示效果更佳。下面向读者介绍设置动画文本字体类型的操作方法。

	素材文件	光盘\素材\第7章\城市建筑.fla
	效果文件	光盘\效果\第7章\城市建筑.fla
	视频文件	光盘\视频\第7章\7.3.3 设置动画文本字体.mp4

【操练+视频】——设置动画文本字体

STEP 01 单击"文件"|"打开"命令，打开一个素材文件，如图 7-56 所示。

STEP 02 选取工具箱中的选择工具，选择舞台区的文本对象，如图 7-57 所示。

图 7-56 打开素材文件

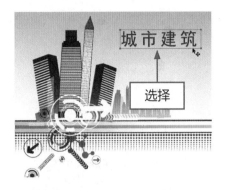

图 7-57 选择文本对象

STEP 03 在"属性"面板的"字符"选项区中设置"系列"为"叶根友毛笔行书 2.0 版"，如图 7-58 所示。

STEP 04 按【Enter】键进行确认，即可设置文本字体类型，如图 7-59 所示。

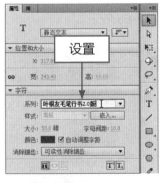

图 7-58 设置字体系列

图 7-59 设置文本字体类型

专家指点

在 Flash CC 中，可以通过单击"文本"|"字体"命令，在弹出的子菜单中选择一种需要的字体来设置文本字体。如果安装的字体比较多，则会在菜单的上端、下端出现三角箭头，单击此箭头可以查看更多的字体选项。

7.3.4 设置动画文本颜色

文本颜色在文本中起着极其重要的地位，文本是否与整个画面的效果协调，整幅作品是否赏心悦目，这都与文本颜色息息相关。

素材文件	光盘\素材\第7章\潮流世界.fla
效果文件	光盘\效果\第7章\潮流世界.fla
视频文件	光盘\视频\第7章\7.3.4 设置动画文本颜色.mp4

【操练+视频】——设置动画文本颜色

STEP 01 单击"文件"|"打开"命令，打开一个素材文件，如图 7-60 所示。

STEP 02 选取工具箱中的选择工具，选择舞台区的文本对象，如图 7-61 所示。

图 7-60 打开素材文件

图 7-61 选中文本对象

STEP 03 在"属性"面板中单击"颜色"色块，在弹出的"颜色"面板中选择黑色，如图 7-62 所示。

STEP 04 执行操作后，即可设置文本的颜色效果，如图 7-63 所示。

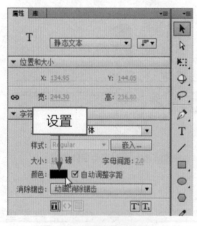

图 7-62 设置颜色为黑色

图 7-63 设置文本颜色后的效果

7.3.5 设置动画文本边距

在 Flash CC 中，还可根据需要设置文本的边距，使动画文本在版面的编排上更加美观，更加符合用户的需求。

选取工具箱中的选择工具，选择舞台区的文本对象，如图 7-64 所示。在"属性"面板的"段落"选项区中，设置"左边距"为 10、"右边距"为 10，按【Enter】键进行确认，即可完成对所选文本的边距设置，效果如图 7-65 所示。

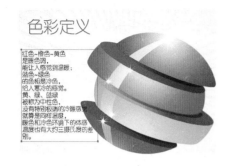

图 7-64 选择文本　　　　　　　　　　图 7-65 设置文本边距

另外，用户还可以通过设置段落文本的"缩放"参数，来设置文本的缩进边距效果。选取工具箱中的选择工具，选择舞台区的文本对象，如图 7-66 所示。在"属性"面板的"段落"选项区中，设置"缩进"为 8 像素，按【Enter】键进行确认，即可将所选文本缩进，如图 7-67 所示。

图 7-66 选择文本对象　　　　　　　　图 7-67 设置文本缩进

文字的间距是根据整个画面效果而定的，并且是统一的，不可以太宽，也不能太窄。在 Flash CC 中，设置文字间距的方法有以下两种：

＊ 命令：单击"文本"|"字母间距"命令，在弹出的子菜单中单击相应的命令，如图 7-68 所示。

＊ 数值框：在"属性"面板的"字母间距"数值框中，输入相应的数值，如图 7-69 所示。

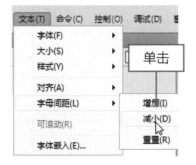

图 7-68 单击"减小"命令　　　　　　图 7-69 设置"字母间距"参数

◢ 7.3.6 复制与粘贴动画文本

如果需要多个相同的文本，不需要逐一地创建，可以直接复制。选取工具箱中的选择工具，选择需要复制的文本，如图 7-70 所示。单击"编辑"|"复制"命令，将鼠标制定定位至目标位置后按【Ctrl + V】组合键，即可对复制的文本执行粘贴操作，效果如图 7-71 所示。

图 7-70 选择需要复制的文本

图 7-71 粘贴复制的文本

专家指点

在 Flash CC 中，还可以通过以下 3 种方法复制文本：

* 组合键 1：按【Ctrl + C】组合键。
* 组合键 2：按【Ctrl + D】组合键。
* 选项：在文本上单击鼠标右键，在弹出的快捷菜单中选择"复制"选项。

◢ 7.3.7 设置动画文本对齐方式

在 Flash CC 中，对齐方式决定了段落中每行文本相对于文本块边缘的位置。横排文本相对于文本块的左右边缘对齐，竖排文本相对于文本块的上下边缘对齐。文本可对齐文本块的某一边，也可居中对齐或对齐文本块的两边，也就是常说的左对齐、右对齐、居中对齐和两端对齐。下面向读者介绍设置动画文本对齐方式的操作方法。

1．左对齐动画文本

左对齐文字就是使文字在文本框中靠最左边对齐。选取工具箱中的选择工具，选择舞台区的文本对象，如图 7-72 所示。单击"文本"|"对齐"|"左对齐"命令，即可左对齐所选文本，效果如图 7-73 所示。

图 7-72 选择舞台区的文本

图 7-73 左对齐所选文本

专家指点

在 Flash CC 中，设置文本左对齐有以下 3 种方法：

* 命令：单击"文本"|"对齐"|"左对齐"命令。
* 按钮：选取工具箱中的文本工具，在"属性"面板中单击"左对齐"按钮 ▤。
* 快捷键：按【Ctrl + Shift + L】组合键。

2．居中对齐动画文本

居中对齐文本就是使文本在文本框中居中对齐。选取工具箱中的选择工具，选择舞台区的文本对象，如图 7-74 所示。单击"文本"|"对齐"|"居中对齐"命令，即可居中对齐所选文本，如图 7-75 所示。

图 7-74 选择舞台区的文本　　　　图 7-75 居中对齐所选文本

专家指点

在 Flash CC 中，设置文本居中对齐有以下 3 种方法：

* 命令：单击"文本"|"对齐"|"居中对齐"命令。
* 按钮：选取工具箱中的文本工具，在"属性"面板中单击"居中对齐"按钮 ▤。
* 组合键：按【Ctrl + Shift + C】组合键。

3．右对齐动画文本

右对齐文本就是在文本框中使文本靠最右边对齐。选取工具箱中的选择工具，选择舞台区的文本对象，如图 7-76 所示。单击"文本"|"对齐"|"右对齐"命令，即可右对齐所选文本，如图 7-77 所示。

图 7-76 选择舞台区的文本　　　　图 7-77 右对齐所选文本

专家指点

在 Flash CC 中，设置文本右对齐有以下 3 种方法：

* 命令：单击"文本"|"对齐"|"右对齐"命令。
* 按钮：选取工具箱中的文本工具，在"属性"面板中单击"右对齐"按钮 ▤。
* 快捷键：按【Ctrl + Shift + R】组合键。

4．两端对齐动画文本

两端对齐文本就是在文本框中使文字靠两端对齐。选取工具箱中的选择工具，选择舞台区的文本对象，如图 7-78 所示。单击"文本"|"对齐"|"两端对齐"命令，即可两端对齐所选文本，如图 7-79 所示。

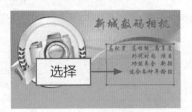

图 7-78 选择文本对象

图 7-79 两端对齐文本

专家指点

在 Flash CC 中，设置文本两端对齐有以下 3 种方法：

* 命令：单击"文本"|"对齐"|"两端对齐"命令。

* 按钮：选取工具箱中的文本工具，在"属性"面板中单击"两端对齐"按钮■。

* 组合键：按【Ctrl + Shift + J】组合键。

7.3.8 缩放动画文本

在 Flash CC 中，缩放文本就是调整文本的大小。下面向读者介绍缩放动画文本的方法。

素材文件	光盘 \ 素材 \ 第 7 章 \ 笔记本广告 fla
效果文件	光盘 \ 效果 \ 第 7 章 \ 笔记本广告 .fla
视频文件	光盘 \ 视频 \ 第 7 章 \7.3.8 缩放动画文本 .mp4

【操练 + 视频】——缩放动画文本

STEP 01 单击"文件"|"打开"命令，打开一个素材文件，如图 7-80 所示。

STEP 02 选取工具箱中的任意变形工具，选择舞台区的文本对象，如图 7-81 所示。

图 7-80 打开素材文件

图 7-81 选择文本对象

STEP 03 将鼠标指针移至左上方的控制点上，如图 7-82 所示。

STEP 04 按住【Alt】键的同时单击鼠标左键并向下拖曳，拖至合适位置后释放鼠标左键，即可缩放文本，如图 7-83 所示。

图 7-82 移动鼠标指针

图 7-83 缩放文本

7.3.9 分离动画文本

在制作动画时，常常需要分离文本，将每个字符放在一个单独的文本块中。分离之后，即可快速地将文本块分散到各个层中，然后分别制作每个文本块的动画。还可以将文本块转换为线条和填充，以执行改变形状、擦除和其他操作。如同其他形状一样，可以单独将这些转化后的字符分组，或将其更改为元件并制作为动画。将文本转换为线条填充后，将不能再次编辑文本。

	素材文件	光盘\素材\第7章\牛奶水果.fla
	效果文件	光盘\效果\第7章\牛奶水果.fla
	视频文件	光盘\视频\第7章\7.3.9 分离动画文本.mp4

【操练+视频】——分离动画文本

STEP 01 单击"文件"|"打开"命令，打开一个素材文件，如图 7-84 所示。

STEP 02 选取工具箱中的选择工具 ▶，在舞台工作区中选择需要进行分离操作的文本对象，如图 7-85 所示。

图 7-84 打开素材文件

图 7-85 选择文本对象

专家指点

在 Flash CC 工作界面中，当对文本对象进行分离操作后，就不可以再使用文本工具对文本的内容进行修改，因为被完全分离后的文本已经变成了图形对象。

STEP 03 在菜单栏中单击"修改"|"分离"命令，如图 7-86 所示。

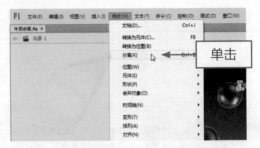

图 7-86 单击"分离"命令

专家指点

在 Flash CC 工作界面中，对选择的多项文本进行分离操作时，按一次【Ctrl + B】组合键，只能将文本分离为单独的文本块；按两次【Ctrl + B】组合键，可将文本块转换为形状，并对其进行图形应有的操作。

STEP 04 执行操作后，即可将动画文本对象进行分离操作，显示出单独的文本块，如图 7-87 所示。

STEP 05 在菜单栏中再次单击"修改"|"分离"命令，即可将舞台上的文本块转换为形状，效果如图 7-88 所示。

图 7-87 显示出单独的文本块　　　　图 7-88 将文本块转换为形状

7.3.10 旋转动画文本

在 Flash CC 中，使用任意变形工具可以旋转文本对象。

素材文件	光盘 \ 素材 \ 第 7 章 \ 风筝 .fla
效果文件	光盘 \ 效果 \ 第 7 章 \ 风筝 .fla
视频文件	光盘 \ 视频 \ 第 7 章 \7.3.10 旋转动画文本 .mp4

【操练 + 视频】——旋转动画文本

STEP 01 单击"文件"|"打开"命令，打开一个素材文件，如图 7-89 所示。

STEP 02 选取工具箱中的任意变形工具，选择舞台区的文本对象，如图 7-90 所示。

图 7-89 打开素材文件

图 7-90 选择文本对象

STEP 03 将鼠标指针移至右上方的控制点上，如图 7-91 所示。

STEP 04 单击鼠标左键并向下拖曳，拖至合适位置后释放鼠标，即可旋转文本，如图 7-92 所示。

图 7-91 定位鼠标

图 7-92 旋转文本

7.3.11 任意变形动画文本

在 Flash CC 中，也可以像变形其他对象一样对文本进行变形操作。在制作动画的过程中，因为不同的需求，经常需要对文本进行缩放、旋转和倾斜等操作，还可设置文本的方向。本节将向读者介绍变形文本以及设置文本方向等知识。通过任意变形功能可以同时对文本框进行缩放、旋转和倾斜操作，使制作的效果更加完美。

素材文件	光盘 \ 素材 \ 第 7 章 \ 首饰 .fla
效果文件	光盘 \ 效果 \ 第 7 章 \ 首饰 .fla
视频文件	光盘 \ 视频 \ 第 7 章 \7.3.11 任意变形动画文本 .mp4

【操练 + 视频】——任意变形动画文本

STEP 01 单击"文件"|"打开"命令，打开一个素材文件，如图 7-93 所示。

STEP 02 选取工具箱中的选择工具，选择舞台中需要变形的文本对象，如图 7-94 所示。

图 7-93 打开素材文件

图 7-94 选择文本对象

STEP 03 单击"修改"|"变形"|"任意变形"命令，如图 7-95 所示。

STEP 04 此时文本框周围将显示 8 个控制点，将鼠标指针移至 4 个角的任一控制点上，此时指针呈 ↻ 形状，如图 7-96 所示。

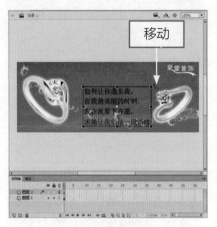

图 7-95 单击"任意变形"命令　　　　　　图 7-96 移动鼠标指针

STEP 05 单击鼠标左键并任意拖曳，即可对文本进行任意旋转操作，如图 7-97 所示。

STEP 06 将鼠标指针移至上下任意控制点上，此时指针呈 ↕ 形状，如图 7-98 所示。

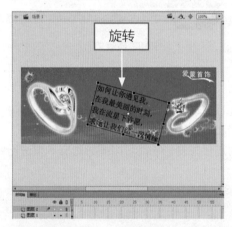

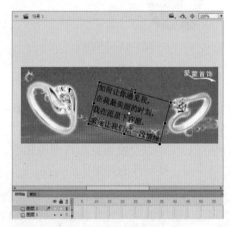

图 7-97 拖曳鼠标　　　　　　　　　图 7-98 移动鼠标指针

专家指点

　　在 Flash CC 中按角度旋转文本，可以按顺时针或逆时针 90 度的角度旋转文本，方法如下：

* 命令 1：选中文本框，单击"修改"|"变形"|"顺时针旋转 90 度"命令，文本框将顺时针旋转 90 度。

* 命令 2：选中文本框，单击"修改"|"变形"|"逆时针旋转 90 度"命令，文本框将逆时针旋转 90 度。

STEP 07 单击鼠标左键并拖曳，即可调整文本的宽度，如图 7-99 所示。

STEP 08 执行上述步骤，即可完成文本任意变形操作，效果如图 7-100 所示。

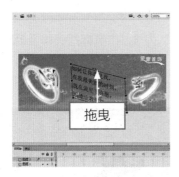
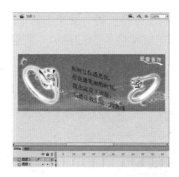

图 7-99 拖曳鼠标   图 7-100 调整文本宽度的效果

专家指点

在"属性"面板中,单击"改变文本方向"按钮 ,在弹出的列表中选择相应的选项,可以改变文本的排列方向。在"改变文本方向"列表框中,各选项的含义如下。

* "水平"选项:可以使文本从左向右分别排列。

* "垂直,从左向右"选项:可以使文本从左向右垂直排列。

* "垂直,从右向左"选项:可以使文本从右向左垂直排列。

▶ 7.4 创建动画文本特殊效果

在 Flash CC 中,用户可以充分发挥自己的创造力和想象力,制作出各种奇特且符合需求的文本效果。下面以两种常用的文本实例效果为例,向读者介绍制作文本特效的方法,使读者达到举一反三的效果,制作出其他具有美感的艺术字和文本特效。

◢ 7.4.1 制作描边文字特效

在 Flash CC 中,制作描边文字能突出文字轮廓。

素材文件	光盘 \ 素材 \ 第 7 章 \ 酒 .fla
效果文件	光盘 \ 效果 \ 第 7 章 \ 酒 .fla
视频文件	光盘 \ 视频 \ 第 7 章 \7.4.1 制作描边文字特效 .mp4

【操练 + 视频】——制作描边文字特效

STEP 01 单击"文件"|"打开"命令,打开一个素材文件。选取工具箱中的选择工具,选择舞台区的文本对象,如图 7-101 所示。

STEP 02 两次单击"修改"|"分离"命令,将所选文本打散,如图 7-102 所示。

图 7-101 选择文本对象   图 7-102 打散文本

STEP 03 单击舞台区任意位置，使文本属于未选择状态。选取工具箱中的墨水瓶工具 ，在"属性"面板中设置"笔触颜色"为白色、"笔触高度"为3，将鼠标指针移至相应文字上方单击鼠标左键，即可描边文字，如图 7-103 所示。

STEP 04 采用同样的方法，描边其他文字，效果如图 7-104 所示。

图 7-103 描边文字

图 7-104 制作描边文字效果

7.4.2 制作空心字特效

空心字是在 Flash CC 中制作各类艺术字中最基本的文字，下面介绍制作空心字的方法。

素材文件	光盘 \ 素材 \ 第 7 章 \ 指示牌 .fla	
效果文件	光盘 \ 效果 \ 第 7 章 \ 指示牌 .fla	
视频文件	光盘 \ 视频 \ 第 7 章 \7.4.2 制作空心字特效 .mp4	

【操练 + 视频】——制作空心字特效

STEP 01 单击"文件"|"打开"命令，打开一个素材文件。选取工具箱中的选择工具，选择舞台区的文本对象，如图 7-105 所示。

STEP 02 两次单击"修改"|"分离"命令，将所选文本打散，如图 7-106 所示。

图 7-105 选择文本对象

图 7-106 打散文本

专家指点

在 Flash CC 中，必须先将文字进行分离操作，使其变为图形，才能使用墨水瓶工具进行描边，否则无法对文字对象进行描边操作。

STEP 03 单击舞台区任意位置，使文本属于未选择状态。选取工具箱中的墨水瓶工具 ，制作描边文字，如图 7-107 所示。

STEP 04 按【Delete】键，删除描边文字内的白色填充，即可制作空心字，效果如图 7-108 所示。

图 7-107 制作描边字

图 7-108 制作空心字

 ## 7.4.3 制作浮雕字特效

在 Flash CC 中，制作浮雕字需要设置 Alpha 的值。下面介绍制作浮雕字特效的方法。

	素材文件	光盘 \ 素材 \ 第 7 章 \ 学习机 .fla
	效果文件	光盘 \ 效果 \ 第 7 章 \ 学习机 .fla
	视频文件	光盘 \ 视频 \ 第 7 章 \7.4.3 制作浮雕字特效 .mp4

【操练 + 视频】——制作浮雕字特效

STEP 01 单击"文件"|"打开"命令，打开一个素材文件，如图 7-109 所示。

STEP 02 选取工具箱中的选择工具，选择舞台区的文本对象，如图 7-110 所示。

图 7-109 打开素材文件

图 7-110 选择文本对象

STEP 03 单击鼠标右键，在弹出的快捷菜单中选择"复制"选项；单击鼠标右键，在弹出的快捷菜单中选择"粘贴"选项，在舞台区复制所选文本，如图 7-111 所示。

STEP 04 在"颜色"面板中设置 Alpha 为 30%，将复制的文本移至下方文本的合适位置，即可完成浮雕字的制作，效果如图 7-112 所示。

图 7-111 复制文本

图 7-112 制作浮雕字

7.4.4 制作文字滤镜效果

使用滤镜可以制作出投影、模糊、斜角、发光、渐变发光、渐变斜角和调整颜色等效果。在 Flash CC 中，单击"窗口"|"属性"|"滤镜"命令，弹出"滤镜"面板，其中是管理 Flash 滤镜的主要工具面板，可以在其中为文本增加、删除和改变滤镜参数等。

在"滤镜"面板中，可以对选定的对象应用一个或多个滤镜。每当给对象添加一个新的滤镜后，就会将其添加到该对象所应用的滤镜列表中。滤镜功能只适用于文本、按钮和影片剪辑。当舞台中的对象不适合滤镜功能时，"滤镜"面板中的"添加滤镜"按钮 ➕▾ 将呈灰色不可用状态。

选取工具箱中的选择工具，选择舞台区的文本对象，如图 7-113 所示。在"属性"面板的"滤镜"选项区中单击"添加滤镜"按钮 ➕▾，在弹出的"滤镜"列表中选择"投影"选项，并进行相应的设置，即可为文本添加滤镜效果，如图 7-114 所示。

图 7-113　选择文本对象　　　　图 7-114　添加滤镜效果

在"滤镜"面板中单击"添加滤镜"按钮 ➕▾，在弹出的列表中包含投影、模糊、发光、斜角、渐变发光、渐变斜角和调整颜色等 7 种滤镜效果，如图 7-115 所示，应用不同的滤镜效果可以制作出不同效果的文本特效。

1．投影效果

选择"投影"选项，可以为对象添加投影效果。在"投影"滤镜效果的面板中包含 9 个选项，选择相应的选项可设置不同的"投影"滤镜效果，如图 7-116 所示。

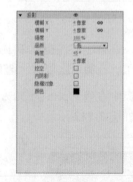

图 7-115　"滤镜"列表　　　图 7-116　"投影"滤镜效果面板

在"投影"滤镜效果面板中，各主要选项的含义如下：

＊　"模糊 X"和"模糊 Y"数值框：在其中可设置投影的宽度和高度。

＊　"强度"数值框：设置投影的强烈程度。数值越大，投影越暗。

* "品质"列表框：在其中可选择投影的质量级别。质量设置为"高"时，近似于高斯模糊；质量设置为"低"时，可以实现最佳的回放性能。

* "颜色"按钮：在其中可以设置投影颜色。

* "角度"数值框：在其中可设置投影的角度。

* "距离"数值框：在其中可设置投影与对象之间的距离。

* "挖空"复选框：对目标对象的挖空显示。

* "内阴影"复选框：可以在对象边界内应用投影。

* "隐藏对象"复选框：可隐藏对象，并只显示其投影。

2．模糊效果

"模糊"滤镜效果面板中包含 2 个选项，选择相应的选项可设置不同的"模糊"滤镜效果，如图 7-117 所示。

在"模糊"滤镜面板中，各主要选项的含义如下：

* "模糊 X"和"模糊 Y"数值框：在其中可设置模糊的宽度和高度。

* "品质"列表框：在其中可选择模糊的质量级别。质量设置为"高"时，近似于高斯模糊；质量设置为"低"时，可以实现最佳的回放性能。

3．发光效果

选择"发光"选项，可以为对象的整个边缘添加颜色。在"发光"滤镜效果面板中包含 6 个选项，选择相应的选项可设置不同的"发光"滤镜效果，如图 7-118 所示。

图 7-117 "模糊"滤镜效果面板　　图 7-118 "发光"滤镜效果面板

在"发光"滤镜面板中，各主要选项的含义如下：

* "模糊 X"和"模糊 Y"数值框：在其中可设置发光的宽度和高度，可以直接输入数值，也可以拖动"模糊 X"和"模糊 Y"滑块进行设置。

* "强度"数值框：在其中可设置发光的不透明度，可以直接输入数值，也可以拖动"强度"滑块进行设置。

＊"品质"列表框：在其中可选择发光的质量级别。质量设置为"高"时，近似于高斯模糊；质量设置为"低"时，可以实现最佳的回放性能。

＊"颜色"按钮：在其中可以设置阴影颜色。

＊"挖空"复选框：在其中可以从视觉上隐藏对象，并在挖空图像上只显示发光。

＊"内发光"复选框：可以在对象边界内应用发光。

4．斜角效果

应用斜角滤镜就是向对象应用加亮效果，使其看起来凸出于表面。可以创建内斜、外斜或完全斜角。在"斜角"滤镜效果的面板中包含 9 个选项，选择相应的选项可设置不同的"斜角"滤镜效果，如图 7-119 所示。

在"斜角"滤镜效果面板中，各主要选项的含义如下：

＊"模糊"数值框：在其中可设置模糊的宽度和高度，可以直接输入数值，也可以拖动"模糊 X"和"模糊 Y"滑块进行设置。

＊"强度"数值框：主要设置斜角的强烈程度，取值范围为 0 ～ 100%。

＊"品质"列表框：主要设置斜角的品质高低，包含"低"、"中"和"高"3 个选项，品质越高，斜角越清晰。

＊"阴影"色块：在其中可设置斜角的阴影颜色。

＊"加亮显示"色块：在其中可设置斜角的加亮颜色。

＊"角度"数值框：在其中可设置斜角的角度。

＊"距离"数值框：在其中可设置斜角的距离大小。

＊"挖空"复选框：在其中可以从视觉上隐藏对象。

＊"类型"列表框：主要设置斜角的应用位置，包括"内侧"、"外侧"和"整个"3 个选项。

5．渐变发光效果

渐变发光效果可以在发光表面产生渐变颜色的发光效果。在"渐变发光"滤镜效果面板中包含 8 个选项，选择相应的选项即可设置不同的"渐变发光"滤镜效果，如图 7-120 所示。

图 7-119　"斜角"滤镜效果面板　　图 7-120　"渐变发光"滤镜效果面板

6．渐变斜角效果

渐变斜角效果可产生一种凸起效果，使对象看起来好像从背景上凸起，且斜角表面有渐变颜色。渐变斜角要求渐变的中间有一种颜色，颜色的 **Alpha** 值为 0，颜色位置不能移动，但可以改变其颜色。

在"渐变斜角"滤镜效果面板中包含 8 个选项，选择相应的选项可设置不同的"渐变斜角"滤镜效果，如图 7-121 所示。

7．调整颜色

该滤镜可调整所选的影片剪辑元件、按钮元件或文本对象的亮度、对比度、色相和饱和度。拖动要调整的颜色属性滑块，或在相应的数值框中输入数值，即可执行调整颜色的操作。

在"调整颜色"滤镜效果面板中包含 4 个选项，选择相应的选项可设置不同的"调整颜色"滤镜效果，如图 7-122 所示。

图 7-121 "渐变斜角"滤镜效果面板　　图 7-122 "调整颜色"滤镜效果面板

CHAPTER

制作精确动画时间：
时间轴和帧

8

章前知识导读

在 Flash 中，时间轴用于组织和控制一定时间内的图层和帧中的文档内容．与胶片一样，Flash 文档也将时长分为帧，图层就像堆叠在一起的多张幻灯胶片一样。本章主要向读者介绍时间轴和帧的相关操作技巧。

新手重点索引

掌握时间轴的基本应用

在时间轴中创建动画帧

编辑时间轴中的动画帧

复制与粘贴动画帧对象

▶ 8.1 掌握时间轴的基本应用

在 Flash CC 工作界面中，"时间轴"面板的基本操作包括设置帧居中、查看多帧以及编辑多帧等，下面向读者进行详细介绍。

8.1.1 编辑动画帧为居中

在 Flash CC 中，当"时间轴"面板中的帧比较多时，编辑帧的时候会不方便，此时可以将要编辑的帧居中。

	素材文件	光盘 \ 素材 \ 第 8 章 \ 气球节 .fla
	效果文件	光盘 \ 效果 \ 第 8 章 \ 气球节 .fla
	视频文件	光盘 \ 视频 \ 第 8 章 \8.1.1 编辑动画帧为居中 .mp4

【操练 + 视频】——编辑动画帧为居中

STEP 01 单击"文件"|"打开"命令，打开一个素材文件，如图 8-1 所示。

STEP 02 在"时间轴"面板中可以查看当前的帧显示状态，如图 8-2 所示。

图 8-1 打开素材文件

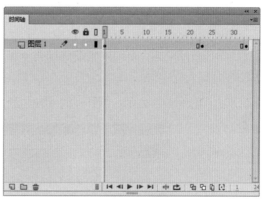

图 8-2 查看帧显示状态

STEP 03 在"时间轴"面板中选择"图层 1"的第 23 帧，如图 8-3 所示。

STEP 04 在"时间轴"面板的下方，单击"帧居中"按钮 ，如图 8-4 所示。

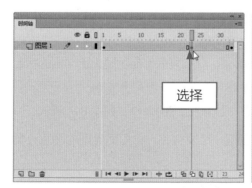

图 8-3 选择第 23 帧

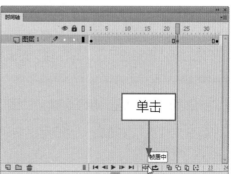

图 8-4 单击"帧居中"按钮

STEP 05 执行操作后，即可将"图层 1"中选择的第 23 帧定位在"时间轴"面板的最中间位置，如图 8-5 所示。

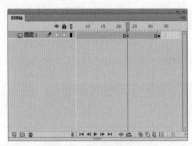

图 8-5 帧居中后的效果

专家指点

单击"时间轴"面板底部的"帧居中"按钮后，可以移动时间轴的水平及垂直滑块，将当前选择的帧移至时间轴控制区的中央，以方便观察和编辑。

Flash 动画的制作原理与电影、电视一样，是利用视觉原理，用一定的速度播放一幅幅内容连贯的图片，从而形成动画。

时间轴在 Flash 动画制作中非常重要，它主要由帧、层和播放指针组成，用户可以改变时间轴的位置，可以将时间轴停靠在程序窗口的任意位置，图层信息显示在"时间轴"面板的左侧空间，帧和播放指针显示在右侧空间。在时间轴的底部有一排工具，使用这些工具可以编辑图层，也可以改变帧的显示方式。

单击"窗口"|"时间轴"命令，展开"时间轴"面板，如图 8-6 所示。

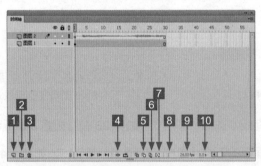

图 8-6 "时间轴"面板

在 Flash CC 中，所有的图层信息都显示在"时间轴"面板的左侧，在底部显示了编辑图层的按钮。所有的帧信息都显示在"时间轴"面板的右侧，在右侧底部显示了关于动画的状态信息。下面对这些按钮进行介绍。

1 "新建图层"按钮：用于创建新的图层，以方便动画的制作，如图 8-7 所示。

2 "新建文件夹"按钮：当图层过多时创建一个文件夹，将相同类型的图层分类，以方便管理，如图 8-8 所示。

3 "删除"按钮：单击该按钮，可以将多余的图层删除。

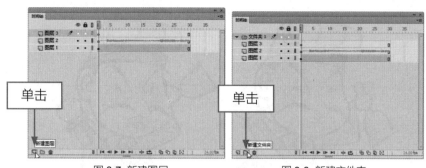

图 8-7 新建图层　　　　　　　　　　　图 8-8 新建文件夹

4 帧居中 ⬍：单击该按钮，可以移动"时间轴"面板的水平以及垂直滑块，将当前帧移至"时间轴"面板的中央，以方便观察和编辑。

5 "绘图纸外观轮廓"按钮 ⬚：单击该按钮会显示当前帧的前后几帧，当前帧正常显示，非当前帧是以轮廓线形式显示。在图案比较复杂的时候，仅显示轮廓线有助于正确的定位。

6 "编辑多个帧"按钮 ⬚ 对各帧的编辑对象都进行修改时需要用到该按钮，单击"绘图纸外观"按钮或"绘图纸外观轮廓"按钮，然后单击"编辑多个帧"按钮，即可对整个序列中的对象进行修改。

7 "修改标记"按钮 ⬚：单击该按钮，可以设定洋葱皮显示的方式。

8 当前帧 1：在此显示播放镜头所在的帧数。

9 帧速率 24.00 fps：显示播放动画时每秒所播放的帧数。

10 运行时间 0.0s：从动画的第 1 帧到当前帧所需的时间。

8.1.2 查看多帧动画特效

单击"绘图纸外观"按钮，可以使每一帧像只隔着一层透明纸一样相互层叠显示。如果时间轴控制区中的播放指针位于某个关键帧位置，将以正常颜色显示该帧内容，而其他帧将以暗灰色显示（表示不可编辑）。

下面向读者介绍在"时间轴"面板中查看多帧动画效果的操作方法。

素材文件	光盘 \ 素材 \ 第 8 章 \ 法师 .fla	
效果文件	光盘 \ 效果 \ 第 8 章 \ 法师 .fla	
视频文件	光盘 \ 视频 \ 第 8 章 \8.1.2 查看多帧动画特效 .mp4	

【操练＋视频】——查看多帧动画特效

STEP 01 单击"文件"|"打开"命令，打开一个素材文件，如图 8-9 所示。

STEP 02 在"时间轴"面板中，选择"图层 1"的第 7 帧，如图 8-10 所示。

STEP 03 单击"时间轴"面板底部的"绘图纸外观"按钮 🗐，如图 8-11 所示。

专家指点

在 Flash CC 工作界面中，除了运用"窗口"菜单下的"时间轴"命令可以打开"时间轴"面板外，还可以直接按【Ctrl ＋ Alt ＋ T】组合键。

图 8-9 打开素材文件

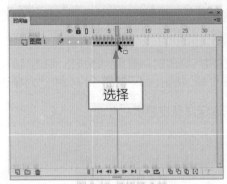

图 8-10 选择第 7 帧

图 8-11 单击"绘图纸外观"按钮

STEP 04 执行操作后，此时"图层 1"右侧的帧上将显示一个查看预览框，如图 8-12 所示。

STEP 05 向左或向右拖曳预览框，扩大帧的查看范围，如图 8-13 所示。

图 8-12 显示查看预览框

图 8-13 扩大帧的查看范围

专家指点

在 Flash CC 中，帧是组成 Flash 动画最基本的单位。帧是以小格区域表示的，代表的是不同的时刻。通过在不同的帧中放置相应的动画元素（如矢量图、位图、文字、声音或视频等），可以完成动画的基本编辑。通过对这些帧进行连续的播放，可以实现 Flash 动画效果。

STEP 06 执行操作后，在舞台中即可查看多帧显示效果，如图 8-14 所示。

图 8-14 查看多帧显示效果

8.1.3 编辑多帧动画特效

通常情况下，同一时间内只能显示动画序列的一帧。为了帮助定位和编辑动画，可能需要同时查看多帧。

	素材文件	光盘 \ 素材 \ 第 8 章 \ 邮局寄信 .fla
	效果文件	光盘 \ 效果 \ 第 8 章 \ 邮局寄信 .fla
	视频文件	光盘 \ 视频 \ 第 8 章 \8.1.3 编辑多帧动画特效 .mp4

【操练 + 视频】——编辑多帧动画特效

STEP 01 单击"文件"|"打开"命令，打开一个素材文件，如图 8-15 所示。

图 8-15 打开一个素材文件

专家指点

在 Flash CC 工作界面中单击"窗口"菜单，在弹出的菜单列表中按【M】键，也可以快速打开"时间轴"面板。

STEP 02 在"时间轴"面板中选择"图层 2"的第 3 帧，如图 8-16 所示。

STEP 03 单击"时间轴"面板底部的"编辑多个帧"按钮 🔂，如图 8-17 所示。

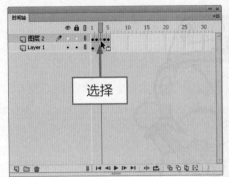
图 8-16 选择第 3 帧

图 8-17 单击"编辑多个帧"按钮

STEP 04 执行操作后，此时"图层 2"右侧的帧上将显示一个查看预览框，如图 8-18 所示。

STEP 05 向左拖曳右侧的预览框，缩小帧的编辑范围，如图 8-19 所示。

图 8-18 显示查看预览框

图 8-19 缩小帧的编辑范围

STEP 06 执行操作后，即可在舞台中编辑多个帧对象，如图 8-20 所示。

图 8-20 编辑多个帧对象

8.1.4 设置时间轴的样式

在 Flash CC 中提供了多种时间轴的显示样式，用户可根据操作习惯选择合适的时间轴样式。

下面向读者介绍设置时间轴样式的操作方法。

	素材文件	光盘\素材\第 8 章\励志 .fla
	效果文件	无
	视频文件	光盘\视频\第 8 章\8.1.4 设置时间轴的样式 .mp4

【操练 + 视频】——设置时间轴的样式

STEP 01 单击"文件"|"打开"命令，打开一个素材文件，如图 8-21 所示。

STEP 02 在"时间轴"面板中查看默认情况下的时间轴样式，如图 8-22 所示。

图 8-21 打开素材文件

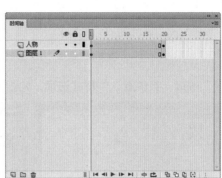

图 8-22 查看时间轴样式

STEP 03 单击"时间轴"面板右上角的面板属性按钮 ，在弹出的列表中选择"很小"选项，如图 8-23 所示。

STEP 04 执行操作后，此时"时间轴"面板中的帧显示得很小，如图 8-24 所示，这种显示方式适用于时间轴中帧较多的情况。

图 8-23 选择"很小"选项

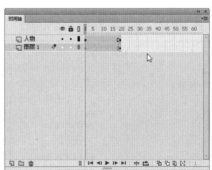

图 8-24 帧显示得很小

专家指点

　　另外，若在面板属性列表中选择"关闭"选项，可以关闭当前"时间轴"面板；若选择"关闭组"选项，会将整个面板组中的多个面板进行关闭。

　　在 Flash CC 工作界面中，单击"时间轴"面板右上角的面板菜单按钮 ，在弹出的列表中可以根据需要选择相应的选项来设置时间轴的样式。

下面简单向读者介绍其他的时间轴样式显示效果。

* "小"选项：选择该选项，"时间轴"面板中的帧将以较小的情况显示，如图 8-25 所示。

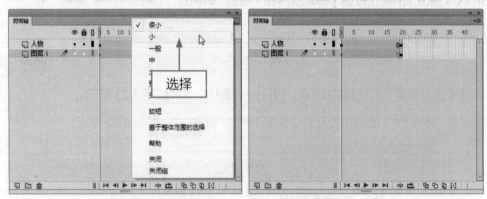

图 8-25 选择"小"选项及时间轴样式

* "一般"选项：系统默认的样式选项，如图 8-26 所示。

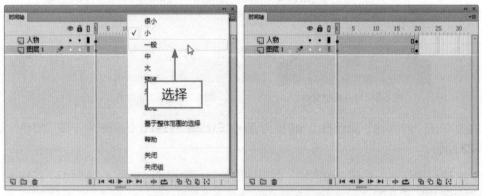

图 8-26 选择"一般"选项及时间轴样式

* "中"选项：选择该选项，"时间轴"面板中的帧将以中等大小显示，如图 8-27 所示。

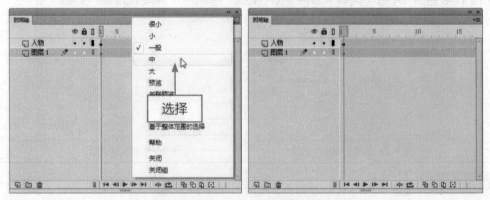

图 8-27 选择"中"选项及时间轴样式

* "大"选项：选择该选项，"时间轴"面板中的帧将以最大的情况显示（此设置对于查看声音波形的详细情况很有用），如图 8-28 所示。

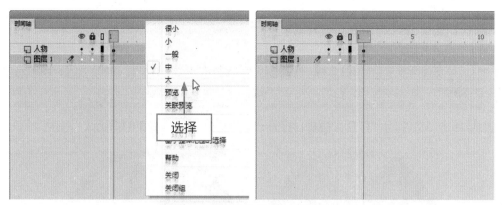

图 8-28 选择"大"选项及时间轴样式

* "预览"选项：选择该选项，"时间轴"面板中的帧以内容缩略图显示，如图 8-29 所示。

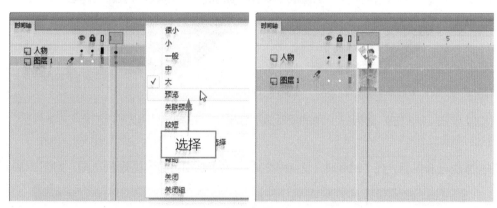

图 8-29 选择"预览"选项及时间轴样式

* "较短"选项：选择该选项，"时间轴"面板中的帧将减小帧单元格行的高度，如图 8-30 所示。

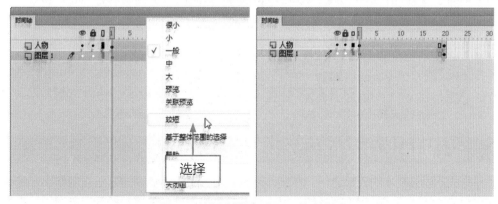

图 8-30 选择"较短"选项及时间轴样式

8.1.5 控制帧上显示预览图

在 Flash CC 工作界面中，可以在"时间轴"面板的帧对象上，显示舞台中图形的缩略图，方便用户编辑图形。下面向读者介绍设置帧上显示预览图的操作方法。

素材文件	光盘\素材\第 8 章\瓶盖 .fla
效果文件	无
视频文件	光盘\视频\第 8 章\8.1.5 控制帧上显示预览图 .mp4

【操练 + 视频】——控制帧上显示预览图

STEP 01 单击"文件"|"打开"命令，打开一个素材文件，如图 8-31 所示。

图 8-31 打开素材文件

STEP 02 单击"时间轴"面板右上角的面板属性按钮 ，在弹出的列表中选择"关联预览"选项，如图 8-32 所示。

STEP 03 执行操作后，在"时间轴"面板中的帧对象上。即可显示图形预览图，如图 8-33 所示。

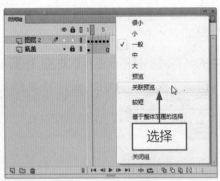

图 8-32 选择"关联预览"选项

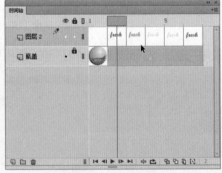

图 8-33 显示图形预览图

▶▶8.2 在时间轴中创建动画帧

帧是构成动画最基本的元素之一。在制作动画之前，了解创建帧的方法对制作出好的动画有着至关重要的作用。根据帧的不同功能，可以将帧分为普通帧、关键帧和空白关键帧。本节主要向读者介绍创建帧的各种操作方法。

◢ 8.2.1 为动画创建普通帧

在 Flash 中，普通帧通常位于关键帧的后方，是由系统经过计算自动生成的，仅作为关键帧之间的过渡，用于延长关键帧中的动画播放时间，因此无法直接对普通帧上的对象进行编辑，它在"时间轴"面板上以一个灰色方块 □ 表示。

在 Flash CC 中，为动画文件创建普通帧的方法有两种，下面分别进行介绍。

1．通过命令创建普通帧

在 Flash CC 中，可以通过"插入"菜单下的"帧"命令创建普通帧对象。

	素材文件	光盘 \ 素材 \ 第 8 章 \ 电子商务 .fla
	效果文件	光盘 \ 效果 \ 第 8 章 \ 电子商务 .fla
	视频文件	光盘 \ 视频 \ 第 8 章 \8.2.1 为动画创建普通帧（1）.mp4

【操练 + 视频】——通过命令创建普通帧

STEP 01 单击"文件"|"打开"命令，打开一个素材文件，如图 8-34 所示。

STEP 02 在"时间轴"面板中选择"图层 2"的第 22 帧，如图 8-35 所示。

图 8-34 打开一个素材文件

图 8-35 选择第 22 帧

STEP 03 在菜单栏中单击"插入"菜单，在弹出的菜单列表中单击"时间轴"|"帧"命令，如图 8-36 所示。

STEP 04 执行操作后，即可在"图层 2"的第 22 帧位置插入普通帧，如图 8-37 所示。

图 8-36 单击"帧"命令

图 8-37 插入普通帧

专家指点

在 Flash CC 工作界面中，还可以通过以下两种方法创建普通帧：

* 选择需要创建普通帧的帧位置，按【F5】键。

* 单击"插入"|"时间轴"命令，在弹出的子菜单中按【F】键，也可以插入普通帧。

2．通过选项创建普通帧

在 Flash CC 工作界面中，不仅可以通过"插入"菜单下的"帧"命令插入普通帧，还可以通过"时间轴"面板中的右键快捷菜单创建普通帧。

【操练 + 视频】——通过选项创建普通帧

STEP 01 单击"文件"|"打开"命令，打开一个素材文件，如图 8-38 所示。

STEP 02 在"时间轴"面板中选择第 25 帧，如图 8-39 所示。

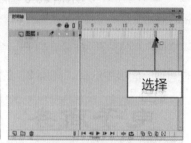

图 8-38 打开一个素材文件　　　　　图 8-39 选择第 25 帧

STEP 03 在选择的帧上单击鼠标右键，在弹出的快捷菜单中选择"插入帧"选项，如图 8-40 所示。

STEP 04 执行操作后，即可在"图层 1"的第 25 帧位置插入普通帧，如图 8-41 所示。

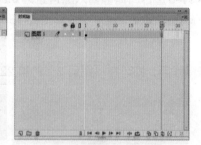

图 8-40 选择"插入帧"选项　　　　图 8-41 在图层中插入普通帧

8.2.2 为动画创建关键帧

在 Flash 中，关键帧是指在动画播放过程中表现关键性动作或关键性内容变化的帧，关键帧定义了动画的变化环节，一般的动画元素都必须在关键帧中进行编辑。在"时间轴"面板中，关键帧以一个黑色实心圆点●表示。下面向读者介绍创建关键帧的操作方法。

1．通过命令创建关键帧

在 Flash CC 中，可以通过"插入"菜单下的"关键帧"命令创建关键帧。

【操练 + 视频】——通过命令创建关键帧

STEP 01 单击"文件"|"打开"命令，打开一个素材文件，如图 8-42 所示。

STEP 02 在"时间轴"面板中选择第 26 帧，如图 8-43 所示。

图 8-42 打开素材文件

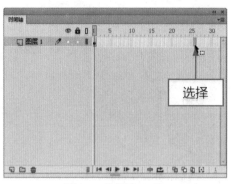

图 8-43 选择第 26 帧

STEP 03 在菜单栏中单击"插入"菜单，在弹出的菜单列表中单击"时间轴"|"关键帧"命令，如图 8-44 所示。

STEP 04 执行操作后，即可在"图层 1"的第 26 帧位置插入关键帧，如图 8-45 所示。

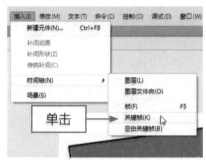

图 8-44 单击"关键帧"命令

图 8-45 在图层中插入关键帧

专家指点

　　在 Flash CC 工作界面中，还可以通过以下两种方法创建关键帧：

＊ 选择需要创建关键帧的帧位置，按【F6】键。

＊ 单击"插入"|"时间轴"命令，在弹出的子菜单中按【K】键，也可以插入关键帧。

2．通过选项创建关键帧

　　在 Flash CC 工作界面中，不仅可以通过"插入"菜单下的"关键帧"命令插入关键帧，还可以通过"时间轴"面板中的右键快捷菜单创建关键帧。

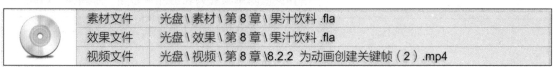

	素材文件	光盘 \ 素材 \ 第 8 章 \ 果汁饮料 .fla
	效果文件	光盘 \ 效果 \ 第 8 章 \ 果汁饮料 .fla
	视频文件	光盘 \ 视频 \ 第 8 章 \8.2.2 为动画创建关键帧（2）.mp4

STEP 01 单击"文件" | "打开"命令,打开一个素材文件,如图 8-46 所示。

STEP 02 在"时间轴"面板中选择第 24 帧,如图 8-47 所示。

图 8-46 打开素材文件　　　　　　图 8-47 选择第 24 帧

STEP 03 在选择的帧上单击鼠标右键,在弹出的快捷菜单中选择"插入关键帧"选项,如图 8-48 所示。

STEP 04 执行操作后,即可在 Layer 图层的第 24 帧位置插入关键帧,如图 8-49 所示。

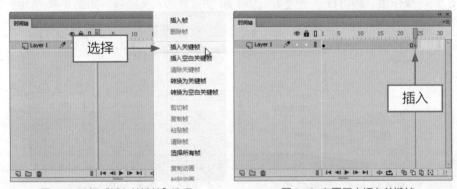

图 8-48 选择"插入关键帧"选项　　　　图 8-49 在图层中插入关键帧

　　关键帧主要用于定义动画中对象的主要变化,动画中所有需要显示的对象都必须添加到关键帧中。根据创建的动画不同,关键帧在时间轴中的显示效果也不同,下面简单介绍几种关键帧的显示效果。

　　* 灰色背景:表示在关键帧后面添加了普通帧,延长了关键帧的显示时间,如图 8-50 所示。

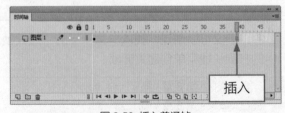

图 8-50 插入普通帧

* 浅紫色背景的黑色箭头：表示为关键帧创建了动画补间动画，如图 8-51 所示。

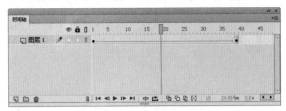

图 8-51 创建动画补间动画

* 浅绿色背景的黑色箭头：表示为关键帧创建了形状补间动画，如图 8-52 所示。

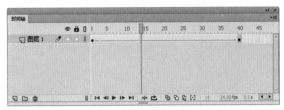

图 8-52 创建形状补间动画

* 虚线：表示不能成功创建动画，关键帧中的对象有误或图形格式不正确，如图 8-53 所示。

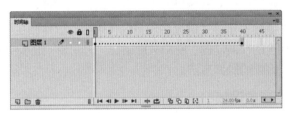

图 8-53 未创建动画

* 关键帧上有 a 符号：表示给该关键帧添加了特定的语句，如图 8-54 所示。

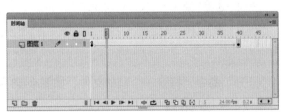

图 8-54 添加了语句的关键帧

* 关键帧上有"小红旗"图标：表示在该关键帧上设定了标签名称，如图 8-55 所示。

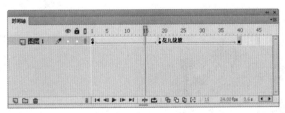

图 8-55 设定标签名称

* 关键帧上有"斜线"图标：表示在该关键帧上设定了标签注释，如图 8-56 所示。

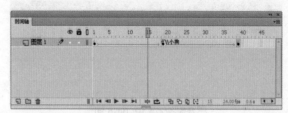

图 8-56 设定标签注释

* 关键帧上有"花朵"图标：表示在该关键帧上设定了标签锚记，如图 8-57 所示。

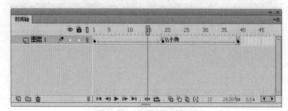

图 8-57 设定标签锚记

8.2.3 为动画创建空白关键帧

在 Flash 中，空白关键帧表示该关键帧中没有任何内容，这种帧主要用于结束前一个关键帧的内容或用于分隔两个相连的补间动画。空白关键帧在"时间轴"面板中以一个空心圆 表示。下面向读者介绍创建空白关键帧的操作方法。

1 . 通过命令创建空白关键帧

在 Flash CC 中，可以通过"插入"菜单下的"空白关键帧"命令创建空白关键帧。

素材文件	光盘 \ 素材 \ 第 8 章 \ 果汁广告 .fla
效果文件	光盘 \ 效果 \ 第 8 章 \ 果汁广告 .fla
视频文件	光盘 \ 视频 \ 第 8 章 \8.2.3 为动画创建空白关键帧（1）.mp4

【操练＋视频】——通过命令创建空白关键帧

STEP 01 单击"文件"|"打开"命令，打开一个素材文件，如图 8-58 所示。

STEP 02 在"时间轴"面板中选择第 20 帧，如图 8-59 所示。

图 8-58 打开素材文件

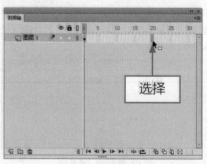

图 8-59 选择第 20 帧

STEP 03 在菜单栏中单击"插入"菜单，在弹出的菜单列表中单击"时间轴"|"空白关键帧"命令，如图 8-60 所示。

STEP 04 此刻，即可在"图层 1"的第 20 帧位置插入空白关键帧，如图 8-61 所示。

图 8-60 单击"空白关键帧"命令

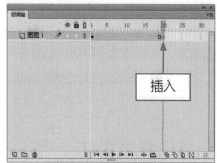

图 8-61 插入空白关键帧

专家指点

在 Flash CC 工作界面中，还可以通过以下两种方法创建空白关键帧：

* 选择需要创建空白关键帧的帧位置，按【F7】键。
* 单击"插入"|"时间轴"命令，在弹出的子菜单中按【B】键，也可以插入空白关键帧。

2．通过选项创建空白关键帧

在 Flash CC 工作界面中，不仅可以通过"插入"菜单下的"空白关键帧"命令插入空白关键帧，还可以通过"时间轴"面板中的右键快捷菜单创建空白关键帧。

在"时间轴"面板中选择第 10 帧，如图 8-62 所示。在选择的帧上单击鼠标右键，在弹出的快捷菜单中选择"插入空白关键帧"选项，如图 8-63 所示。执行操作后，即可在"图层 1"的第 10 帧位置插入空白关键帧。

图 8-62 选择第 10 帧

图 8-63 选择"插入空白关键帧"选项

▶8.3 编辑时间轴中的动画帧

在 Flash CC 中提供了强大的帧编辑功能，用户可以根据需要在"时间轴"面板中编辑各种帧。在"时间轴"面板中，可以对选择的帧进行移动、翻转、复制、转换、删除以及清除等操作。本节主要向读者介绍编辑帧的操作方法。

8.3.1 选择动画帧

在编辑帧之前，首先需要选择该帧。选择帧分为两种情况，即选择单个帧和选择多个帧。下面将向读者介绍选择帧的操作方法。

1．选择单帧或多帧

在"时间轴"面板中，将鼠标指针移至"图层 2"的第 20 帧位置，如图 8-64 所示。在该帧位置单击鼠标左键，即可选择当前帧，如图 8-65 所示。

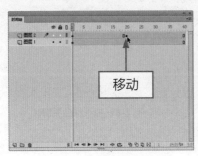

图 8-64 移动鼠标指针的位置　　　　图 8-65 选择当前帧

在"时间轴"面板中，按住【Shift】键的同时选择"图层 2"的第 3 帧，此时第 3 帧至第 20 帧之间的所有帧都将被选中，如图 8-66 所示。

在"时间轴"面板中，选择"图层 2"的第 1 帧，按住【Ctrl】键的同时再次选择第 10 帧、第 14 帧、第 17 帧、第 24 帧、第 28 帧、第 32 帧、第 35 帧，此时可以在"时间轴"面板中选择多个不连续的帧，如图 8-67 所示。

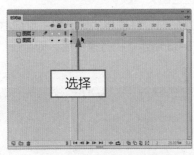

图 8-66 选择多个连续的帧　　　　图 8-67 选择多个不连续的帧

2．选择所有帧

在 Flash CC 工作界面中，还可以一次性选择"时间轴"面板中的所有帧对象。下面向读者介绍选择所有帧的操作方法。

素材文件	光盘 \ 效果 \ 第 8 章 \ 高尔夫球场 .fla
效果文件	光盘 \ 效果 \ 第 8 章 \ 高尔夫球场 .fla
视频文件	光盘 \ 视频 \ 第 8 章 \8.3.1 选择动画帧（2）.mp4

【操练＋视频】——选择所有帧

STEP 01 单击"文件"|"打开"命令，打开一个素材文件，如图 8-68 所示。

STEP 02 在"时间轴"面板中查看现有的帧对象，如图 8-69 所示。

图 8-68 打开素材文件

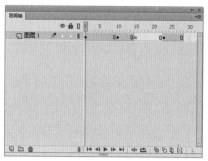

图 8-69 查看现有的帧对象

STEP 03 在菜单栏中单击"编辑"菜单，在弹出的菜单列表中单击"时间轴"|"选择所有帧"命令，如图 8-70 所示。

STEP 04 还可以在"时间轴"面板中的任意一帧上单击鼠标右键，在弹出的快捷菜单中选择"选择所有帧"选项，如图 8-71 所示。

图 8-70 单击"选择所有帧"命令

图 8-71 选择"选择所有帧"选项

STEP 05 执行操作后，即可选择"时间轴"面板中的所有帧对象，如图 8-72 所示。

STEP 06 此时，舞台中的所有素材图像均被选中，图像四周显示蓝色边框，如图 8-73 所示。

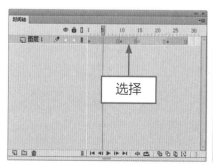

图 8-72 选择所有帧对象

图 8-73 所有素材图像均被选中

▨ 8.3.2 移动动画帧

帧在"时间轴"面板中的位置并不是一成不变的，用户可以根据需要将某一帧连同帧中的内容一起移至图层中的任意位置。

	素材文件	光盘 \ 素材 \ 第 8 章 \ 激情夏日 .fla
	效果文件	光盘 \ 效果 \ 第 8 章 \ 激情夏日 .fla
	视频文件	光盘 \ 视频 \ 第 8 章 \8.3.2 移动动画帧 .mp4

【操练 + 视频】——移动动画帧

STEP 01 单击"文件"|"打开"命令，打开一个素材文件，如图 8-74 所示。

STEP 02 在"时间轴"面板中选择需要移动的关键帧，如图 8-75 所示。

图 8-74 打开一个素材文件

图 8-75 选择需要移动的关键帧

STEP 03 在选择的关键帧上单击鼠标左键，并向右拖曳至第 10 帧的位置，如图 8-76 所示。

STEP 04 释放鼠标左键，即可移动关键帧，此时的"时间轴"面板如图 8-77 所示。

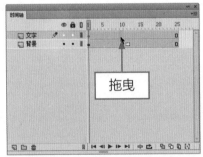

图 8-76 拖曳至第 10 帧的位置

图 8-77 移动关键帧后的"时间轴"面板

STEP 05 在舞台中可以查看移动帧后的动画效果，如图 8-78 所示。

图 8-78 查看移动帧后的动画效果

专家指点

在 Flash CC 工作界面中，不仅可以移动关键帧，还可以移动空白关键帧和普通帧，还可以跨图层移动帧对象。当"时间轴"面板中的帧对象被移动时，舞台中帧所对应的图像也同时进行了移动操作。

8.3.3 翻转动画帧

在 Flash CC 中，翻转帧的功能可以使所选定的一组帧按照顺序翻转过来，使最后 1 帧变为第 1 帧，第 1 帧变为最后 1 帧，反向播放动画。

素材文件	光盘 \ 素材 \ 第 8 章 \ 星星 .fla	
效果文件	光盘 \ 效果 \ 第 8 章 \ 星星 .fla	
视频文件	光盘 \ 视频 \ 第 8 章 \8.3.3 翻转动画帧 .mp4	

【操练 + 视频】——翻转动画帧

STEP 01 单击"文件"|"打开"命令，打开一个素材文件，如图 8-79 所示。

STEP 02 在"时间轴"面板中选择需要翻转的多个帧，如图 8-80 所示。

图 8-79 打开素材文件

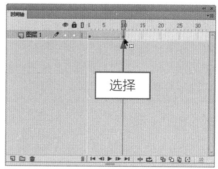

图 8-80 选择需要翻转的多个帧

STEP 03 在菜单栏中单击"修改"菜单，在弹出的菜单列表中单击"时间轴"|"翻转帧"命令，如图 8-81 所示。

STEP 04 还可以在"时间轴"面板中需要翻转的帧对象上单击鼠标右键，在弹出的快捷菜单中选择"翻转帧"选项，如图 8-82 所示。

图 8-81 单击"翻转帧"命令

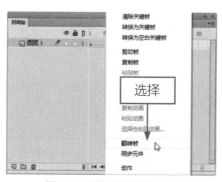

图 8-82 选择"翻转帧"选项

STEP 05 执行操作后，即可翻转帧，舞台中的效果如图 8-83 所示。

图 8-83 翻转帧效果

☑ 8.3.4 复制动画帧

在 Flash CC 中，有时需要在不同的帧上出现相同的内容，这时可以通过复制帧来满足需要。下面向读者介绍复制帧的操作方法。

	素材文件	光盘 \ 效果 \ 第 8 章 \ 美味咖啡 .fla
	效果文件	光盘 \ 效果 \ 第 8 章 \ 美味咖啡 .fla
	视频文件	光盘 \ 视频 \ 第 8 章 \8.3.4 复制动画帧 .mp4

【操练 + 视频】——复制动画帧

STEP 01 单击"文件"|"打开"命令，打开一个素材文件，如图 8-84 所示。

STEP 02 在"时间轴"面板中选择需要复制的帧，如图 8-85 所示。

图 8-84 打开素材文件

图 8-85 选择需要复制的帧对象

STEP 03 在菜单栏中单击"编辑"|"时间轴"|"复制帧"命令，如图 8-86 所示，即可复制"时间轴"面板中选择的帧对象。

STEP 04 在"时间轴"面板中选择第 20 帧，如图 8-87 所示。

图 8-86 单击"复制帧"命令　　　　　　　图 8-87 选择第 20 帧

STEP 05 在菜单栏中单击"编辑"|"时间轴"|"粘贴帧"命令，如图 8-88 所示。

STEP 06 执行操作后，即可在第 20 帧的位置，粘贴复制的帧，如图 8-89 所示。

图 8-88 单击"粘贴帧"命令　　　　　　　图 8-89 粘贴复制的帧

专家指点

在 Flash CC 工作界面中，还可以通过以下两种方法复制与粘贴帧：

* 选择需要复制的帧并单击鼠标右键，在弹出的快捷菜单中选择"复制帧"选项，如图 8-90 所示，然后定位需要粘贴帧的位置，在右键快捷菜单中选择"粘贴帧"选项，如图 8-91 所示。

图 8-90 选择"复制帧"选项　　　　　　　图 8-91 选择"粘贴帧"选项

* 选择需要复制的帧，按【Ctrl＋Alt＋C】组合键进行复制，然后定位需要粘贴帧的位置，按【Ctrl＋Alt＋V】组合键进行粘贴。

8.3.5　剪切动画帧

在 Flash CC 工作界面中,通过"剪切帧"功能可以对帧进行删除操作,或者对帧进行移动操作。下面向读者介绍剪切帧的操作方法。

素材文件	光盘 \ 素材 \ 第 8 章 \ 春暖花开 .fla
效果文件	光盘 \ 效果 \ 第 8 章 \ 春暖花开 .fla
视频文件	光盘 \ 视频 \ 第 8 章 \8.3.5 剪切动画帧 .mp4

【操练 + 视频】——剪切动画帧

`STEP 01` 单击"文件"|"打开"命令,打开一个素材文件,如图 8-92 所示。

`STEP 02` 在"时间轴"面板中,选择需要剪切的帧对象,如图 8-93 所示。

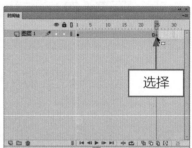

图 8-92 打开素材文件　　　　　图 8-93 选择需要剪切的帧对象

`STEP 03` 在菜单栏中单击"编辑"|"时间轴"|"剪切帧"命令,如图 8-94 所示。

`STEP 04` 还可以在时间轴中需要剪切的帧上单击鼠标右键,在弹出的快捷菜单中选择"剪切帧"选项,如图 8-95 所示。

图 8-94 单击"剪切帧"命令　　　　图 8-95 选择"剪切帧"选项

`STEP 05` 执行操作后,即可剪切"时间轴"面板中选择的帧,此时关键帧变为空白关键帧,如图 8-96 所示。

`STEP 06` 在"时间轴"面板中单击下方的"新建图层"按钮,新建"图层 2",然后选择第 10 帧,如图 8-97 所示。

`STEP 07` 在该帧上单击鼠标右键,在弹出的快捷菜单选择"粘贴帧"选项,如图 8-98 所示。

`STEP 08` 执行操作后,即可将剪切的帧粘贴到"图层 2"的第 10 帧,从而达到移动帧的目的,此时"时间轴"面板如图 8-99 所示。

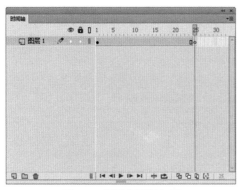

图 8-96 剪切选择的帧对象

图 8-97 选择第 10 帧

图 8-98 选择"粘贴帧"选项

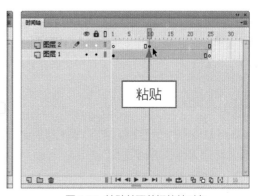

图 8-99 粘贴前面剪切的帧对象

8.3.6 删除动画帧

如果动画文档中有些无意义的帧,此时可以将其进行删除。下面向读者介绍删除帧的操作方法。

在"图层 1"中按住【Shift】键的同时选择多个需要删除的帧,如图 8-100 所示。在菜单栏中单击"编辑"|"时间轴"|"删除帧"命令,如图 8-101 所示。

图 8-100 选择多个需要删除的帧

图 8-101 单击"删除帧"命令

还可以在需要删除的帧对象上单击鼠标右键,在弹出的快捷菜单中选择"删除帧"选项,如

图 8-102 所示。执行操作后，即可删除"图层 1"中选择的帧，如图 8-103 所示。

图 8-102 选择"删除帧"选项

图 8-103 删除选择的帧

专家指点

　　在 Flash CC 工作界面中按【Shift + F5】组合键，也可以快速删除选择的帧。在"时间轴"面板中，当删除的是连续帧中的某一个或多个帧时，后面的帧会自动提前填补空位。在"时间轴"面板中，两个帧之间是不能有空缺的。如果要使两个帧之间不出现任何内容，可以使用空白关键帧。

8.3.7 清除动画帧

　　在 Flash CC 工作界面中，还可以针对关键帧进行清除操作，此时关键帧将转换为普通帧。下面向读者介绍清除关键帧的操作方法。

素材文件	光盘 \ 素材 \ 第 8 章 \ 紫色浪漫 .fla
效果文件	光盘 \ 效果 \ 第 8 章 \ 紫色浪漫 .fla
视频文件	光盘 \ 视频 \ 第 8 章 \8.3.7 清除动画帧 .mp4

【操练 + 视频】——清除动画帧

STEP 01 单击"文件"|"打开"命令，打开一个素材文件，如图 8-104 所示。

STEP 02 在"时间轴"面板中查看现有的帧对象，如图 8-105 所示。

图 8-104 打开素材文件

图 8-105 查看现有的帧对象

　　STEP 03 在"时间轴"面板中，按住【Shift】键的同时选择"图层 1"中的第 2 个关键帧与第 3个关键帧之间的所有帧，如图 8-106 所示。

　　STEP 04 在选择的帧对象上单击鼠标右键，在弹出的快捷菜单中选择"清除关键帧"选项，如

图 8-107 所示。

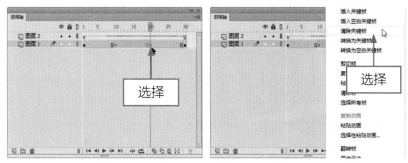

图 8-106 选择需要清除的关键帧　　　　图 8-107 选择"清除关键帧"选项

STEP 05 执行操作后，即可清除时间轴中的关键帧，此时关键帧将被转换为普通帧，如图 8-108 所示。

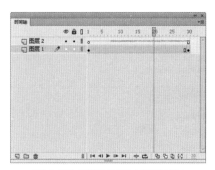

图 8-108 清除时间轴中的关键帧

专家指点

　　清除帧的操作和删除帧的操作类似，可以将不需要的帧进行清除操作，以制作出需要的动画效果。

　　在"时间轴"面板中选择需要清除的多个帧对象，在菜单栏中单击"编辑"|"时间轴"|"清除帧"命令，即可完成清除帧的操作。

　　按【Alt + Backspace】组合键，也可以清除帧对象。

8.3.8 转换为关键帧

　　在 Flash CC 工作界面中，可以将"时间轴"面板中的普通帧转换为关键帧，制作动画效果。下面向读者介绍转换为关键帧的操作方法。

	素材文件	光盘 \ 效果 \ 第 8 章 \ 数码广告 .fla
	效果文件	光盘 \ 效果 \ 第 8 章 \ 数码广告 .fla
	视频文件	光盘 \ 视频 \ 第 8 章 \8.3.8 转换为关键帧 .mp4

【操练 + 视频】——转换为关键帧

STEP 01 单击"文件"|"打开"命令，打开一个素材文件，如图 8-109 所示。

STEP 02 在"时间轴"面板中选择需要转换为关键帧的帧，如图 8-110 所示。

图 8-109 打开素材文件

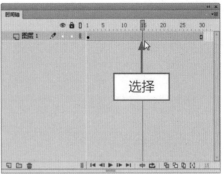

图 8-110 选择需要转换为关键帧的帧

STEP 03 在菜单栏中单击"修改"菜单，在弹出的菜单列表中单击"时间轴"|"转换为关键帧"命令，如图 8-111 所示。

STEP 04 还可以在需要转换的帧对象上单击鼠标右键，在弹出的快捷菜单中选择"转换为关键帧"选项，如图 8-112 所示。

图 8-111 单击"转换为关键帧"命令

图 8-112 选择"转换为关键帧"选项

STEP 05 执行操作后，即可将普通帧转换为关键帧，如图 8-113 所示。

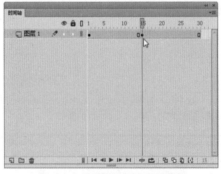

图 8-113 将普通帧转换为关键帧

专家指点

在 Flash CC 工作界面中，单击菜单栏中的"插入"|"时间轴"|"关键帧"命令，也可以将普通帧转换为关键帧对象。

8.3.9 转换为空白关键帧

在 Flash CC 中，还可以将普通帧转换为空白的关键帧，然后在空白关键帧中重新制作图形动画效果。下面向读者介绍转换为空白关键帧的操作方法。

在"时间轴"面板中选择需要转换为空白关键帧的帧对象，如图 8-114 所示。在菜单栏中单击"修改"菜单，在弹出的菜单列表中单击"时间轴"|"转换为空白关键帧"命令，如图 8-115 所示。

图 8-114 选择需要转换的帧对象　　　　图 8-115 单击"转换为空白关键帧"命令

还可以在需要转换的帧对象上单击鼠标右键，在弹出的快捷菜单中选择"转换为空白关键帧"选项，如图 8-116 所示。执行操作后，即可将普通帧转换为空白关键帧，如图 8-117 所示。

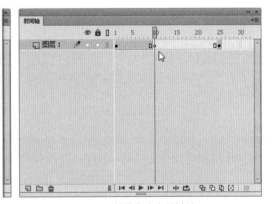

图 8-116 选择"转换为空白关键帧"选项　　　　图 8-117 转换为空白关键帧

> **专家指点**
>
> 在 Flash CC 工作界面中，单击菜单栏中的"插入"|"时间轴"|"空白关键帧"命令，也可以将普通帧转换为空白关键帧。

8.4 复制与粘贴动画帧对象

如果需要制作出一样的动画效果，此时可以对"时间轴"面板中的动画进行复制与粘贴操作，提高制作动画的效率，节约重复的工作时间。本节主要向读者介绍复制与粘贴帧动画的操作方法。

8.4.1 复制与粘贴动画帧

在 Flash CC 工作界面中，通过"复制动画"与"粘贴动画"命令可以对"时间轴"面板中的帧动画进行复制与粘贴操作。

素材文件	光盘\素材\第8章\蝴蝶眼镜.fla	
效果文件	光盘\效果\第8章\蝴蝶眼镜.fla	
视频文件	光盘\视频\第8章\8.4.1 复制与粘贴动画帧.mp4	

【操练 + 视频】——复制与粘贴动画帧

STEP 01 单击"文件"|"打开"命令，打开一个素材文件，如图8-118所示。

图 8-118 打开素材文件

STEP 02 在"时间轴"面板中选择需要复制的动画帧，如图8-119所示。

STEP 03 在菜单栏中单击"编辑"|"时间轴"|"复制动画"命令，如图8-120所示。

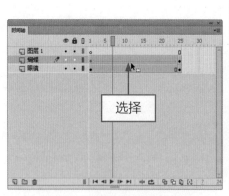

图 8-119 选择需要复制的动画帧

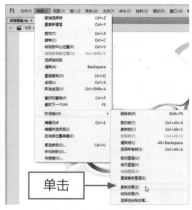

图 8-120 单击"复制动画"命令

STEP 04 复制动画后，在"眼镜"图层中选择需要粘贴动画的帧位置，如图8-121所示。

STEP 05 在菜单栏中单击"编辑"|"时间轴"|"粘贴动画"命令，如图8-122所示。

STEP 06 执行操作后，即可对复制的动画进行粘贴操作，如图8-123所示。

STEP 07 在舞台中可以查看粘贴动画后的图形效果，如图8-124所示。

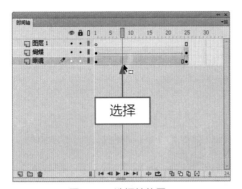

图 8-121 选择帧位置

图 8-122 单击"粘贴动画"命令

图 8-123 将复制的动画进行粘贴操作

图 8-124 查看粘贴动画后的图形效果

专家指点

在"时间轴"面板中选择需要复制的动画后单击鼠标右键，在弹出的快捷菜单中选择"复制动画"选项，如图 8-125 所示，也可以复制动画文件；然后将鼠标指针定位至需要粘贴帧动画的位置后单击鼠标右键，在弹出的快捷菜单中选择"粘贴动画"选项，如图 8-126 所示，也可以快速粘贴动画文件。

图 8-125 选择"复制动画"选项　　　　图 8-126 选择"粘贴动画"选项

8.4.2 选择性粘贴动画帧

在 Flash CC 工作界面中，通过"选择性粘贴动画"命令可以对"时间轴"面板中复制的帧动画文件进行选择性粘贴操作。下面向读者介绍选择性粘贴帧动画的操作方法。

素材文件	光盘 \ 效果 \ 第 8 章 \ 妇女节快乐 .fla
效果文件	光盘 \ 效果 \ 第 8 章 \ 妇女节快乐 .fla
视频文件	光盘 \ 视频 \ 第 8 章 \8.4.2 选择性粘贴动画帧 .mp4

【操练 + 视频】——选择性粘贴动画帧

STEP 01 单击"文件"|"打开"命令，打开一个素材文件，如图 8-127 所示。

图 8-127 打开素材文件

STEP 02 在"时间轴"面板中选择需要复制的动画帧，如图 8-128 所示。

STEP 03 在帧上单击鼠标右键，在弹出的快捷菜单中选择"复制动画"选项，如图 8-129 所示。

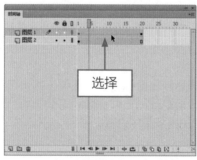

图 8-128 选择需要复制的动画帧 　　图 8-129 选择"复制动画"选项

STEP 04 执行操作后，即可复制选择的动画帧，然后在"时间轴"面板的"图层 2"中选择需要粘贴动画帧的帧位置，如图 8-130 所示。

STEP 05 在菜单栏中单击"编辑"|"时间轴"|"选择性粘贴动画"命令，如图 8-131 所示。

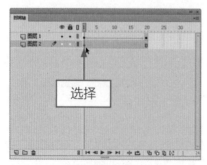

图 8-130 选择需要粘贴动画帧的帧位置 　　图 8-131 单击"选择性粘贴动画"命令

STEP 06 执行操作后，弹出"粘贴特殊动作"对话框，如图 8-132 所示。

STEP 07 在该对话框中，根据动画制作的需要取消选择相应的复选框，如图 8-133 所示。

图 8-132 "粘贴特殊动作"对话框　　　　图 8-133 取消选择相应复选框

STEP 08 单击"确定"按钮，即可在"时间轴"面板的"图层 2"中通过"选择性粘贴动画"命令对动画帧进行粘贴操作，如图 8-134 所示。

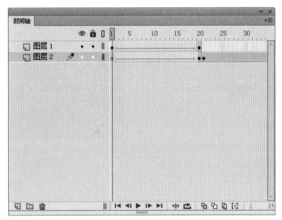

图 8-134 对动画帧进行粘贴操作

CHAPTER

让动画制作更高效：
元件、实例和库

9

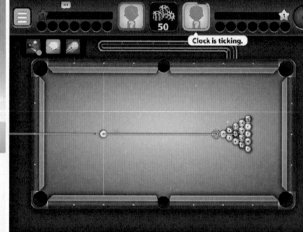

章前知识导读

    在创建和编辑 Flash 动画时，时刻都离不开元件、实例和库，它们在 Flash 动画的制作过程中发挥着重要的作用。本章主要向读者介绍创建与转换元件、管理与编辑实例、应用与管理库项目的操作方法。

新手重点索引

    创建与转换动画元件   创建与编辑实例

    管理与编辑动画元件   应用与管理库项目

▶ 9.1 创建与转换动画元件

元件在制作 Flash 动画的过程中是不必可少的元素，它可以反复使用，因而不必重复制作相同的部分，以提高工作效率。本节主要向读者介绍创建与转换各种元件的操作方法。

9.1.1 了解图形元件

元件是被命名后放置在库中存储的对象，可以转换为元件的对象包括图片、文字、声音和视频等。相对于直接使用对象本身，元件只要创建一次，便可以重复使用。一个元件的多个实例只占用一个元件空间，可以减小文件的大小。并且元件只需下载一次即可，使用元件可以加快 Flash 文件的播放速度。

使用元件也可以简化影片的编辑，当修改了某个元件后，使用此元件的其他对象便随之更新，避免了逐一更改的麻烦。元件有 3 种类型：影片剪辑元件、按钮元件和图形元件，如图 9-1 所示。

图 9-1 元件类型

* 影片剪辑元件 ：影片剪辑元件拥有自己的时间轴，它可以独立于主时间轴播放。运用它可以创建重复使用的动画片段，其本身就是一个小动画，可以将影片剪辑看做主影片内的小影片。

> **专家指点**
>
> 影片剪辑可以包含脚本、控件和声音等，并且可以嵌套其他元件，也可以被其他元件嵌套，还可以将影片剪辑实例放在按钮元件的时间轴内，以创建动画按钮。由于影片剪辑是独立的动画片段，所以嵌入式使用影片剪辑的主时间轴只表现为一帧。

* 按钮元件 ：使用按钮元件可以在影片中创建交互式按钮，通过事件触发它的动作。按钮元件有自己的时间轴，但被限定为 4 帧，或者说是按钮的 4 种状态，即"弹起"、"指针经过"、"按下"和"单击"。在每种状态下，都可以包含其他元件或声音等。除了最后一个状态外，其他 3 个状态中所包含的内容在影片播放时都可见或可听到，最后一种状态是确定激发按钮的范围。当创建按钮后，就可以给按钮的实例分配动作。

* 图形元件 ：图形元件主要用来制作动画中的静态图形。它没有独立可用的时间轴，也就是说放在图形元件中的动画、声音和脚本将被忽略。矢量图形在被导入到库中后，直接被转换为图形元件。图形元件很适用于静态图像的重复使用，或创建与主时间轴关联的动画。与影片剪辑或按钮元件不同，用户不能为图形元件提供实例名称，也不能在动作脚本中引用图形元件。

9.1.2 创建图形元件

在启动 Flash 时，系统会自动创建一个附属于动画文件的元件库。当创建新的元件时，系统会自动将所创建的元件添加到库中。除此之外，还可以使用系统提供的元件，以及附属于其他动画的元件。每个元件都有自己的舞台、时间轴和图层，可以像创建和编辑矢量图形一样创建和编辑所有元件。

在菜单栏中单击"插入"|"新建元件"命令，如图9-2所示。执行操作后，弹出"创建新元件"对话框，在"名称"文本框中输入"美食"，单击"类型"右侧的下拉按钮，在弹出的列表中选择"图形"选项，如图9-3所示，单击"确定"按钮，即可创建一个新的图形元件。

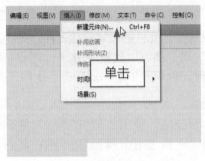
图 9-2 单击"新建元件"命令

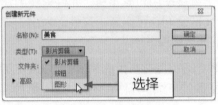
图 9-3 选择"图形"选项

9.1.3 创建影片剪辑元件

如果某一个动画片段在多个地方使用，这时可以把该动画片段制作成影片剪辑元件。和创建图形元件一样，在创建影片剪辑时可以创建一个新的影片剪辑，也就是直接创建一个空白的影片剪辑，然后在影片剪辑编辑区中对影片剪辑进行编辑。

素材文件	光盘 \ 素材 \ 第 9 章 \ 圣诞雪人 .fla
效果文件	光盘 \ 效果 \ 第 9 章 \ 圣诞雪人 .fla
视频文件	光盘 \ 视频 \ 第 9 章 \9.1.3 创建影片剪辑元件 .mp4

【操练 + 视频】——创建影片剪辑元件

STEP 01 单击"文件"|"打开"命令，打开一个素材文件，如图 9-4 所示。

STEP 02 单击"库"面板右上角的面板菜单按钮，在弹出的列表中选择"新建元件"选项，如图 9-5 所示。

图 9-4 打开素材文件

图 9-5 选择"新建元件"选项

STEP 03 执行操作后，弹出"创建新元件"对话框，在其中设置"名称"为"文字动画"，如图 9-6 所示。

STEP 04 单击"类型"右侧的下拉按钮，在弹出的列表中选择"影片剪辑"选项，如图9-7所示。

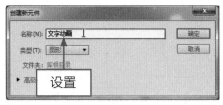

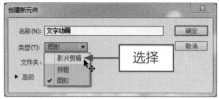

图9-6 设置名称　　　　　　　　　　图9-7 选择"影片剪辑"选项

STEP 05 单击"确定"按钮，进入影片剪辑元件编辑模式，舞台区上方显示影片剪辑元件的名称，如图9-8所示。

STEP 06 在"库"面板中选择"文字"图形元件，如图9-9所示。

图9-8 进入影片剪辑元件编辑模式　　　图9-9 选择"文字"图形元件

STEP 07 将"库"面板中选择的元件拖曳至影片剪辑元件的舞台编辑区中，如图9-10所示。

STEP 08 选择"图层1"的第20帧并单击鼠标右键，在弹出的快捷菜单中选择"插入关键帧"选项，如图9-11所示。

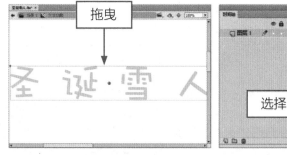

图9-10 拖曳至舞台编辑区中　　　　图9-11 选择"插入关键帧"选项

STEP 09 执行操作后，即可在"图层1"的第20帧位置插入关键帧，如图9-12所示。

STEP 10 在"时间轴"面板中选择"图层1"的第1帧，在舞台中适当调整元件的大小和位置，如图9-13所示。

图 9-12 插入关键帧

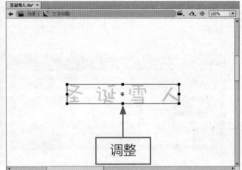

图 9-13 调整元件的大小和位置

STEP 11 在"图层 1"的第 1 帧至第 20 帧中的任意一帧上，单击鼠标右键，在弹出的快捷菜单中选择"创建传统补间"选项，如图 9-14 所示。

STEP 12 执行操作后，即可创建传统补间动画，如图 9-15 所示。

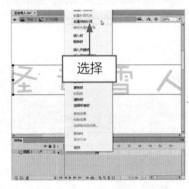

图 9-14 选择"创建传统补间"选项

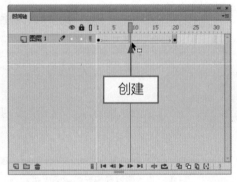

图 9-15 创建传统补间动画

STEP 13 单击"场景 1"超链接，在"库"面板中选择"文字动画"影片剪辑元件，如图 9-16 所示。

STEP 14 单击鼠标左键并将其拖曳至舞台中，调整影片剪辑元件至合适的位置，如图 9-17 所示。

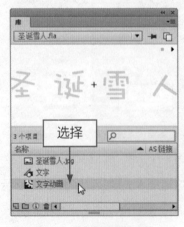

图 9-16 选择影片剪辑元件

图 9-17 调整元件至合适位置

STEP 15 单击"控制"|"测试"命令，测试创建的影片剪辑动画，效果如图 9-18 所示。

图 9-18 测试影片剪辑动画

专家指点

　　影片剪辑元件是在主影片中嵌入的影片，可以为影片剪辑添加动画、动作、声音、其他元件以及其他影片剪辑。

9.1.4 创建按钮元件

　　使用按钮元件可以创建响应鼠标单击、滑过或其他动作的交互式按钮，按钮实际上是 4 帧的交互影片剪辑。当为元件选择按钮行为时，Flash 会创建一个 4 帧的时间轴：前 3 帧显示按钮的 3 种可能状态；第 4 帧定义按钮的活动区域。时间轴实际上并不播放，它只是对指针运动和动作作出反应，跳到相应的帧。

素材文件	光盘 \ 素材 \ 第 9 章 \ 桌球游戏 .fla
效果文件	光盘 \ 效果 \ 第 9 章 \ 桌球游戏 .fla
视频文件	光盘 \ 视频 \ 第 9 章 \9.1.4 创建按钮元件 .mp4

【操练 + 视频】——创建按钮元件

　　STEP 01 单击"文件"|"打开"命令，打开一个动画文档，如图 9-19 所示。

　　STEP 02 单击"插入"|"新建元件"命令，弹出"创建新元件"对话框，在其中设置按钮名称，并设置"类型"为"按钮"，单击"确定"按钮，即可进入按钮元件编辑模式。在"时间轴"面板中可以查看图层中的 4 帧，如图 9-20 所示。

图 9-19 打开动画文档　　　　　　　图 9-20 按钮元件编辑模式

STEP 03 在"库"面板中选择"元件1"图形元件，将选择的"元件1"图形元件拖曳至编辑区中，如图9-21所示。

STEP 04 选择"图层1"中的"指针经过"帧，按【F7】键，插入空白关键帧，如图9-22所示。

图9-21 拖曳至编辑区中

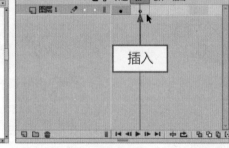

图9-22 插入空白关键帧

STEP 05 在"库"面板中，将"元件2"图形元件拖曳至编辑区合适位置，如图9-23所示。

STEP 06 选择"图层1"中的"按下"帧，按【F7】键，插入空白关键帧，如图9-24所示。

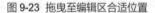

图9-23 拖曳至编辑区合适位置

图9-24 插入空白关键帧

STEP 07 在"库"面板中，将"元件3"元件拖曳至编辑区合适位置，如图9-25所示。

STEP 08 选择"图层1"中的"点击"帧，单击"插入"|"时间轴"|"帧"命令，在"图层1"的"点击"帧中插入普通帧，如图9-26所示，即可完成按钮元件的创建。

图9-25 拖曳至编辑区合适位置

图9-26 插入普通帧

STEP 09 当创建好按钮元件后，就可以将其应用到舞台中。在"库"面板中选择创建的按钮元件，单击鼠标左键并将其拖曳至舞台中的合适位置，即可使用按钮元件。按【Ctrl + Enter】组合键，测试使用的按钮元件，效果如图 9-27 所示。

图 9-27 测试使用的按钮元件

专家指点

按钮元件在时间轴上的每一帧都有一个特定的功能。其中：

* 第 1 帧是弹起状态，代表指针没有经过按钮时该按钮的状态。
* 第 2 帧是指针经过状态，代表指针滑过按钮时该按钮的外观。
* 第 3 帧是按下状态，代表单击按钮时该按钮的外观。
* 第 4 帧是点击状态，定义响应鼠标单击的物理区域。只要在 Flash Player 中播放 SWF 文件，此区域便不可见。

9.1.5 转换为影片剪辑元件

如果在舞台中创建了一个动画序列，并想在影片的其他位置重复使用这个序列，或将其作为一个实例来使用，可以将其转换为影片剪辑元件。下面向读者介绍转换为影片剪辑元件的操作方法。

在"时间轴"面板中复制相应的动画帧，单击"修改"菜单，在弹出的菜单列表中单击"转换为元件"命令，弹出"转换为元件"对话框，在其中设置元件的名称，单击"类型"右侧的下拉按钮，在弹出的列表中选择"影片剪辑"选项，如图 9-28 所示，单击"确定"按钮，即可转换为影片剪辑元件。

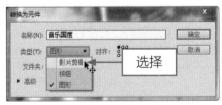

图 9-28 选择"影片剪辑"选项

▶▶ 9.2 管理与编辑动画元件

在 Flash CC 中创建元件后，就需要对元件进行管理和编辑操作，如删除元件、复制元件，以及在不同的模式下编辑元件等。本节主要向读者介绍管理与编辑动画元件的操作方法，希望读者熟练掌握。

9.2.1 复制与删除动画图形元件

一般情况下，将一个元件应用到场景中时，在场景时间轴上只需一个关键帧就可以将元件的所有内容都包括进来，如按钮元件实例、动画片段实例及静态图片等。创建元件之后，在"库"面板中可以直接复制或删除元件。

在"库"面板中需要复制的元件上单击鼠标右键，在弹出的快捷菜单中选择"复制"选项，如图 9-29 所示，即可复制元件；在弹出的快捷菜单中选择"删除"选项，如图 9-30 所示，即可删除元件。

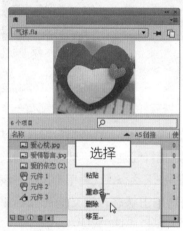

图 9-29 选择"复制"选项　　　　图 9-30 选择"删除"选项

9.2.2 在当前位置编辑元件

在舞台上直接编辑元件，舞台上的其他对象将以灰度显示，表示与当前元件的区别，如图 9-31 所示。被编辑元件的名称将显示在舞台顶端的标题栏中，位于当前场景名称的右侧。

图 9-31 直接编辑元件

双击舞台上的元件实例，或在舞台上的元件实例上单击鼠标右键，在弹出的快捷菜单中选择"在当前位置编辑"选项，根据需要编辑元件。编辑完成后要退出当前编辑模式，可单击位于舞台顶端标题栏左侧的"后退"按钮🔙，或单击场景名称即可。

9.2.3 在新窗口中编辑元件

在舞台上的元件实例上单击鼠标右键，在弹出的快捷菜单中选择"在新窗口中编辑"选项，如图9-32所示。用户根据需要编辑元件后，要退出新窗口返回场景工作区时，可单击右上角的"关闭"按钮 ，或单击"编辑"|"编辑文档"命令。

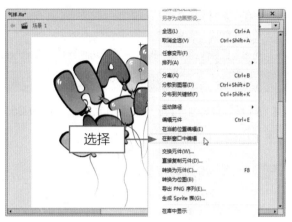

图9-32 选择"在新窗口中编辑"选项

9.2.4 在元件编辑模式下编辑元件

单击"窗口"|"库"命令，展开"库"面板，双击"名称"列表框中相应元件前面的图标 ，如图9-33所示，即可在编辑元件窗口中打开该元件，如图9-34所示。单击位于舞台顶端标题栏左侧的"后退"按钮 ，即可退出编辑元件窗口，返回场景工作区。

图9-33 双击相应元件前面的图标

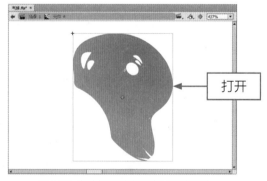

图9-34 在编辑元件窗口中打开该元件

9.3 创建与编辑实例

创建一个元件后，该元件并不能直接应用到舞台中。若要将元件应用到舞台中，就需要创建该元件的实例对象。创建实例就是将元件从"库"面板中拖曳至舞台，实例就是元件在舞台中的具体表现，还可以对创建的实例进行修改。本节主要向读者介绍创建与编辑实例的操作方法。

9.3.1 创建动画元件的实例

当创建好元件后，就可以在舞台中应用该元件的实例。元件只有一个，但是通过该元件可以创建多个实例。使用实例并不会明显地增加文件的大小，但可以有效地减少影片的创建时间，方便影片的编辑与修改。

素材文件	光盘 \ 素材 \ 第 9 章 \ 乐园 .fla
效果文件	光盘 \ 效果 \ 第 9 章 \ 乐园 .fla
视频文件	光盘 \ 视频 \ 第 9 章 \9.3.1 创建动画元件的实例 .mp4

【操练＋视频】——创建动画元件的实例

STEP 01 单击"文件"|"打开"命令，打开一个素材文件，如图 9-35 所示。

STEP 02 在菜单栏中单击"窗口"|"库"命令，如图 9-36 所示。

图 9-35 打开素材文件　　　　　　图 9-36 单击"库"命令

STEP 03 打开"库"面板，在其中选择需要使用的元件，如图 9-37 所示。

STEP 04 单击鼠标左键并拖曳至舞台中的合适位置，即可创建实例，如图 9-38 所示。

图 9-37 选择需要使用的元件

图 9-38 创建元件的实例

STEP 05 此时，在"库"面板中"元件 1"的右侧显示"使用次数"为 1，如图 9-39 所示，表示该元件在舞台中只使用了 1 次。

图 9-39 显示"使用次数"为 1

9.3.2 分离动画元件的实例

实例不能像图形或文字那样改变填充颜色，但将实例分离后就会切断与其他元件的关联，将其转变为形状，这时就可以彻底地修改实例，并且不影响元件本身和该元件的其他实例。下面向读者详细介绍分离实例的操作方法。

素材文件	光盘 \ 素材 \ 第 9 章 \ 海豚 .fla
效果文件	光盘 \ 效果 \ 第 9 章 \ 海豚 .fla
视频文件	光盘 \ 视频 \ 第 9 章 \9.3.2 分离动画元件的实例 .mp4

【操练＋视频】——分离动画元件的实例

STEP 01 单击"文件"|"打开"命令，打开一个素材文件，如图 9-40 所示。

STEP 02 在舞台中运用选择工具选择需要分离的实例，如图 9-41 所示。

图 9-40 打开素材文件

图 9-41 选择需要分离的实例

STEP 03 在"库"面板中可以查看该元件在舞台区中所使用的实例次数为 3 次，如图 9-42 所示。

STEP 04 在菜单栏中单击"修改"|"分离"命令，如图 9-43 所示。

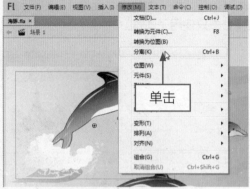

图 9-42 查看元件的使用次数　　　　图 9-43 单击"分离"命令

STEP 05 执行操作后，即可将实例分离为多个对象，如图 **9-44** 所示。

STEP 06 选择舞台中被分离的水花图形单击鼠标右键，在弹出的快捷菜单中选择"剪切"选项，如图 **9-45** 所示。

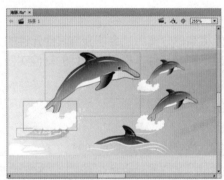

图 9-44 将实例分离为多个对象　　　　图 9-45 选择"剪切"选项

STEP 07 此时，舞台中的水花图形被剪切，只留下了海豚图形，如图 **9-46** 所示。

STEP 08 在"库"面板中可以看到"使用次数"变为 **2** 次，如图 **9-47** 所示，被分离的实例将不再属于元件。

图 9-46 剪切图形效果　　　　图 9-47 "使用次数"变为 2 次

9.3.3 改变动画实例的类型

在舞台上创建实例后，该实例最初的属性都继承了其链接的元素类型。在某些情况下，需要改变实例的类型来重新定义它在 Flash 应用程序中的行为。例如，如果一个图形实例包含用户想要独立于主时间轴播放的动画，可以将该图形实例重新定义为影片剪辑实例。

选取工具箱中的选择工具 ⤵，选择需要修改的实例，如图 9-48 所示。在"属性"面板上单击"实例行为"按钮 ，在弹出的列表中选择"影片剪辑"选项，如图 9-49 所示，即可改变实例的类型。

图 9-48 选择需要修改的实例

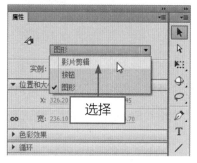

图 9-49 选择"影片剪辑"选项

9.3.4 改变动画实例的颜色

元件的每个实例都可以有自己的颜色效果，用户可以根据需要为实例设置相应的颜色属性。下面向读者详细介绍改变实例颜色的操作方法。

	素材文件	光盘 \ 素材 \ 第 9 章 \ 情人节快乐 .fla
	效果文件	光盘 \ 效果 \ 第 9 章 \ 情人节快乐 .fla
	视频文件	光盘 \ 视频 \ 第 9 章 \9.3.4 改变动画实例的颜色 .mp4

◤ 【操练＋视频】——改变动画实例的颜色

STEP|01 单击"文件"|"打开"命令，打开一个素材文件，如图 9-50 所示。

STEP|02 在舞台中运用选择工具选择需要更改颜色的实例，如图 9-51 所示。

图 9-50 打开素材文件　　　　　　图 9-51 选择需要更改颜色的实例

STEP|03 在"属性"面板的"色彩效果"选项区中单击"样式"右侧的下拉按钮，在弹出的列表中选择"色调"选项，如图 9-52 所示。

STEP 04 在"色彩效果"选项区的下方设置相应的颜色参数，如图 9-53 所示。

图 9-52 选择"色调"选项　　　　　图 9-53 设置颜色参数

STEP 05 执行操作后，即可更改舞台中实例的颜色，如图 9-54 所示。

STEP 06 按【Ctrl + Enter】组合键，测试更改颜色后的图形动画效果，如图 9-55 所示。

图 9-54 更改舞台中实例的颜色　　　　图 9-55 测试图形动画效果

9.3.5 改变动画实例的亮度

在 Flash CC 中，不仅可以更改舞台中实例的颜色，还可以更改实例的明亮程度。下面向读者详细介绍改变实例亮度的操作方法。

在舞台中运用选择工具选择需要更改亮度的实例，如图 9-56 所示。在"属性"面板的"色彩效果"选项区中单击"样式"右侧的下拉按钮，在弹出的列表中选择"亮度"选项，如图 9-57 所示。

图 9-56 选择需要更改亮度的实例　　　图 9-57 选择"亮度"选项

在"色彩效果"选项区的下方设置"亮度"参数为 -29，如图 9-58 所示。执行操作后，即可更改舞台中实例的亮度，效果如图 9-59 所示。

图 9-58 设置"亮度"参数

图 9-59 更改舞台中实例的亮度

9.3.6 改变动画实例高级色调

在 Flash CC 工作界面中，用户可以根据需要改变动画实例的色调，使制作的元件更加符合自己的要求。下面向读者详细介绍改变实例色调的操作方法。

	素材文件	光盘 \ 素材 \ 第 9 章 \ 包包头 .fla
	效果文件	光盘 \ 效果 \ 第 9 章 \ 包包头 .fla
	视频文件	光盘 \ 视频 \ 第 9 章 \9.3.6 改变动画实例高级色调 .mp4

【操练 + 视频】——改变动画实例高级色调

STEP 01 单击"文件"|"打开"命令，打开一个素材文件，如图 9-60 所示。

STEP 02 在舞台中运用选择工具选择需要更改高级色调的实例，如图 9-61 所示。

图 9-60 打开素材文件

图 9-61 选择需要更改色调的实例

STEP 03 在"属性"面板的"色彩效果"选项区中单击"样式"右侧的下三拉按钮，在弹出的列表中选择"高级"选项，如图 9-62 所示。

STEP 04 在"色彩效果"选项区的下方设置高级色调的相关参数，如图 9-63 所示。

图 9-62 选择"高级"选项　　　图 9-63 设置高级色调参数

STEP 05 执行操作后，即可更改舞台中实例的色调，如图 9-64 所示。

STEP 06 采用同样的方法，还可以更改实例的其他色调，效果如图 9-65 所示。

图 9-64 更改舞台中实例的色调　　　图 9-65 更改实例的其他色调

9.3.7 改变动画实例的透明度

在 Flash CC 工作界面中，可以根据需要更改实例的透明度。下面向读者介绍改变实例透明度的操作方法。

	素材文件	光盘 \ 素材 \ 第 9 章 \ 女孩头像 .fla
	效果文件	光盘 \ 效果 \ 第 9 章 \ 女孩头像 .fla
	视频文件	光盘 \ 视频 \ 第 9 章 \9.3.7 改变动画实例的透明度 .mp4

【操练 + 视频】——改变动画实例的透明度

STEP 01 单击"文件"|"打开"命令，打开一个素材文件，如图 9-66 所示。

STEP 02 在舞台中运用选择工具选择需要更改透明度的实例，如图 9-67 所示。

STEP 03 在"属性"面板的"色彩效果"选项区中单击"样式"右侧的下拉按钮，在弹出的列表中选择 Alpha 选项，如图 9-68 所示。

STEP 04 在"色彩效果"选项区的下方拖曳 Alpha 参数值右侧的滑块，或者直接在后面的数值框中输入 63，如图 9-69 所示。

图 9-66 打开素材文件

图 9-67 选择需要更改透明度的实例

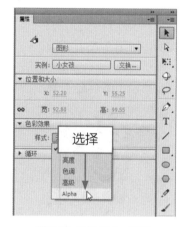

图 9-68 选择 Alpha 选项

图 9-69 设置 Alpha 参数值为 63

STEP 05 执行操作后，即可更改舞台中实例的透明度，效果如图 9-70 所示。

STEP 06 采用同样的方法，还可以更改实例的其他透明度参数，效果如图 9-71 所示。

图 9-70 更改舞台中实例的透明度

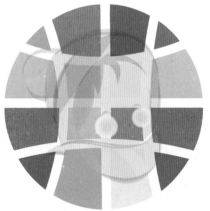

图 9-71 更改实例的其他透明度

专家指点

在 Flash CC 中，设置 Alpha 值即设置透明度。当设置其值为 0% 时，所选元件实例为透明；当设置其值为 100% 时，所选元件实例则为不透明。

9.3.8 为动画实例交换元件

当在舞台中创建元件的实例对象后，还可以为实例指定其他的元件，使舞台上的实例变成另一个实例，但原来的实例属性不会改变。下面向读者介绍为实例交换元件的操作方法。

素材文件	光盘\素材\第 9 章\可爱小丑 .fla
效果文件	光盘\效果\第 9 章\可爱小丑 .fla
视频文件	光盘\视频\第 9 章\9.3.8 为动画实例交换元件 .mp4

【操练 + 视频】——为动画实例交换元件

STEP 01 单击"文件"|"打开"命令，打开一个素材文件，如图 9-72 所示。

STEP 02 在舞台中运用选择工具选择需要交换的实例，如图 9-73 所示。

图 9-72 打开素材文件　　　图 9-73 选择需要交换的实例

STEP 03 单击"实例：小丑 1"列表框右侧的"交换"按钮，如图 9-74 所示。

STEP 04 执行操作后，弹出"交换元件"对话框，在其中可以查看目前舞台中的元件对象，如图 9-75 所示。

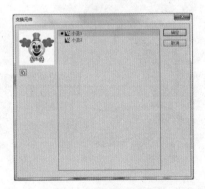

图 9-74 单击"交换"按钮　　　图 9-75 "交换元件"对话框

STEP 05 在该对话框中间的列表框中选择需要交换后的实例，这里选择"小丑2"选项，如图9-76所示。

STEP 06 单击"确定"按钮，即可在舞台中为实例交换元件，图形效果如图9-77所示。

图 9-76 选择"小丑 2"选项

图 9-77 在舞台中为实例交换元件

专家指点

在 Flash CC 中，还可以通过以下两种方法交换元件。

＊ 选择需要交换的实例，单击"修改"菜单，在弹出的菜单列表中单击"元件"|"交换元件"命令，如图 9-78 所示，可以交换元件对象。

＊ 选择需要交换的实例后单击鼠标右键，在弹出的快捷菜单中选择"交换元件"选项，如图 9-79 所示，也可以交换元件对象。

图 9-78 单击"交换元件"命令　　　　图 9-79 选择"交换元件"选项

▶▶ 9.4 应用与管理库项目

在 Flash CC 工作界面中，"库"面板是 Flash 影片中所有可以重复使用元素的存储仓库，各种元件都放在"库"面板中，用户可以对各种可重复使用的资源进行合理的管理和分类，从而方便在编辑影片时使用这些资源。本节主要向读者介绍应用与管理库项目的方法。

9.4.1 创建库中的动画元件

在 Flash CC 中，应用到的素材和对象都会存储于"库"面板中，也可以根据需要在"库"面板中创建库元件。下面向读者介绍创建库元件的操作方法。

在菜单栏中单击"窗口"菜单，在弹出的菜单列表中单击"库"命令，如图 9-80 所示，即可打开"库"面板，在面板底部单击"新建元件"按钮，如图 9-81 所示。

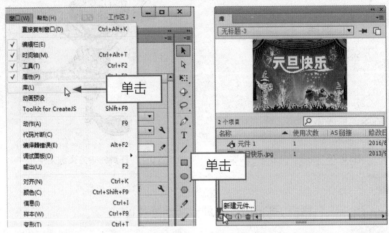

图 9-80 单击"库"命令　　　　　　　图 9-81 单击"新建元件"按钮

执行操作后，即可弹出"创建新元件"对话框，在其中设置新元件的名称与类型，如图 9-82 所示。单击"确定"按钮，此时在"库"面板中可以查看已经创建好的图形元件，如图 9-83 所示。

图 9-82 设置新元件的名称与类型　　　　图 9-83 查看已经创建好的图形元件

> **专家指点**
>
> 在 Flash CC 中，"库"面板中的文件除了 Flash 影片的 3 种元件类型，还包含其他的素材文件。一个复杂的 Flash 影片中还会使用到一些位图、声音、视频以及文字字形等素材文件，每种元件都会被作为独立的对象存储在元件库中，并且以对应的元件符号显示其文件类型。

9.4.2 查看库中的动画元件

在 Flash CC 工作界面中，可以根据需要查看"库"面板中的素材元素或元件。只需在图形元件的名称上单击鼠标左键，即可在面板的上方预览图形元件的画面，如图 9-84 所示。

图 9-84 在面板上方预览图形元件的画面

专家指点

"库"面板的名称列表框中包含了库中所有项目的名称，用户可以在工作时查看并组织这些项目，"库"面板中项目名称旁边的图标指明了该项目的文件类型。在 Flash 工作时，可以打开任意的 Flash 文档的库，并且能够将该文档的库项目应用于当前文档。

9.4.3 转换库中的动画元件类型

在 Flash 影片动画的制作过程中，可以随时将库中的元件类型转换为需要的类型，例如，将图形元件转换成影片剪辑元件，使之具有影片剪辑元件的属性。

素材文件	光盘 \ 素材 \ 第 9 章 \ 可爱的小鸡 .fla	
效果文件	光盘 \ 效果 \ 第 9 章 \ 可爱的小鸡 .fla	
视频文件	光盘 \ 视频 \ 第 9 章 \9.4.3 转换库中的动画元件类型 .mp4	

【操练 + 视频】——转换库中的动画元件类型

STEP|01 单击"文件"|"打开"命令，打开一个素材文件，如图 9-85 所示。

STEP|02 在"库"面板中选择需要转换类型的图形元件，如图 9-86 所示。

STEP|03 在选择的图形元件上单击鼠标右键，在弹出的快捷菜单中选择"属性"选项，如图 9-87 所示。

STEP|04 还可以单击"库"面板右上角的面板属性按钮 ，在弹出的列表中选择"属性"选项，如图 9-88 所示。

STEP|05 执行操作后，弹出"元件属性"对话框，单击"类型"右侧的下拉按钮，在弹出的列表中选择"影片剪辑"选项，如图 9-89 所示。

图 9-85 打开素材文件

图 9-86 选择图形元件

STEP 06 单击"确定"按钮，即可将"库"面板中的图形元件更改为影片剪辑元件，如图 9-90 所示，完成元件的转换操作。

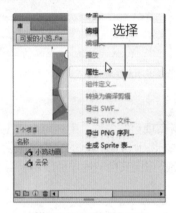

图 9-87 选择"属性"选项

图 9-88 选择"属性"选项

图 9-89 选择"影片剪辑"选项

图 9-90 更改为影片剪辑元件

9.4.4 搜索库中的动画元件

一个 Flash 文件中一般会有多个元件，为了方便操作，可以运用 Flash 中的搜索功能快速定位到需要编辑的库元件上。下面向读者介绍搜索库元件的操作方法。

在"库"面板中单击"搜索"文本框，使其激活，如图 9-91 所示。输入"跑步"文本，系统会自动搜索到"跑步"元件。单击"跑步"图像元件，即可预览搜索到的图像元件，效果如图 9-92 所示。

图 9-91 激活"搜索"文本框　　　　　　图 9-92 预览搜索到的图像元件

☑ 9.4.5 选择未用库元件

在制作复杂的 Flash 动画时，可能会在"库"面板中应用到很多元件，如果能够选择未使用的库元件，就可以很清楚地知道哪些库元件还没有在场景中应用。

在"库"面板中的空白位置上单击鼠标右键，在弹出的快捷菜单中选择"选择未用项目"选项，如图 9-93 所示。执行操作后，即可在"库"面板中选择未使用的库元件，效果如图 9-94 所示。

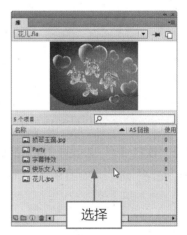

图 9-93 选择"选择未用项目"选项　　　　图 9-94 选择未使用的库元件

☑ 9.4.6 调用其他库元件

在 Flash CC 工作界面中，除了可以使用当前库中的元件外，还可以调用外部库中的元件，库项目可以反复出现在影片的不同画面中。调用"库"面板中的元素非常简单，只需选中所需的项目并拖曳至舞台中的合适位置即可。

素材文件	光盘\素材\第9章\饮料.fla、小伞.fla
效果文件	光盘\效果\第9章\饮料.fla
视频文件	光盘\视频\第9章\9.4.6 调用其他库元件.mp4

【操练 + 视频】——调用其他库元件

STEP 01 单击"文件"|"打开"命令，打开"饮料"素材文件，如图 9-95 所示。

STEP 02 单击"文件"|"打开"命令，打开"小伞"素材文件，如图 9-96 所示。

图 9-95 打开"饮料"素材文件　　　　图 9-96 打开"小伞"素材文件

STEP 03 确定"饮料"文档为当前编辑状态，在"库"面板中单击右侧的下拉按钮，在弹出的列表中选择"小伞.fla"选项，如图 9-97 所示。

STEP 04 打开"小伞.fla"文档的"库"面板，在其中选择"伞"库文件，如图 9-98 所示。

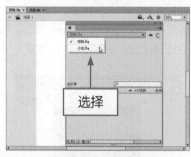

图 9-97 选择"小伞.fla"选项　　　　图 9-98 选择"伞"库文件

STEP 05 单击鼠标右键，在弹出的快捷菜单中选择"复制"选项，如图 9-99 所示。

STEP 06 切换至"饮料.fla"文档的"库"面板中，在下方空白位置上单击鼠标右键，在弹出的快捷菜单中选择"粘贴"选项，如图 9-100 所示。

图 9-99 选择"复制"选项　　　　图 9-100 选择"粘贴"选项

STEP 07 执行操作后，即可将"小伞 .fla"文档中的库文件调用到"饮料 .fla"文档中，如图 9-101 所示。

STEP 08 在"库"面板中选择"伞"图形元件，将其拖曳至舞台中，并调整图形的位置，效果如图 9-102 所示。

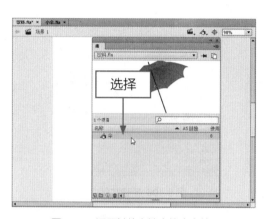

图 9-101 调用其他文档中的库文件

图 9-102 将库项目拖曳至舞台中

9.4.7 重命名库元件

在"库"面板中可以重命名项目，但需要注意的是，更改导入文件的库项目名称并不会更改该文件的名称。

在"库"面板中，选择需要重命名的库文件并单击鼠标右键，在弹出的快捷菜单中选择"重命名"选项，如图 9-103 所示。此时，库名称呈可编辑状态，在名称文本框中重新输入库文件的名称，并按【Enter】键确认，即可完成库文件的重命名操作，效果如图 9-104 所示。

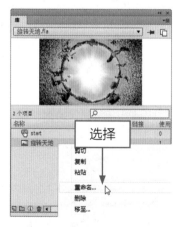

图 9-103 选择"重命名"选项

图 9-104 完成库文件的重命名操作

9.4.8 创建库文件夹

在 Flash CC 工作界面中，可以在"库"面板中新建库文件夹，并可以为新建的文件夹重新命名，还可以将已有的库文件移至新建的文件夹中。

在"库"面板底部单击"新建文件夹"按钮，如图 9-105 所示。执行操作后，即可在"库"面板中新建一个文件夹，如图 9-106 所示。

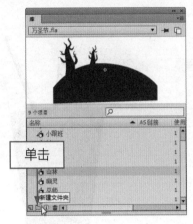

图 9-105 单击"新建文件夹"按钮

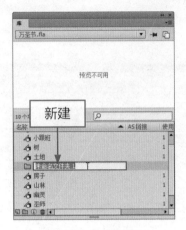

图 9-106 新建文件夹

9.4.9 共享库元件

在 Flash CC 中，对于"库"面板中的元件对象可以进行共享操作，方便其他用户使用相同的元件制作动画。下面向读者介绍共享库元件的操作方法。

在"库"面板中选择需要共享的元件并单击鼠标右键，在弹出的快捷菜单中选择"属性"选项，如图 9-107 所示。弹出"元件属性"对话框，单击对话框左下角的"高级"按钮，展开高级选项，在下方选中"为 ActionScript 导出"和"在第 1 帧中导出"复选框，设置"类"为"共享库"，如图 9-108 所示。

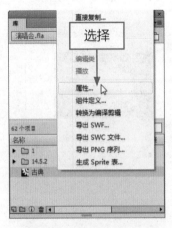

图 9-107 选择"属性"选项

图 9-108 "元件属性"对话框

在"运行时共享库"选项区中选中"为运行时共享导出"复选框，在下方的 URL 文本框中输入 URL 信息，如图 9-109 所示，依次单击"确定"按钮，此时在"库"面板中可以查看共享的库元件，如图 9-110 所示。

图 9-109 输入 URL 信息　　　　　　图 9-110 查看共享的库元件

CHAPTER

高手玩转多层动画：
制作 Flash 动画

章前知识导读

　　在前面的章节中，读者已经对 Flash 的一些基本功能有了一定的了解，Flash 最主要的功能是制作动画，动画是对象的尺寸、位置、颜色以及形状随时间发生变化的过程。本章主要向读者介绍制作 Flash 简单动画的方法。

新手重点索引

- 制作 Flash 逐帧动画
- 制作 Flash 传统补间动画
- 制作 Flash 遮罩动画
- 制作 Flash 引导动画

⊪ 10.1 制作 Flash 逐帧动画

逐帧动画是常见的动画形式，它对制作者的绘画和动画制作能力都有较高的要求，最适合于每一帧中的动画都有改变，而并非简单地在舞台上移动、淡入淡出、色彩变化或旋转。本节主要向读者介绍制作逐帧动画的操作方法。

✍ 10.1.1 制作 JPG 逐帧动画

在运用 Flash CC 制作动画的过程中，可以根据需要导入 JPG 格式的图像来制作逐帧动画。下面向读者介绍导入 JPG 格式图像制作逐帧动画的操作方法。

素材文件	光盘 \ 素材 \ 第 10 章 \ 广告 1.jpg、广告 2.jpg
效果文件	光盘 \ 效果 \ 第 10 章 \ 美食广告 .fla
视频文件	光盘 \ 视频 \ 第 10 章 \10.1.1 制作 JPG 逐帧动画 .mp4

【操练 + 视频】——制作 JPG 逐帧动画

`STEP 01` 单击"文件"|"新建"命令，新建一个空白的 Flash 文档。单击"文件"|"导入"|"导入到库"命令，如图 10-1 所示。

`STEP 02` 弹出"导入到库"对话框，在其中选择需要导入的图片，如图 10-2 所示。

图 10-1 单击"导入到库"命令　　　　图 10-2 选择需要导入的图片

`STEP 03` 单击"打开"按钮，即可将选择的素材导入到"库"面板中。在"时间轴"面板的"图层 1"中选择第 1 帧，如图 10-3 所示。

`STEP 04` 在"库"面板中选择"广告 1"位图图像，如图 10-4 所示。

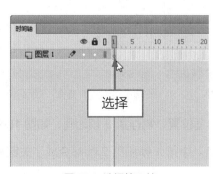

图 10-3 选择第 1 帧　　　　图 10-4 选择"广告 1"位图图像

专家指点

动画是通过迅速且连续地呈现一系列图像（形）来获得的，由于这些图像在相邻的帧之间有较小的变化（包括方向、位置、形状等变化），所以会形成动态效果。实际上在舞台上看到的第 1 帧是静止的画面，只有在播放以一定速度沿各帧移动时，才能从舞台上看到动画效果。

制作逐帧动画的方法非常简单，只需要一帧一帧地绘制就可以了，关键在于动作设计及节奏的掌握。因为在逐帧动画中每一帧的内容都不一样，所以制作时是非常繁琐的，而且最终输出的文件也很大。但它也有自己的优势，它具有非常大的灵活性，几乎可以表现任何想表现的内容，很适合表演细腻的动画，如动画片中的人物走动、转身，以及做各种动作等。

STEP 05 单击鼠标左键并拖曳至舞台中的合适位置，制作第 1 帧动画，如图 10-5 所示。

STEP 06 在舞台区灰色背景空白位置上单击鼠标右键，在弹出的快捷菜单中选择"文档"选项，弹出"文档设置"对话框，单击"匹配内容"按钮，如图 10-6 所示。

图 10-5 制作第 1 帧动画

图 10-6 单击"匹配内容"按钮

STEP 07 单击"确定"按钮，设置舞台区尺寸，在"时间轴"面板的"图层 1"中选择第 2 帧，按【F7】键，插入空白关键帧，如图 10-7 所示。

STEP 08 在"库"面板中选择"广告 2"位图图像，如图 10-8 所示。

图 10-7 插入空白关键帧

图 10-8 选择"广告 2"位图图像

STEP 09 单击鼠标左键并拖曳至舞台中的合适位置，制作第 2 帧动画，如图 10-9 所示。

STEP 10 此时，"时间轴"面板的"图层 1"中第 1 帧和第 2 帧都变成了关键帧，表示该帧中含有动画内容，如图 10-10 所示。

图 10-9 制作第 2 帧动画

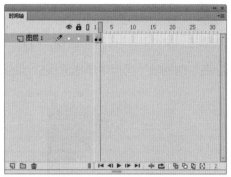

图 10-10 帧中含有动画内容

STEP 11 完成 JPG 逐帧动画的导入和制作后，单击"控制"|"测试"命令，测试制作的 JPG
逐帧动画效果，如图 10-11 所示。

图 10-11 测试逐帧动画效果

专家指点

制作逐帧动画时，需要在动画的每一帧中创建不同的内容。当动画播放时，Flash 就
会一帧一帧地显示每帧中的内容。逐帧动画有如下特点：

* 逐帧动画中的每一帧都是关键帧，每个帧的内容都需要手动编辑。

* 逐帧动画由许多单个关键帧组合而成，每个关键帧均可独立编辑，且相邻关键帧中的
  对象变化不大。

* 逐帧动画的文件较大，不利于编辑。

10.1.2 制作 GIF 逐帧动画

导入 GIF 格式的图像与导入同一序列的 JPG 格式的图像类似，只是如果将 GIF 格式的图像
直接导入到舞台，则在舞台上直接生成动画；而将 GIF 格式的图像导入到"库"面板中，此时
系统会自动生成一个由 GIF 格式转化的影片剪辑动画。下面向读者介绍制作 GIF 逐帧动画的操
作方法。

	素材文件	光盘 \ 素材 \ 第 10 章 \ 绿色森林 .fla、小仙女 .gif
	效果文件	光盘 \ 效果 \ 第 10 章 \ 绿色森林 .fla
	视频文件	光盘 \ 视频 \ 第 10 章 \10.1.2 制作 GIF 逐帧动画 .mp4

STEP 01 单击"文件"|"打开"命令，打开一个素材文件，如图 10-12 所示。

STEP 02 在"时间轴"面板中单击面板底部的"新建图层"按钮，如图 10-13 所示。

图 10-12 打开素材文件　　　　　图 10-13 单击"新建图层"按钮

STEP 03 执行操作后，即可在"时间轴"面板中新建一个图层。选择"图层 2"的第 1 帧，如图 10-14 所示。

STEP 04 在菜单栏中单击"文件"|"导入"|"导入到舞台"命令，如图 10-15 所示。

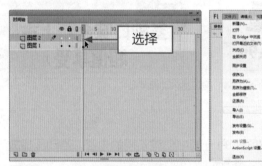

图 10-14 选择"图层 2"第 1 帧　　　图 10-15 单击"导入到舞台"命令

STEP 05 执行操作后，弹出"导入"对话框，在其中选择需要导入的 GIF 动画素材，如图 10-16 所示。

STEP 06 单击"打开"按钮，即可将选择的动画素材导入到舞台中，如图 10-17 所示。

图 10-16 选择 GIF 动画素材　　　　图 10-17 将动画素材导入到舞台中

STEP 07 此时，在"时间轴"面板中自动生成了多个关键帧逐帧动画，如图 10-18 所示。

STEP 08 在"库"面板中可以查看导入的 GIF 逐帧元素，如图 10-19 所示。

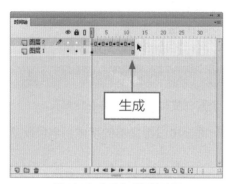

图 10-18 自动生成逐帧动画　　　　图 10-19 查看导入的 GIF 逐帧元素

STEP 09 完成 GIF 逐帧动画的导入后，单击"控制"|"测试"命令，测试制作的 GIF 逐帧动画效果，如图 10-20 所示。

图 10-20 测试 GIF 逐帧动画效果

专家指点

　　在 Flash CC 中创建逐帧动画的方法有 4 种，分别如下：

* 导入静态图片：分别在每帧中导入静态图片，创建逐帧动画，静态图片的格式可以是 JPG、PNG 等。

* 绘制矢量图：在每个关键帧中，直接用 Flash 的绘图工具绘制出每一帧中的图形。

* 导入序列图像：直接导入 GIF 格式的序列图像，该格式的图像中包含有多个帧，导入到 Flash 中以后，将会把动画中的每一帧自动分配到每一个关键帧中。

* 导入 SWF 格式的动画：直接导入已经制作完成的 SWF 格式的动画，也一样可以创建逐帧动画，或者可以导入第三方软件（如 SWISH、SWIFT 3D 等）产生的动画序列。

10.1.3 手动制作逐帧动画

在制作逐帧动画的过程中，运用一定的制作技巧可以快速地提高制作效率，也能使制作的逐帧动画的质量得到大幅度的提高。

	素材文件	光盘\素材\第 10 章\父亲节 .fla
	效果文件	光盘\效果\第 10 章\父亲节 .fla
	视频文件	光盘\视频\第 10 章\10.1.3 手动制作逐帧动画 .mp4

【操练+视频】——手动制作逐帧动画

STEP 01 单击"文件"|"打开"命令，打开一个素材文件，如图 10-21 所示。

STEP 02 在工具箱中选取文本工具，在"属性"面板中设置文本的字体、字号以及颜色等相应属性，如图 10-22 所示。

图 10-21 打开素材文件　　　图 10-22 设置文本属性

STEP 03 在舞台中的合适位置创建文本框，并在其中输入相应的文本内容，如图 10-23 所示。

STEP 04 选取工具箱中的任意变形工具，适当旋转文本的角度，如图 10-24 所示。

图 10-23 输入文本内容　　　图 10-24 适当旋转文本的角度

专家指点

如果逐帧动画各关键帧中需要变化的内容不多，且变化的幅度较小，则可以选择最基本的关键帧中的图形，将其复制到其他关键帧中，然后使用选择工具和部分选取工具，并结合绘图工具对这些关键帧中的图形进行调整和修改。制作逐帧动画时，关键帧的数量可以自行设定，各个关键帧的内容也可任意改变，只要两个相邻的关键帧上的内容连续性合理即可。

STEP 05 在"时间轴"面板的"文本"图层中选择第 10 帧，如图 10-25 所示。

STEP 06 按【F6】键，插入关键帧，如图 10-26 所示。

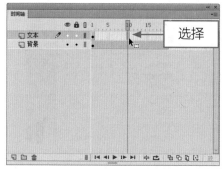

图 10-25 选择第 10 帧　　　　　　　　图 10-26 插入关键帧

STEP 07 选取工具箱中的文本工具，在舞台中创建一个文本对象，如图 10-27 所示。

STEP 08 在"时间轴"面板的"文本"图层中选择第 20 帧，如图 10-28 所示。

图 10-27 创建文本对象　　　　　　　　图 10-28 选择第 20 帧

STEP 09 插入关键帧，选取工具箱中的文本工具，在舞台中创建一个文本对象，如图 10-29 所示。

STEP 10 选取工具箱中的任意变形工具，适当旋转文本的角度，如图 10-30 所示。

图 10-29 创建文本对象　　　　　　　　图 10-30 适当旋转文本的角度

STEP 11 此时逐帧动画制作完成，在"时间轴"面板中可以查看制作的关键帧，如图 10-31 所示。

STEP 12 在菜单栏中单击"文件"|"保存"命令，如图 10-32 所示。

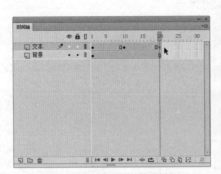

图 10-31 查看制作的关键帧

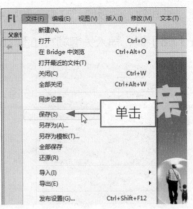

图 10-32 单击"保存"命令

STEP 13 单击"控制"|"测试"命令,测试制作的逐帧动画效果,如图 10-33 所示。

图 10-33 测试的逐帧动画效果

▶ 10.2 制作 Flash 传统补间动画

　　动作补间动画就是在两个关键帧之间为某个对象建立一种运动补间关系的动画。在 Flash 动画的制作过程中,经常需要制作图片的若隐若现、移动、缩放和旋转等效果,这主要通过动作补间动画来实现。本节主要向读者介绍制作动作补间动画的操作方法。

10.2.1 制作形状渐变动画

　　形状渐变动画又称形状补间动画,是指在 Flash 的"时间轴"面板的一个关键帧中绘制一个形状,然后在另一个关键帧中更改该形状或绘制一个形状,Flash 会自动根据两者之间的形状来创建动画。下面向读者介绍创建形状渐变动画的操作方法。

	素材文件	光盘 \ 素材 \ 第 10 章 \ 进入主页 .fla
	效果文件	光盘 \ 效果 \ 第 10 章 \ 进入主页 .fla
	视频文件	光盘 \ 视频 \ 第 10 章 \10.2.1 制作形状渐变动画 .mp4

【操练 + 视频】——制作形状渐变动画

STEP 01 单击"文件"|"打开"命令,打开一个素材文件,如图 10-34 所示。

STEP 02 选择"图层 2"中第 1 帧至第 15 帧之间的任意一帧并单击鼠标右键,在弹出的快捷菜单中选择"创建补间形状"选项，创建补间形状动画，如图 10-35 所示。

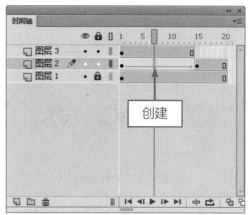

图 10-34 打开素材文件　　　　　　　　图 10-35 创建补间形状动画

STEP 03 按【Ctrl + Enter】组合键测试动画，效果如图 10-36 所示。

图 10-36 测试制作的形状渐变动画效果

10.2.2 制作颜色渐变动画

颜色渐变运用元件特有的色彩调节方式调整颜色、亮度或透明度等，制作颜色渐变动画可以得到色彩丰富的动画效果。

素材文件	光盘 \ 素材 \ 第 10 章 \ 店庆广告 .fla
效果文件	光盘 \ 效果 \ 第 10 章 \ 店庆广告 .fla
视频文件	光盘 \ 视频 \ 第 10 章 \10.2.2 制作颜色渐变动画 .mp4

◢◣◤◥ 【操练＋视频】——制作颜色渐变动画

STEP 01 单击"文件"|"打开"命令，打开一个素材文件，如图 10-37 所示。

STEP 02 在"时间轴"面板的"店庆"图层中选择第 20 帧，如图 10-38 所示。

STEP 03 按【F6】键，在第 20 帧位置插入关键帧，如图 10-39 所示。

STEP 04 在舞台中选择相应的元件，如图 10-40 所示。

图 10-37 打开素材文件

图 10-38 选择第 20 帧

图 10-39 插入关键帧

图 10-40 选择元件

STEP 05 在"属性"面板的"色彩效果"选项区中单击"样式"右侧的下拉按钮，在弹出的列表中选择"色调"选项，如图 10-41 所示。

STEP 06 在"色调"下方设置相应颜色参数，如图 10-42 所示。

图 10-41 选择"色调"选项

图 10-42 设置颜色参数

STEP 07 执行操作后，即可更改第 20 帧对应的舞台元件色调，如图 10-43 所示。

STEP 08 在"店庆"图层的第 10 帧上单击鼠标右键，在弹出的快捷菜单中选择"创建传统补间"选项，如图 10-44 所示。

图 10-43 更改舞台元件色调

图 10-44 选择"创建传统补间"选项

STEP 09 执行操作后，即可创建传统补间动画，如图 10-45 所示。

STEP 10 在菜单栏中单击"控制"菜单，在弹出的菜单列表中单击"测试"命令，如图 10-46 所示。

图 10-45 创建传统补间动画

图 10-46 单击"测试"命令

STEP 11 执行操作后，测试制作的颜色渐变动画效果，如图 10-47 所示。

图 10-47 测试颜色渐变动画效果

✍ 10.2.3 制作位移动画

位移动画主要是指通过调整元件的运动位置，来制作图形的动画效果。下面介绍制作位移动画的操作方法。

	素材文件	光盘 \ 素材 \ 第 10 章 \ 拯救单身 .fla
	效果文件	光盘 \ 效果 \ 第 10 章 \ 拯救单身 .fla
	视频文件	光盘 \ 视频 \ 第 10 章 \10.2.3 制作位移动画 .mp4

STEP 01 单击"文件"|"打开"命令，打开一个素材文件，如图 10-48 所示。

STEP 02 在"时间轴"面板的"图层 2"中选择第 15 帧，如图 10-49 所示。

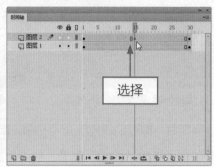

图 10-48 打开素材文件　　　　　　　　图 10-49 选择第 25 帧

STEP 03 此时，第 15 帧所对应的舞台图形会被选中，运用移动工具调整图形的位置，如图 10-50 所示。

STEP 04 选择"图层 2"中第 1 帧至第 15 帧之间的任意一帧后单击鼠标右键，在弹出的快捷菜单中选择"创建传统补间"选项，创建位移补间动画，如图 10-51 所示。

图 10-50 调整图形位置　　　　　　　　图 10-51 创建位移补间动画

STEP 05 按【Ctrl + Enter】组合键测试动画，效果如图 10-52 所示。

图 10-52 测试位移动画效果

10.2.4 制作旋转动画

旋转动画就是某物体围绕着一个中心轴旋转，如风车的转动、电风扇的转动等，使画面由静态变为动态。下面向读者介绍创建旋转动画的操作方法。

素材文件	光盘\素材\第10章\风车动画.fla
效果文件	光盘\效果\第10章\风车动画.fla
视频文件	光盘\视频\第10章\10.2.4 制作旋转动画.mp4

 【操练+视频】——制作旋转动画

STEP 01 单击"文件"|"打开"命令，打开一个素材文件，如图10-53所示。

STEP 02 选择"风车2"图层中的第50帧，按【F6】键插入关键帧，如图10-54所示。

图10-53 打开素材文件

图10-54 插入关键帧

STEP 03 选择"风车2"图层中的第1帧至第50帧之间的任意一帧后单击鼠标右键，在弹出的快捷菜单中选择"创建传统补间"选项，如图10-55所示。

STEP 04 执行操作后，即可创建传统补间动画，如图10-56所示。

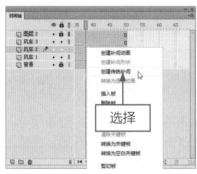

图10-55 选择"创建传统补间"选项

图10-56 创建传统补间动画

STEP 05 在"属性"面板"补间"选项区中的"旋转"列表框中选择"顺时针"选项，如图10-57所示。

STEP 06 采用相同的方法，为"风车1"和"风车3"图层创建旋转补间动作，如图10-58所示。

专家指点

在"旋转"列表框中，各主要选项的含义如下：

* 顺时针：选择该选项，图形将以顺时针的方向进行旋转。

* 逆时针：选择该选项，图形将以逆时针的方向进行旋转。

图 10-57 选择"顺时针"选项

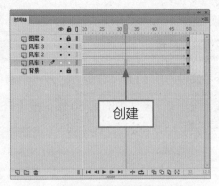

图 10-58 创建其他旋转补间动作

STEP 07 按【Ctrl + Enter】组合键测试动画,效果如图 10-59 所示。

图 10-59 测试旋转动画效果

▶ 10.3 制作 Flash 遮罩动画

在 Flash CC 工作界面中,遮罩层和被遮罩层是相互关联的图层,遮罩层可以将图层遮住,在遮罩层中对象的位置显示被遮罩层中的内容。在 Flash CC 中,不仅可以创建遮罩层动画,还可以创建被遮罩层动画。本节主要向读者介绍制作遮罩动画的操作方法。

10.3.1 制作遮罩层动画

在 Flash CC 中遮罩图层是由普通图层转换而来的,创建动态图形效果可以让遮罩层动起来。下面介绍制作遮罩层动画的操作方法。

	素材文件	光盘 \ 素材 \ 第 10 章 \ 掌上电脑 .fla
	效果文件	光盘 \ 效果 \ 第 10 章 \ 掌上电脑 .fla
	视频文件	光盘 \ 视频 \ 第 10 章 \10.3.1 制作遮罩层动画 .mp4

【操练 + 视频】——制作遮罩层动画

STEP 01 单击"文件"|"打开"命令,打开一个素材文件,如图 10-60 所示。

 STEP 02 此时，"时间轴"面板如图 10-61 所示。

图 10-60 打开素材文件　　　　　　　图 10-61 "时间轴"面板

STEP 03 单击"遮罩"图层右侧的"锁定或解除锁定所有图层"图标，解锁"遮罩"图层，如图 10-62 所示。

STEP 04 选择"遮罩"图层的第 8 帧，按【F6】键，插入关键帧，如图 10-63 所示。

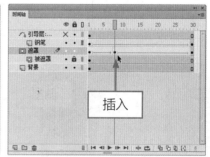

图 10-62 解锁"遮罩"图层　　　　　　图 10-63 插入关键帧

STEP 05 选取工具箱中的任意变形工具，适当调整舞台中图形对象的形状，如图 10-64 所示。

STEP 06 选择"遮罩"图层的第 15 帧，按【F6】键，插入关键帧，如图 10-65 所示。

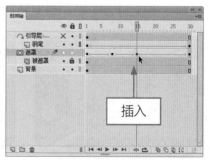

图 10-64 调整图形对象的形状　　　　　图 10-65 插入关键帧

专家指点

　　在制作遮罩动画时，有些初学者很难弄懂到底要将哪个图层设置为遮罩层，哪个图层设置为被遮罩层，才会得到想要的效果，其实遮罩效果就是以遮罩层的轮廓显示被遮罩层的内容。

STEP 07 选取工具箱中的任意变形工具，适当调整舞台中图形对象的形状，如图 10-66 所示。

STEP 08 选择"遮罩"图层的第 23 帧，按【F6】键，插入关键帧，如图 10-67 所示。

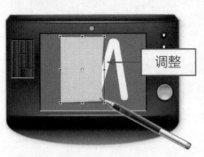

图 10-66 调整图形对象的形状

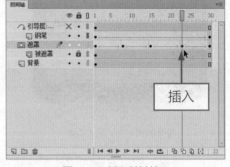

图 10-67 插入关键帧

STEP 09 选取工具箱中的任意变形工具，适当调整舞台中图形对象的形状，如图 10-68 所示。

STEP 10 单击"遮罩"图层右侧的"锁定或解除锁定所有图层"的圆点图标，锁定"遮罩"图层，如图 10-69 所示。

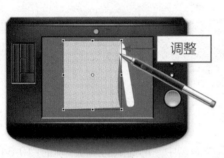

图 10-68 调整图形对象的形状

图 10-69 锁定"遮罩"图层

STEP 11 按【Ctrl + Enter】组合键，测试创建的遮罩层动画，效果如图 10-70 所示。

图 10-70 测试遮罩层动画

◢ 10.3.2 制作被遮罩层动画

在 Flash CC 中，除了可以创建遮罩层动画外，还可以创建被遮罩层动画外。下面向读者详细介绍创建被遮罩层动画的操作方法。

素材文件	光盘\素材\第10章\手表广告.fla
效果文件	光盘\效果\第10章\手表广告.fla
视频文件	光盘\视频\第10章\10.3.2 制作被遮罩层动画.mp4

【操练+视频】——制作被遮罩层动画

STEP 01 单击"文件"|"打开"命令，打开一个素材文件，如图 10-71 所示。

STEP 02 在"时间轴"面板中解锁"图层1"，如图 10-72 所示。

图 10-71 打开素材文件

图 10-72 解锁"图层1"

STEP 03 在"图层1"的第 15 帧、第 30 帧和第 45 帧位置插入关键帧，如图 10-73 所示。

STEP 04 选择"图层1"的第 15 帧，在工具箱中选取任意变形工具，移动位图图像的位置，如图 10-74 所示。

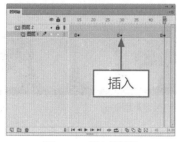

图 10-73 插入关键帧

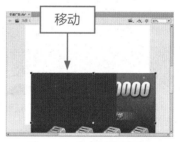

图 10-74 移动位图图像位置

STEP 05 选择"图层1"的第 30 帧，在工具箱中选取任意变形工具，调整位图图像的位置，如图 10-75 所示。

STEP 06 选择"图层1"的第 45 帧，在工具箱中选取任意变形工具，调整位图图像的大小和位置，如图 10-76 所示。

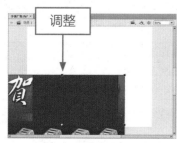

图 10-75 调整位图图像位置

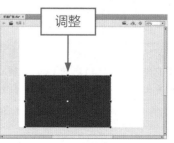

图 10-76 调整位图图像大小和位置

STEP 07 在"图层 1"的关键帧之间创建补间动画,如图 10-77 所示。

STEP 08 完成上述操作后,锁定"图层 1",如图 10-78 所示。

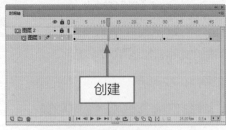

图 10-77 创建补间动画   图 10-78 锁定"图层 1"

STEP 09 单击"控制"|"测试"命令,测试制作的被遮罩层动画,效果如图 10-79 所示。

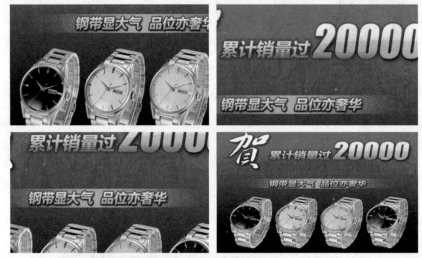

图 10-79 测试制作的被遮罩层动画

➡ 10.4 制作 Flash 引导动画

制作运动引导动画可以使对象沿着指定的路径进行运动,在一个运动引导层下可以建立一个或多个被引导层。本节主要向读者介绍制作引导动画的操作方法。

10.4.1 制作单个引导动画

在 Flash CC 中,可以根据需要制作沿轨迹运动的单个运动引导动画。下面向读者介绍创建单个引导动画的操作方法。

	素材文件	光盘 \ 素材 \ 第 10 章 \ 蝴蝶飞舞 .fla
	效果文件	光盘 \ 效果 \ 第 10 章 \ 蝴蝶飞舞 .fla
	视频文件	光盘 \ 视频 \ 第 10 章 \10.4.1 制作单个引导动画 .mp4

【操练 + 视频】——制作单个引导动画

STEP 01 单击"文件"|"打开"命令,打开一个素材文件,如图 10-80 所示。

STEP 02 在"时间轴"面板中选择"蝴蝶"图层,如图 10-81 所示。

图 10-80 打开素材文件

图 10-81 选择"蝴蝶"图层

STEP 03 在"蝴蝶"图层上单击鼠标右键,在弹出的快捷菜单中选择"添加传统运动引导层"选项,如图 10-82 所示。

STEP 04 执行操作后,即可为"蝴蝶"图层添加引导层,如图 10-83 所示。

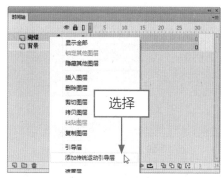

图 10-82 选择相应的选项

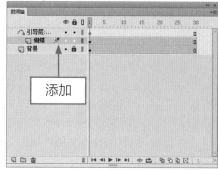

图 10-83 为"蝴蝶"图层添加引导层

STEP 05 选择"引导层"图层的第 1 帧,选取工具箱中的钢笔工具,在舞台中绘制一条路径,如图 10-84 所示。

STEP 06 选取工具箱中的选择工具,将舞台中的"蝴蝶"图形元件拖曳至绘制路径的开始位置,如图 10-85 所示。

图 10-84 绘制路径

图 10-85 拖曳至绘制路径的开始位置

STEP 07 选择"蝴蝶"图层的第 30 帧,按【F6】键,添加关键帧,如图 10-86 所示。

STEP 08 选择舞台中的图形元件实例，将其拖曳至绘制路径的结束位置，如图 10-87 所示。

图 10-86 添加关键帧　　　　　　　　　　图 10-87 拖曳至结束位置

STEP 09 在"蝴蝶"图层的第 1 帧至第 30 帧中的任意一帧上单击鼠标右键，在弹出的快捷菜单中选择"创建传统补间"选项，如图 10-88 所示。

STEP 10 执行操作后，即可在"蝴蝶"图层中创建传统补间动画，如图 10-89 所示。

图 10-88 选择"创建传统补间"选项　　　图 10-89 创建传统补间动画

STEP 11 单击"控制"|"测试"命令，测试制作的单个引导动画，效果如图 10-90 所示。

图 10-90 测试单个引导动画

10.4.2 制作多个引导动画

在运用 Flash CC 制作动画的过程中，除了可以制作单个运动引导动画，还能制作多个引导动画。下面向读者详细介绍制作多个引导动画的操作方法。

素材文件	光盘 \ 素材 \ 第 10 章 \ 泡泡 .fla
效果文件	光盘 \ 效果 \ 第 10 章 \ 泡泡 .fla
视频文件	光盘 \ 视频 \ 第 10 章 \10.4.2 制作多个引导动画 .mp4

STEP 01 单击"文件"|"打开"命令，打开一个素材文件，如图 10-91 所示。

STEP 02 在"时间轴"面板中选择"红色"图层并单击鼠标右键，在弹出的快捷菜单中选择"添加传统运动引导层"选项，添加运动引导层，如图 10-92 所示。

图 10-91 打开素材文件

图 10-92 添加运动引导层

STEP 03 选取工具箱中的钢笔工具，在舞台中绘制一条路径，如图 10-93 所示。

STEP 04 在"红色"图层的第 25 帧上单击鼠标右键，在弹出的快捷菜单中选择"插入关键帧"选项，插入一个关键帧，如图 10-94 所示。

图 10-93 绘制路径

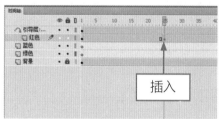

图 10-94 在第 25 帧处插入关键帧

STEP 05 选择"红色"图层的第 1 帧，选取工具箱中的选择工具，将舞台中的"红色"图形元件拖曳至绘制路径的开始位置，如图 10-95 所示。

STEP 06 选择"红色"图层的第 25 帧，将舞台中的"红色"图形元件拖曳至绘制路径的结束位置，如图 10-96 所示。

图 10-95 拖曳元件至开始位置

图 10-96 拖曳元件至结束位置

STEP 07 在"红色"图层的第 1 帧至第 25 帧的任意一帧上创建传统补间动画，如图 10-97 所示。

STEP 08 打开"属性"面板，在"补间"选项区中选中"调整到路径"复选框，如图 10-98 所示。

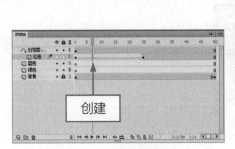

图 10-97 创建传统补间动画　　　　　　图 10-98 选中相应复选框

STEP 09 在"蓝色"图层的第 6 帧位置插入关键帧，将"库"面板中的"蓝色"拖曳至舞台中，并调整图形的大小，此时的"时间轴"面板如图 10-99 所示。

STEP 10 在"蓝色"图层的第 32 帧上按【F6】键插入关键帧，在第 33 帧上按【F7】键插入空白关键帧，如图 10-100 所示。

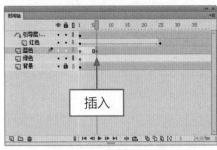

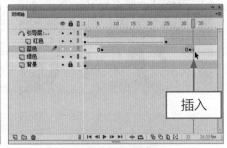

图 10-99 "时间轴"面板　　　　　　图 10-100 插入相应的帧

STEP 11 选择"蓝色"图层，单击鼠标左键并拖曳至"红色"图层上方，此时出现一条黑色的线条，如图 10-101 所示。

STEP 12 释放鼠标左键，即可将"蓝色"图层移至"红色"图层的上方，如图 10-102 所示。

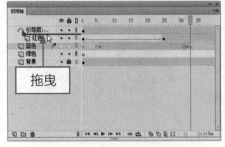

图 10-101 拖曳"蓝色"图层　　　　　　图 10-102 移动"蓝色"图层

STEP 13 选择"蓝色"图层的第 6 帧，将舞台中相应的实例移至路径的开始位置，如图 10-103 所示。

STEP 14 选择"蓝色"图层的第 32 帧，将舞台中相应的实例移至路径的结束位置，如图 10-104 所示。

图 10-103 移动实例至开始位置

图 10-104 移动实例至结束位置

STEP 15 在"蓝色"图层的关键帧之间创建传统补间动画，如图 10-105 所示。

STEP 16 采用同样的方法，为"绿色"图层添加相应的实例，并制作相应的效果，如图 10-106 所示。

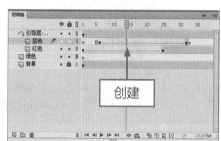
图 10-105 创建传统补间动画

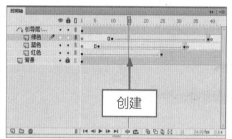
图 10-106 制作"绿色"图层效果

STEP 17 单击"控制"|"测试"命令，测试制作的多个引导动画，效果如图 10-107 所示。

图 10-107 测试制多个引导动画

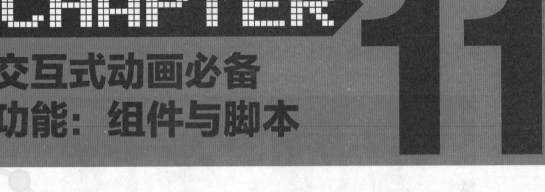

CHAPTER 11

交互式动画必备功能：组件与脚本

章前知识导读

在 Flash CC 中，利用组件可以制作出极富感染力的动画。组件是一些复杂的并带有可定义参数的影片剪辑符号。在影片创作的过程中，可以直接定义组件的参数。本章主要向读者介绍应用组件与脚本的操作方法。

新手重点索引

- 制作交互式动画组件效果
- 编写基本 ActionScript 脚本
- 添加动作脚本的多种方法
- 用 ActionScript 脚本控制影片

▶ 11.1 制作交互式动画组件效果

在 Flash CC 中提供了一些用于制作交互动画的组件。组件是带有参数的影片剪辑元件，通过设置参数可以修改组件的外观和行为。利用这些组件的交互组合，配合相应的 ActionScript 语句，可以制作出具有交互功能的交互式动画。

11.1.1 制作按钮组件

Button 组件是一个可调整大小的矩形用户界面按钮。下面向读者介绍添加 Button 按钮组件的操作方法。

素材文件	光盘 \ 素材 \ 第 11 章 \ 鞋业广告 .fla	
效果文件	光盘 \ 效果 \ 第 11 章 \ 鞋业广告 .fla	
视频文件	光盘 \ 视频 \ 第 11 章 \11.1.1 制作按钮组件 .mp4	

【操练 + 视频】——制作按钮组件

STEP 01 单击"文件"|"打开"命令，打开一个素材文件，如图 11-1 所示。

STEP 02 在菜单栏中单击"窗口"菜单，在弹出的菜单列表中单击"组件"命令，如图 11-2 所示。

图 11-1 打开素材文件

图 11-2 单击"组件"命令

专家指点

按钮组件可以执行鼠标和键盘的交互事件，可将按钮的行为从按下改为切换。在单击切换按钮后，它将保持按下状态，直到再次单击时才返回到弹起状态。按【Ctrl + F7】组合键，也可打开或隐藏"组件"面板，将"组件"面板中的组件直接拖曳至舞台中或直接双击"组件"面板中的组件，即可将组件添加到舞台中，组件将同时出现在库中。如果要再次添加该组件，可以直接从库中将其拖入舞台中。

STEP 03 执行操作后，即可弹出"组件"面板，如图 11-3 所示。

STEP 04 在该面板中展开 User Interface 选项，在下方选择 Button 组件，如图 11-4 所示。

STEP 05 单击鼠标左键并拖曳，拖至舞台区的合适位置后释放鼠标左键，即可创建按钮组件，如图 11-5 所示。

STEP 06 在"属性"面板的"位置和大小"选项区中，设置"宽"为 200，设置"高"为 44，如图 11-6 所示。

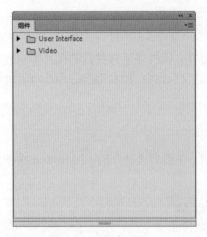

图 11-3 "组件"面板

图 11-4 选择 Button 组件

图 11-5 创建按钮组件

图 11-6 设置组件属性

STEP 07 执行操作后，调整舞台中组件的大小，如图 11-7 所示。

STEP 08 在"属性"面板的"组件参数"选项区中设置 label 为"点击进入"，如图 11-8 所示。

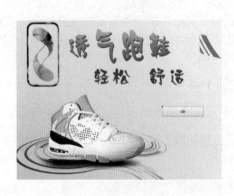

图 11-7 调整舞台中组件的大小

图 11-8 设置 label 为"点击进入"

专家指点

在按钮组件的"属性"面板的"组件参数"选项区中，各主要选项的含义如下：

* emphasized：指明按钮是否处于强调状态，如果是则为 true，不是则为 false。强调状态相当于默认的普通按钮外观。

* enabled：指以半透明状态显示舞台中添加的 Button 按钮组件。

* label：其默认值为 Label，用于显示按钮上的内容。

* labelPlacement：用于确定按钮上的标签文本相对于图标的方向，其中包括 left、right、top 和 bottom4 个选项，其默认值为 right。

* selected：指定按钮是否处于按下状态。其默认为不选中状态。

* toggle：指定按钮是否可转变为切换开关。如果想让按钮在单击后立即弹起，则不需要选中该复选框；若想让按钮在单击后保持凹陷状态，再次单击后返回弹起状态，则选中该复选框。在默认情况下为不选中状态。

* visible：指定按钮是否为可见状态。若需要隐形的按钮组件，可取消选择该复选框。默认情况下为选中状态。

STEP 09 操作完成后，即可添加按钮组件，效果如图 11-9 所示。

图 11-9 添加按钮组件

11.1.2 制作列表框组件

列表框组件 List 是一个可滚动的单选或多选列表框，可以显示图形和文本。单击标签或数据参数字段时，将弹出"值"对话框，在其中可以添加显示在 List 中的项目。

	素材文件	光盘 \ 素材 \ 第 11 章 \ 草原风景 .fla
	效果文件	光盘 \ 效果 \ 第 11 章 \ 草原风景 .fla
	视频文件	光盘 \ 视频 \ 第 11 章 \11.1.2 制作列表框组件 .mp4

【操练 + 视频】——制作列表框组件

STEP 01 单击"文件"|"打开"命令，打开一个素材文件，如图 11-10 所示。

STEP 02 打开"组件"面板，展开 User Interface 文件夹，在其中选择 List 组件，如图 11-11 所示。

STEP 03 在该组件上单击鼠标左键并拖曳，将其添加至舞台中的合适位置，如图 11-12 所示。

图 11-10 打开素材文件

图 11-11 选择 List 组件

STEP 04 在"属性"面板的"组件参数"选项区中单击 dataProvider 右侧的铅笔图标，如图 11-13 所示。

图 11-12 添加至舞台中合适位置

图 11-13 单击铅笔图标

STEP 05 弹出"值"对话框，单击对话框上方的"添加"按钮，如图 11-14 所示。

STEP 06 在添加列表中设置 label 为"草原风情游"，如图 11-15 所示。

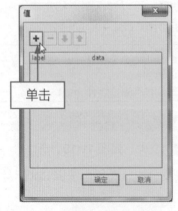

图 11-14 单击"添加"按钮

图 11-15 设置 label 信息

专家指点

将列表框组件拖曳至舞台中的合适位置后，在"属性"面板的"组件参数"选项区中设置 horizontalScrollPolicy 和 verticalScrollPolicy 参数均为 on，则可以获取对水平滚动条和垂直滚动条的引用；若选择 off 选项，将不显示水平滚动条和垂直滚动条；若选择 auto 选项，系统将会根据所输入的内容自动来选择是否需要显示水平滚动条和垂直滚动条。

STEP 07 采用同样的方法，添加其他选项，如图 11-16 所示。

STEP 08 单击"确定"按钮，返回工作界面，适当调整列表框的尺寸，效果如图 11-17 所示。

图 11-16 添加其他选项

图 11-17 舞台中的列表框效果

STEP 09 按【Ctrl + Enter】组合键，测试动画效果。将鼠标指针移至相应的列表框选项上单击鼠标左键即可选中，如图 11-18 所示。

图 11-18 测试动画效果

在列表框组件"属性"面板的"组件参数"选项区中，各主要选项的含义如下：

* allowMultipleSelection：提示能否一次选择多个列表项目，默认情况下显示不选中状态。

* dataProvider：单击该参数右侧的铅笔图标，可以打开"值"对话框，在其中可设置 List 组件列表框中的内容。

* horizontalLineScrollSize：获取或设置一个值，该值描述当单击滚动箭头时要在水平方向上滚动的内容量，默认值为 4。

* horizontalPageScrollSize：获取或设置滚动条滚动时，水平滚动条上滚动滑块要移动的像素参数，默认值为 0。

* horizontalScrollPolicy：获取对水平滚动条的引用，默认值为 auto。

* verticalLineScrollSize：获取或设置一个值，该值描述当单击滚动箭头时要在垂直方向上滚动的内容量，默认值为 4。

* verticalPageScrollSize：获取或设置单击垂直滚动条时滚动滑块要移动的像素参数，默认值为 0。

* verticalScrollPolicy：获取对垂直滚动条的引用，默认值为 auto。

11.1.3 制作下拉列表框组件

CmboBox（下拉列表框）组件只需使用最少的创作和脚本编写操作就可向 Flash 影片中添加可滚动的单选下拉列表框。

在"组件"面板的 User Interface 文件夹中选择 ComboBox 组件，如图 11-19 所示。单击鼠标左键并拖曳，将其添加至舞台中的合适位置，即可添加下拉列表框。在"属性"面板的"组件参数"选项区中设置相应的参数，制作好的效果如图 11-20 所示。

图 11-19 选择 ComboBox 组件

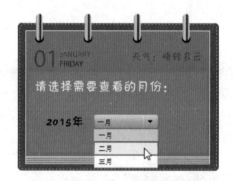

图 11-20 添加下拉列表框

专家指点

　　ComboBox 组件既可用于创建静态组合框，也可用于创建可编辑的组合框。静态组合框是一个可滚动的列表框，用户可以从列表框中选择项目，可编辑组合框是一个可滚动的下拉列表框，它的上方有一个输入文本字段，用户可以在其中输入文本来滚动到该列表框中的匹配选项。

11.1.4 制作复选框组件

CheckBox（复选框）组件是一个可以选中或取消选择的方框。当它被选中后，框内就会出现一个复选标记，可以为复选框添加一个文本标签，也可以将它放在左侧、右侧、顶部或底部。

在应用程序中可以启用或禁用复选框，如果复选框已经启用，并且用户单击它或它的标签，复选框就会接收输入焦点并显示为按下状态。如果用户在按下鼠标按钮时将鼠标指针移到复选框其标签的边界区域之外，则组件的外观会返回其最初的状态，并保持输入焦点。在组件上释放鼠标左键之前，复选框的状态不会发生改变。如果复选框被禁用，就会显示禁用状态，此时的复选框不接收鼠标或键盘的输入。

在"组件"面板的 User Interface 文件夹中选择 CheckBox 组件，如图 11-21 所示。单击鼠标左键并将其拖曳至舞台中合适位置，在"属性"面板的"组件参数"选项区中设置相应的参数，制作好的复选框组件效果如图 11-22 所示。

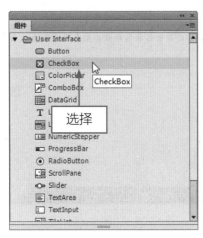

图 11-21 选择 CheckBox 组件

图 11-22 复选框组件效果

11.1.5 制作单选按钮组件

RadioButton（单选按钮）组件主要用于选择唯一的选项。单选按钮不能单独使用，至少有两个单选按钮才可以成为实例。

在"组件"面板中选择 RadioButton 组件，如图 11-23 所示。单击鼠标左键并将其拖曳至舞台中合适位置，在"属性"面板的"组件参数"选项区中设置相应的参数，制作好的单选按钮组件效果如图 11-24 所示。

图 11-23 选择 RadioButton 组件

图 11-24 单选按钮组件效果

11.1.6 制作文本组件

Label（文本）组件是指在动画文档中添加一段文本内容。

在"组件"面板中选择 Label 组件，如图 11-25 所示。单击鼠标左键并将其拖曳至舞台中合适位置，在"属性"面板的"组件参数"选项区中设置相应的参数，制作好的文本组件效果如图 11-26 所示。

图 11-25 选择 Label 组件

图 11-26 文本组件效果

11.1.7 制作滚动窗格组件

ScrollPane（滚动窗格）组件用于在某个固定的文本框中显示更多的内容，滚动条是动态文本框和输入文本框的结合。

在"组件"面板中选择 ScrollPane 组件，单击鼠标左键并将其拖曳至舞台中合适位置，在"属性"面板的"组件参数"选项区设置相应的参数，对文档进行保存操作。按【Ctrl + Enter】组合键测试动画，拖曳下方和右侧的滚动条，可以滚动浏览画面，效果如图 11-27 所示。

图 11-27 滚动浏览画面

11.1.8 制作数值框组件

NumericStepper（数值框）组件用来表示需要使用的数量。在"组件"面板中选择 NumericStepper 组件，单击鼠标左键并将其拖曳至舞台中合适位置，在"属性"面板的"组件参数"选项区设置相应的参数。按【Ctrl + Enter】组合键测试动画，单击数值框右侧的微调按钮，可以调整数值框中的数字，如图 11-28 所示。

图 11-28 数值框组件效果

11.1.9 制作输入框组件

TextInput（输入框）组件用来输入相应的文本内容。下面向读者介绍在文档中添加输入框组件的操作方法。

素材文件	光盘 \ 素材 \ 第 11 章 \ 草原风景 .fla
效果文件	光盘 \ 效果 \ 第 11 章 \ 草原风景 .fla
视频文件	光盘 \ 视频 \ 第 11 章 \11.1.9 制作输入框组件 .mp4

【操练＋视频】——制作输入框组件

STEP|01 单击"文件"|"打开"命令，打开一个素材文件，如图 11-29 所示。

STEP|02 在"组件"面板中选择 TextInput 组件，如图 11-30 所示。

图 11-29 打开素材文件

图 11-30 选择 TextInput 组件

专家指点

在 Flash CC 工作界面中，可以在舞台中的动画图形上一次性添加多个 TextInput（输入框）组件。

STEP|03 在该组件上单击鼠标左键，并将其拖曳至舞台中合适位置，如图 11-31 所示。

STEP|04 按【Ctrl + Enter】组合键测试动画，在文本框中输入相应的内容，效果如图 11-32 所示。

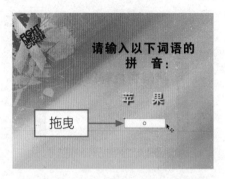
图 11-31 拖曳至舞台中合适位置

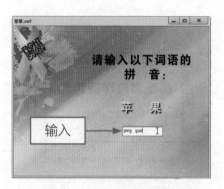
图 11-32 在文本框中输入相应内容

➡ 11.2 添加动作脚本的多种方法

为了能更好地运用 ActionScript 制作动画，可以在动画关键帧、空白关键帧上添加动作脚本。本节主要向读者介绍在不同位置编写脚本的方法。

☑ 11.2.1 为动画关键帧添加脚本

在 Flash CC 中，可以在动画关键帧上添加相应的脚本内容。

素材文件	光盘 \ 素材 \ 第 11 章 \ 凤舞 .fla
效果文件	光盘 \ 效果 \ 第 11 章 \ 凤舞 .fla
视频文件	光盘 \ 视频 \ 第 11 章 \11.2.1 为动画关键帧添加脚本 .mp4

◥◣ 【操练 + 视频】——为动画关键帧添加脚本

STEP 01 单击"文件"|"打开"命令，打开一个素材文件，如图 11-33 所示。

STEP 02 在"时间轴"面板中选择"龙"图层的第 1 帧，如图 11-34 所示。

图 11-33 打开素材文件

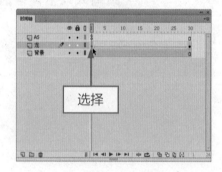
图 11-34 选择"龙"图层第 1 帧

专家指点

ActionScript 是一种面向对象的编程语言，是在 Flash 影片中实现互动的重要组成部分，也是 Flash 优越于其他动画制作软件的主要因素。ActionScript 是 Flash 的脚本语言，可以使用它制作交互性动画，从而使动画产生许多特殊的效果，这是其他动画软件无法比拟的优点。

STEP 03 在该动画关键帧上单击鼠标右键，在弹出的快捷菜单中选择"动作"选项，如图 11-35 所示。

STEP 04 执行操作后，打开"动作"面板，在其中输入相应的动作脚本，如图 11-36 所示。

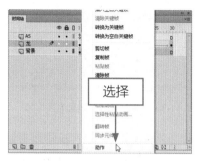

图 11-35 选择"动作"选项

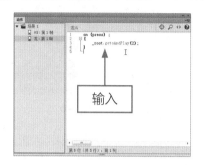

图 11-36 输入动作脚本

STEP 05 在菜单栏中单击"控制"菜单，在弹出的菜单列表中单击"测试"命令，即可测试动画效果，如图 11-37 所示。

图 11-37 测试动画效果

📑 11.2.2 为空白关键帧添加脚本

在 Flash CC 中，不仅可以在动画关键帧上添加脚本内容，还可以在空白关键帧上添加相应的脚本内容。

	素材文件	光盘 \ 素材 \ 第 11 章 \ 彩色天空 .fla
	效果文件	光盘 \ 效果 \ 第 11 章 \ 彩色天空 .fla
	视频文件	光盘 \ 视频 \ 第 11 章 \11.2.2 为空白关键帧添加脚本 .mp4

【操练 + 视频】——为空白关键帧添加脚本

STEP 01 单击"文件"|"打开"命令，打开一个素材文件，如图 11-38 所示。

STEP 02 在"时间轴"面板中选择"代码"图层的第 1 帧，如图 11-39 所示。

STEP 03 单击"窗口"|"动作"命令，弹出"动作"面板，在其中添加相应的代码，如图 11-40 所示。

STEP 04 执行操作后，即可在帧上添加代码，此时帧上会显示一个 a 标识，如图 11-41 所示。

图 11-38 打开素材文件

图 11-39 选择"代码"图层的第 1 帧

图 11-40 添加代码

图 11-41 在帧上添加代码

✍ 11.2.3 在 AS 文件中编写脚本

在 Flash CC 中，还可以在 AS 文件中编写脚本内容。下面向读者介绍在 AS 文件中编写脚本的操作方法。

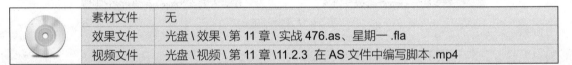

素材文件	无
效果文件	光盘 \ 效果 \ 第 11 章 \ 实战 476.as、星期一 .fla
视频文件	光盘 \ 视频 \ 第 11 章 \11.2.3 在 AS 文件中编写脚本 .mp4

【操练 + 视频】——在 AS 文件中编写脚本

STEP 01 在欢迎界面的"新建"选项区中单击"ActionScript 文件"选项，如图 11-42 所示。

STEP 02 执行操作后，即可打开"脚本 -1"文档窗口，如图 11-43 所示。

图 11-42 单击"ActionScript 文件"选项

图 11-43 "脚本 -1"文档窗口

STEP 03 在"脚本 -1"文档窗口中输入相应的动作脚本内容，如图 11-44 所示。

STEP 04 单击"文件"|"保存"命令，弹出"另存为"对话框，在其中设置脚本文件的保存选项，如图 11-45 所示，单击"保存"按钮即可。

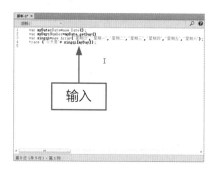

图 11-44 输入动作脚本内容

图 11-45 设置保存选项

STEP 05 将文档保存后，单击"文件"|"新建"命令，新建一个 Flash 文档，在脚本编辑窗口中添加相应的代码，如图 11-46 所示。

STEP 06 制作完成后，保存文档。按【Ctrl + Enter】组合键测试动画，在"输出"面板中将会显示相应的信息，如图 11-47 所示。

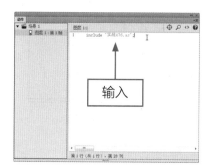

图 11-46 添加代码

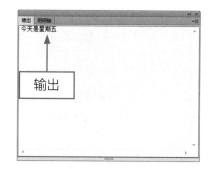

图 11-47 显示信息

▶ 11.3 编写基本 ActionScript 脚本

ActionScript 是一种编程语言，能够帮助用户按照自己的创意更精确地创建动画。本节主要向读者介绍编写基本 ActionScript 脚本的方法。

▨ 11.3.1 编写输出命令

在 Flash CC 中，Trace 是用来输出信息的函数，通常使用在交互性程序中，也可以使用 trace 函数来输出相应的命令参数。

素材文件	无
效果文件	光盘 \ 效果 \ 第 11 章 \ 输出命令 .as
视频文件	光盘 \ 视频 \ 第 11 章 \11.3.1 编写输出命令 .mp4

【操练 + 视频】——编写输出命令

STEP 01 在欢迎界面的"新建"选项区中单击 ActionScript 3.0 选项，如图 11-48 所示。

STEP 02 执行操作后，新建一个空白的动画文档，如图 11-49 所示。

图 11-48 单击 ActionScript 3.0 选项

图 11-49 新建空白动画文档

STEP 03 打开"动作"面板，在其中输入相应的脚本内容，如图 11-50 所示。

STEP 04 输入脚本后，按【Ctrl + Enter】组合键测试影片，在"输出"面板中将显示输出内容，如图 11-51 所示。

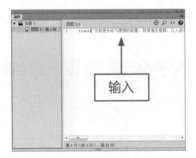

图 11-50 输入脚本内容

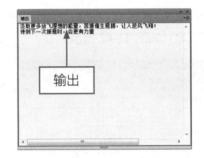

图 11-51 显示输出内容

专家指点

在"时间轴"面板中任何被添加了动作脚本代码的帧上都会显示一个 a 的标记，提示用户该帧制作了动作脚本。

11.3.2 编写定义变量

定义变量也就是变量的命名，它在其范围内必须是唯一的，不能重复。下面向读者介绍定义变量的操作方法。

素材文件	光盘 \ 素材 \ 第 11 章 \ 春暖花开 .fla
效果文件	光盘 \ 效果 \ 第 11 章 \ 春暖花开 .fla
视频文件	光盘 \ 视频 \ 第 11 章 \11.3.2 编写定义变量 .mp4

【操练+视频】——编写定义变量

STEP 01 单击"文件"|"打开"命令，打开一个素材文件，如图 11-52 所示。

STEP 02 打开"动作"面板，在该面板的脚本编辑窗口中添加相应的代码，如图 11-53 所示，输入完成后即可定义变量。

图 11-52 打开素材文件

图 11-53 添加代码

 11.3.3 编写赋值变量

赋值变量是将变量名放置在左边，赋值运算符（等号）放置在中间，将希望赋给变量的值放置在右边。

素材文件	光盘 \ 素材 \ 第 11 章 \ 蛋香奶茶 .fla
效果文件	光盘 \ 效果 \ 第 11 章 \ 蛋香奶茶 .fla
视频文件	光盘 \ 视频 \ 第 11 章 \11.3.3 编写赋值变量 .mp4

【操练 + 视频】——编写赋值变量

STEP 01 单击"文件"|"打开"命令，打开一个素材文件，如图 11-54 所示。

STEP 02 在"时间轴"面板中选择"图层 1"的第 1 帧，如图 11-55 所示。

图 11-54 打开素材文件

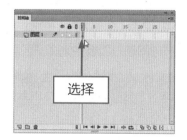

图 11-55 选择图层的第 1 帧

专家指点

在编辑脚本时，应当清楚地知道变量或表达式的数据类型，有助于脚本的编辑。使用 Typeof 命令可以对变量或表达式的类型进行设定。在 Flash CC 中，包括数值型变量、字符串变量、逻辑变量以及对象型变量 4 种，各变量的含义分别如下：

* 数值型变量：一般用于存储一些特定的数值，如日期等。

* 字符串变量：用于保存特定的文本信息，如姓名等。

* 逻辑变量：用于判定指定的条件是否成立，其值有两种，分别是 True 和 False。其中，True 表示条件成立，False 表示条件不成立。

* 对象型变量：用于存储对象型的数据。

STEP 03 在该关键帧上单击鼠标右键，在弹出的快捷菜单中选择"动作"选项，打开"动作"面板，在其中输入相应的动作脚本，如图 11-56 所示。

STEP 04 输入完成后，即可完成赋值变量的脚本编辑按【Ctrl + Enter】组合键测试影片，在"输出"面板中将显示输出的内容，如图 11-57 所示。

图 11-56 输入动作脚本

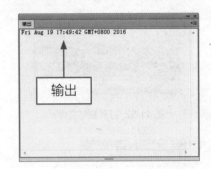

图 11-57 显示输出内容

11.3.4 编写传递变量

传递变量是将变量一个一个地传递下去，将赋值运算符（等号）作为传递呼号。下面向读者介绍编写传递变量的操作方法。

素材文件	光盘 \ 素材 \ 第 11 章 \ 儿童乐园 .fla	
效果文件	光盘 \ 效果 \ 第 11 章 \ 儿童乐园 .fla	
视频文件	光盘 \ 视频 \ 第 11 章 \11.3.4 编写传递变量 .mp4	

【操练 + 视频】——编写传递变量

STEP 01 单击"文件"|"打开"命令，打开一个素材文件，如图 11-58 所示。

STEP 02 在"时间轴"面板中选择"图层 1"的第 1 帧，如图 11-59 所示。

图 11-58 打开素材文件

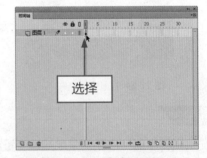

图 11-59 选择图层的第 1 帧

专家指点

在动作脚本中，变量不需要声明，但声明变量是良好的编程习惯，这便于掌握一个变量的生命周期，明确知道某个变量的意义，有利于程序的调试。通常在动画的第一帧就已经声明了大部分的全局变量，并为它们赋予了初始值。每一个 MovieClip 对象都拥有自己的一套变量，而且不同的 MovieClip 对象中的变量相互独立，且互不影响。

STEP 03 在该关键帧上单击鼠标右键，在弹出的快捷菜单中选择"动作"选项，打开"动作"面板，在其中输入相应的动作脚本，如图 11-60 所示。

STEP 04 输入完成后，即可完成传递变量的脚本编辑。按【Ctrl + Enter】组合键测试影片，在"输出"面板中将显示输出的传递结果，如图 11-61 所示。

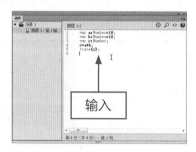

图 11-60　输入动作脚本

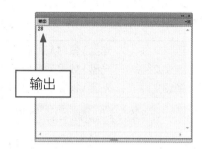

图 11-61　显示输出的传递结果

11.3.5　获取对象属性

属性是对象的基本特征，它表示某个对象中绑定在一起的若干数据块中的一个，如影片剪辑元件的位置、大小和透明度等。例如：

Bird.x=50;

// 将名为 Bird 的影片剪辑元件移到 X 坐标为 50 像素的地方

Bird.scale=2;

// 更改 Bird 影片剪辑的水平缩放比例，使宽度为原始宽度的 2 倍

Bird.rotation=Birds.rotation;

// 使用 rotation 属性旋转 Bird 影片剪辑元件，以便与 Birds 影片剪辑元件的旋转相匹配

从上面的 3 条语句可以发现属性的通用结构为：对象名称（变量名）.属性名称，在 Flash CC 中可以通过 trace 语句获取对象的属性。

在"动作"面板的脚本编辑窗口中输入相关代码，如图 11-62 所示。按【Ctrl + Enter】组合键测试影片，在"输出"面板中将显示获取的对象属性，效果如图 11-63 所示。

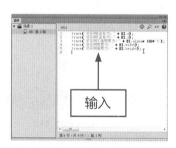

图 11-62　输入相关代码

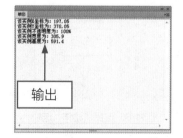

图 11-63　显示获取的对象属性

▶ 11.4　用 ActionScript 脚本控制影片

当掌握了编写基本 ActionScript 脚本的方法后，就可以在 Flash 中通过脚本控制影片播放了。本节主要向读者详细介绍控制影片播放的操作方法。

11.4.1 停止影片的播放

在 Flash CC 中，用鼠标单击该按钮，调用 tingzhi 函数，再声明一个名为 tingzhi 的函数，参数为鼠标事件，鼠标事件发生，则停止影片播放。

素材文件	光盘 \ 素材 \ 第 11 章 \ 酷吧 .fla	
效果文件	光盘 \ 效果 \ 第 11 章 \ 酷吧 .fla	
视频文件	光盘 \ 视频 \ 第 11 章 \11.4.1 停止影片的播放 .mp4	

【操练 + 视频】——停止影片的播放

STEP 01 单击"文件"|"打开"命令，打开一个素材文件，如图 11-64 所示。

STEP 02 在"时间轴"面板中选择 Action 图层的第 1 帧，如图 11-65 所示。

图 11-64 打开素材文件

图 11-65 选择图层的第 1 帧

STEP 03 在第 1 帧上单击鼠标右键，在弹出的快捷菜单中选择"动作"选项，如图 11-66 所示。

STEP 04 在弹出的"动作"面板的脚本编辑窗口中输入相应的代码，如图 11-67 所示。

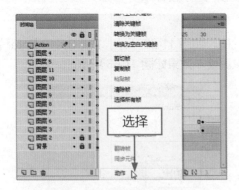

图 11-66 选择"动作"选项

图 11-67 输入相应代码

专家指点

在 ActionScript 3.0 中，不能再对按钮和影片剪辑对象直接添加脚本，只能在帧上或在外部 AS 文件中添加脚本控制各对象。

STEP 05 按【Ctrl + Enter】组合键测试影片，单击暂停按钮停止播放，如图 11-68 所示。

图 11-68 测试影片播放效果

11.4.2 播放与暂时影片

播放控制是 Flash 影片中常用的表达方式，一般在播放器中载入 SWF 动画之后，将自动从第 1 帧开始播放。除此之外，在制作动画时可以通过单击播放或暂停按钮来控制动画的播放状态。

	素材文件	光盘\素材\第 11 章\蟹行天下 .fla
	效果文件	光盘\效果\第 11 章\蟹行天下 .fla
	视频文件	光盘\视频\第 11 章\11.4.2 播放与暂时影片 .mp4

【操练＋视频】——播放与暂时影片

STEP 01 单击"文件"｜"打开"命令，打开一个素材文件，如图 11-69 所示。

STEP 02 在舞台中选择 play 按钮元件实例，如图 11-70 所示。

图 11-69 打开素材文件

图 11-70 选择 play 按钮元件实例

STEP 03 在"属性"面板中设置"实例名称"为 p_button，如图 11-71 所示。

STEP 04 在舞台中选择 stop 按钮元件实例，如图 11-72 所示。

图 11-71 设置实例名称

图 11-72 选择 stop 按钮元件实例

STEP 05 在 "属性" 面板中设置 "实例名称" 为 s_button，如图 11-73 所示。

STEP 06 在 "时间轴" 面板中选择 AS 图层的第 1 帧，打开 "动作" 面板，在脚本编辑窗口中输入相应的代码，如图 11-74 所示。

图 11-73 设置 "实例名称"

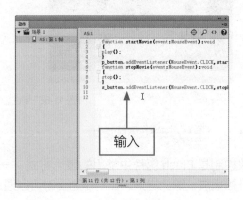

图 11-74 输入代码

STEP 07 按【Ctrl + Enter】组合键测试影片，单击 play 按钮，动画开始播放；单击 stop 按钮，动画将停止播放，效果如图 11-75 所示。

图 11-75 控制动画的播放

11.4.3 使影片全屏播放

在 Flash CC 中，通过使用相应代码的方式可以设置影片为全屏播放模式。下面向读者介绍全屏播放影片的操作方法。

	素材文件	光盘\素材\第 11 章\桥的彼端 .fla
	效果文件	光盘\效果\第 11 章\桥的彼端 .fla
	视频文件	光盘\视频\第 11 章\11.4.3 使影片全屏播放 .mp4

◤【操练 + 视频】——使影片全屏播放

STEP 01 单击 "文件" | "打开" 命令，打开一个素材文件，如图 11-76 所示。

STEP 02 在舞台中选择 "全屏" 按钮元件，如图 11-77 所示。

图 11-76 打开素材文件

图 11-77 选择"全屏"按钮元件

STEP 03 在"属性"面板中设置"实例名称"为 quanping，如图 11-78 所示。

STEP 04 在"图层 3"中选择第 1 帧并单击鼠标右键，在弹出的快捷菜单中选择"动作"选项，如图 11-79 所示。

图 11-78 设置实例名称

图 11-79 选择"动作"选项

STEP 05 打开"动作"面板，在脚本编辑窗口中输入相应的脚本内容，如图 11-80 所示。

STEP 06 按【Ctrl + Enter】组合键测试影片，单击"全屏"按钮，如图 11-81 所示，即可全屏播放。

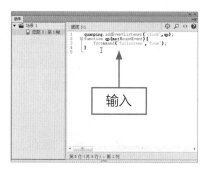

图 11-80 输入脚本内容

图 11-81 单击"全屏"按钮

11.4.4 跳转至场景或帧

在 Flash CC 中，播放跳转至其他场景或帧是 Flash 影片中常用的表现手法，可以通过单击链接不同界面的按钮来控制动画的播放跳转状态。

素材文件	光盘 \ 素材 \ 第 11 章 \ 节日 .fla
效果文件	光盘 \ 效果 \ 第 11 章 \ 节日 .fla
视频文件	光盘 \ 视频 \ 第 11 章 \11.4.4 跳转至场景或帧 .mp4

【操练 + 视频】——跳转至场景或帧

STEP 01 单击"文件"|"打开"命令，打开一个素材文件，如图 11-82 所示。

STEP 02 在"时间轴"面板中选择 anniu 图层的第 1 帧，如图 11-83 所示。

图 11-82 打开素材文件

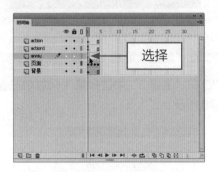

图 11-83 选择 anniu 图层的第 1 帧

STEP 03 单击"窗口"|"库"命令，展开"库"面板，在其中选择"按钮 1"元件，如图 11-84 所示。

STEP 04 单击鼠标左键并拖曳至舞台合适位置后释放鼠标左键，即可创建按钮元件实例，如图 11-85 所示。在"属性"面板中，设置其"实例名称"为 teacher。

图 11-84 选择"按钮 1"元件

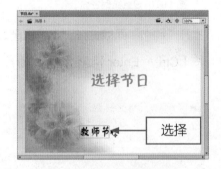

图 11-85 创建按钮元件实例

专家指点

在 Flash CC 中，跳转至某帧后停止播放的代码为 gotoAndStop()，跳到上一场景为 prevScene()，跳到下一场景为 nextScene()。

STEP 05 采用同样的方法，在"库"面板中分别选择"按钮 2"、"按钮 3"按钮元件，单击鼠标左键并拖曳至舞台合适位置后释放鼠标左键，创建按钮元件实例，如图 11-86 所示在"属性"面板中，设置其"实例名称"分别为 mother、father。

STEP 06 在"时间轴"面板中选择 action 图层的第 1 帧，按【F9】键，弹出"动作"面板，在该面板的脚本编辑窗口中输入相应的语句，如图 11-87 所示。

图 11-86 创建按钮元件实例

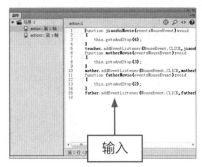

图 11-87 输入语句

STEP 07 单击"控制"|"测试"命令，测试动画效果，如图 11-88 所示。

图 11-88 测试动画效果

CHAPTER

优化动画图形：
测试、导出与发布

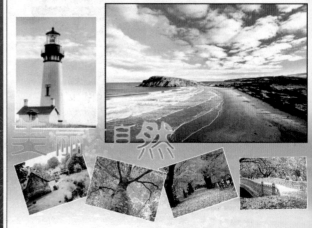

章前知识导读

　　运用 Flash 制作动画后，需要对动画进行测试和导出，查看动画是否达到预期效果。优化动画可以使动画文件的体积缩小，以确保动画的正常播放。本章主要向读者详细介绍测试、导出与发布影片文件的操作方法。

新手重点索引

✎ 优化影片文件

✎ 导出 Flash 为图像和影片

✎ 测试影片文件

✎ 发布 Flash 为图像和影片

▶ 12.1 优化影片文件

Flash 动画文件越大，其下载和播放所需要的时间就越长。虽然在发布动画时系统会自动进行一些优化，但在设计时还应当从整体上对动画进行优化。本节主要向读者介绍优化影片文件的操作方法。

☑ 12.1.1 影片文件的优化操作

在运用 Flash CC 制作动画的过程中，为了使制作的动画达到最好的效果，可以从以下 6 个方面对影片进行优化：

* 限制每个关键帧中的改变区域，在尽可能小的区域中执行动作。

* 用图层将静态和动态的元素分开，避免出现错误。

* 对于影片中多次使用的元素，应将其转换为元件，这样不仅可以方便对文档的编辑，而且不会占用太多的内存。

* 尽量避免使用位图图像制作动画，而应将位图图像作为静态元素或背景。

* 在制作动画时，要尽量避免使用逐帧动画，而用渐变动画来代替逐帧动画，因为渐变动画的数据量大大小于逐帧动画。

* 对于导入到 Flash 影片中的音频文件，应尽可能使用压缩后效果最好的 MP3 文件格式。

> **专家指点**
>
> 　　由于补间动画中的过渡帧是系统计算得到的，逐帧动画的过渡帧是通过用户添加对象而得到的，所以补间动画的数据量相对逐帧动画而言要小得多。因此，制作动画时最好减少逐帧动画的使用，尽量使用补间动画。

☑ 12.1.2 图像元素的优化操作

在制作动画的过程中，还应该注意对各元素进行优化。对图像元素进行优化，主要是压缩位图，因为位图会大幅度地增加动画的容量。

在"库"面板中的素材上单击鼠标右键，在弹出的快捷菜单中选择"属性"选项，弹出"位图属性"对话框。在"品质"选项区中选中"自定义"单选按钮，并在其后设置自定义参数，可以对图像元素进行优化，如图 12-1 所示。

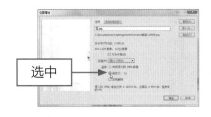

图 12-1 选中"自定义"单选按钮

在运用 Flash CC 制作动画的过程中，可以通过以下 4 种方法对动画中的图像元素进行优化

处理:

* 用矢量线代替矢量色块图形，因为前者的数据量要少于后者。

* 尽可能少使用特殊类型的线条数量，如点刻线、虚线和斑马线等，使用实线会使文件更小。

* 尽量减少矢量图形的形状复杂程度，如减少矢量曲线的折线数量。

* 避免过多地使用位图等外部导入对象，否则动画中的位图素材会增加作品的容量。如果动画中有位图素材，在该素材属性对话框中设置较大的压缩比例也可以减少该位图素材的数据量。

12.1.3 文本元素的优化操作

在制作动画的过程中，不要使用太多种类的字体和样式，不对文字进行分离。在嵌入字体时，选择嵌入所需的字符，而不要选择嵌入整个字体。下面向读者介绍优化文本元素的方法。

素材文件	光盘 \ 素材 \ 第 12 章 \ 卡通动漫城 .fla
效果文件	光盘 \ 效果 \ 第 12 章 \ 卡通动漫城 .fla
视频文件	光盘 \ 视频 \ 第 12 章 \12.1.3 文本元素的优化操作 .mp4

【操练＋视频】——文本元素的优化操作

STEP 01 单击"文件"|"打开"命令，打开一个素材文件，如图 12-2 所示。

STEP 02 运用选择工具选择舞台区的文本对象，如图 12-3 所示。

图 12-2 打开素材文件

图 12-3 选择舞台区的文本对象

STEP 03 在"属性"面板中单击"系列"右侧的下拉按钮，在弹出的列表中选择"黑体"选项，如图 12-4 所示。

STEP 04 执行操作后，即可优化动画文档中的文本元素，效果如图 12-5 所示。

图 12-4 选择"黑体"选项

图 12-5 优化文本元素

12.1.4 动作脚本的优化操作

在 Flash CC 中，可以使用"发布设置"命令对需要优化的动作脚本进行优化操作。下面向读者介绍具体的优化方法。

打开制作了动作脚本的动画文档，通过单击"窗口"|"动作"命令打开"动作"面板，在其中查看制作的动作脚本内容，如图 12-6 所示。

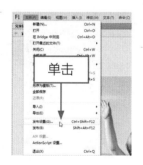

图 12-6 查看动作脚本内容

在菜单栏中单击"文件"菜单，在弹出的菜单列表中单击"发布设置"命令，如图 12-7 所示。弹出"发布设置"对话框，在 Flash 选项卡的"高级"选项区中选中"省略 trace 语句"复选框，如图 12-8 所示，单击"确定"按钮，即可完成动作脚本的优化。

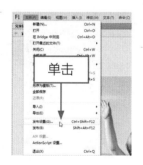

图 12-7 单击"发布设置"命令

图 12-8 选中"省略 trace 语句"复选框

12.1.5 动画颜色的优化操作

在运用 Flash CC 制作动画的过程中，可以通过以下 4 个方式对动画的颜色进行优化处理：

＊ 在对作品影响不大的情况下，减少渐变色的使用，而以单色取代。

＊ 使用"颜色"面板使影片的调色板和浏览调色板相匹配。

＊ 限制使用透明效果，因为它会降低播放的速度。

＊ 在创建实例的各种颜色效果时，应多在实例"属性"面板中的"填充颜色"列表框中进行颜色的选择操作。

▶▶ 12.2 测试影片文件

在 Flash CC 中，可以通过多种方式对影片进行测试，查看制作的影片是否符合要求。本节主要向读者介绍测试影片文件的操作方法。

12.2.1 测试场景

如果制作了多个场景的动画文件，有时不需要测试整个动画，这时可以测试播放当前编辑的
场景或元件。

素材文件	光盘 \ 素材 \ 第 12 章 \ 荷和天下 .fla	
效果文件	光盘 \ 效果 \ 第 12 章 \ 荷和天下 .fla、荷和天下 _ 场景 1.swf	
视频文件	光盘 \ 视频 \ 第 12 章 \12.2.1 测试场景 .mp4	

【操练 + 视频】——测试场景

STEP 01 单击"文件"|"打开"命令，打开一个素材文件，如图 12-9 所示。

STEP 02 在菜单栏中单击"控制"|"测试场景"命令，如图 12-10 所示。

图 12-9 打开素材文件

图 12-10 单击"测试场景"命令

专家指点

在 Flash CC 工作界面中，还可以通过以下两种方法执行"测试场景"命令：

* 在"窗口"菜单下按【S】键。

* 按【Ctrl + Alt + Enter】组合键。

STEP 03 执行操作后，即可测试场景，效果如图 12-11 所示。

图 12-11 测试场景效果

12.2.2 直接测试影片

在 Flash CC 中，当制作好 Flash 动画后，可以通过"测试"命令对动画文件进行测试操作。

素材文件	光盘 \ 素材 \ 第 12 章 \ 汽车广告 .fla	
效果文件	光盘 \ 效果 \ 第 12 章 \ 汽车广告 .fla、汽车广告 .swf	
视频文件	光盘 \ 视频 \ 第 12 章 \12.2.2 直接测试影片 .mp4	

【操练＋视频】——测试场景

STEP 01 单击"文件"|"打开"命令，打开一个素材文件，如图 12-12 所示。

STEP 02 在菜单栏中单击"控制"|"测试"命令，如图 12-13 所示。

图 12-12 打开素材文件

图 12-13 单击"测试"命令

专家指点

在 Flash CC 工作界面中按【Ctrl ＋ Enter】组合键，也可以测试影片动画效果。

STEP 03 执行操作后，即可测试影片动画效果，如图 12-14 所示。

图 12-14 测试影片动画效果

专家指点

在 Flash CC 的编辑模式中，可以测试以下两种内容：

* 主时间轴上的声音：放映时间轴时，可以试听放置在主时间轴上的声音。
* 主时间轴的动画：放映时间轴时，可以预览主时间轴上的动画效果。

12.2.3 在 Flash 中测试影片

在 Flash CC 中，通过执行"在 Flash Professional 中"命令，可以在 Flash Professional 中

测试影片动画效果。

	素材文件	光盘 \ 素材 \ 第 12 章 \ 天然雕琢 .fla
	效果文件	光盘 \ 效果 \ 第 12 章 \ 天然雕琢 .fla、天然雕琢 .swf
	视频文件	光盘 \ 视频 \ 第 12 章 \12.2.3 在 Flash 中测试影片 .mp4

【操练 + 视频】——在 Flash 中测试影片

STEP 01 单击"文件"|"打开"命令，打开一个素材文件，如图 12-15 所示。

STEP 02 在菜单栏中单击"控制"|"测试影片"|"在 Flash Professional 中"命令，如图 12-16 所示。

图 12-15 打开素材文件

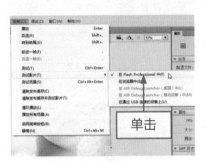

图 12-16 单击相应命令

STEP 03 执行操作后，即可在 Flash Professional 中测试影片动画效果，如图 12-17 所示。

图 12-17 测试影片动画效果

12.2.4 在浏览器中测试影片

当制作好 Flash 动画后，如果用户的电脑中没有安装 Flash Player 播放器，此时可以通过浏览器来浏览制作的影片文件。

	素材文件	光盘 \ 素材 \ 第 12 章 \ 风车转动 .fla
	效果文件	光盘 \ 效果 \ 第 12 章 \ 风车转动 .fla、风车转动 .html
	视频文件	光盘 \ 视频 \ 第 12 章 \12.2.4 在浏览器中测试影片 .mp4

【操练 + 视频】——在浏览器中测试影片

STEP 01 单击"文件"|"打开"命令，打开一个素材文件，如图 12-18 所示。

STEP 02 在菜单栏中单击"控制"|"测试影片"|"在浏览器中"命令，如图 12-19 所示。

图 12-18 打开素材文件

图 12-19 单击"在浏览器中"命令

STEP 03 执行操作后，即可打开相应的浏览器，在其中可以预览制作的影片动画，效果如图 12-20 所示。

图 12-20 预览影片动画

12.2.5 清除发布缓存

在 Flash CC 中，如果发布的文件过多，就会影响电脑的运行速度，此时可以对发布的缓存文件进行清理操作。在菜单栏中单击"控制"|"清除发布缓存"命令，如图 12-21 所示。执行操作后，即可清除发布缓存文件。

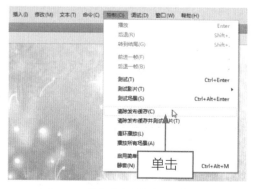

图 12-21 单击"清除发布缓存"命令

▶ 12.3 导出 Flash 为图像和影片

在 Flash CC 中，可以根据需要将制作的 Flash 动画导出为 JPEG 图像、GIF 图像或 PNG 图像文件，还可以导出为 SWF、GIF 以及 MOV 等影视文件。本节主要向读者介绍导出 Flash 为图像和影片的操作方法。

12.3.1 将动画导出为 JPEG 图像

在 Flash CC 中，将制作好的动画文件导出为 JPEG 图像，可以将其再应用于其他软件中进行使用，还可以更好地查看逐帧画面。下面向读者介绍将动画导出为 JPEG 图像的操作方法。

素材文件	光盘 \ 素材 \ 第 12 章 \ 情人节快乐 .fla
效果文件	光盘 \ 效果 \ 第 12 章 \ 情人节快乐 .jpg
视频文件	光盘 \ 视频 \ 第 12 章 \12.3.1 将动画导出为 JPEG 图像 .mp4

◆◆【操练 + 视频】——将动画导出为 JPEG 图像

STEP 01 单击 "文件" | "打开" 命令，打开一个素材文件，如图 12-22 所示。

STEP 02 在菜单栏中单击 "文件" | "导出" | "导出图像" 命令，如图 12-23 所示。

图 12-22 打开素材文件

图 12-23 单击 "导出图像" 命令

STEP 03 弹出 "导出图像" 对话框，在其中设置文件保存位置和名称，单击 "保存类型" 右侧的下拉按钮，在弹出的列表中选择 "JPEG 图像" 选项，如图 12-24 所示。

STEP 04 单击 "保存" 按钮，弹出 "导出 JPEG" 对话框，在其中设置各保存选项，单击 "确定" 按钮，如图 12-25 所示，即可导出 JPEG 图像文件。

图 12-24 选择 "JPEG 图像" 选项

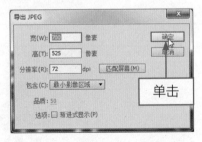

图 12-25 "导出 JPEG" 对话框

12.3.2 将动画导出为 GIF 图像

在 Flash CC 中，可以将动画文件导出为 GIF 格式的图像文件，下面介绍具体方法。

	素材文件	光盘 \ 素材 \ 第 12 章 \ 美丽大自然 .fla
	效果文件	光盘 \ 效果 \ 第 12 章 \ 美丽大自然 .gif
	视频文件	光盘 \ 视频 \ 第 12 章 \ 12.3.2 将动画导出为 GIF 图像 .mp4

【操练 + 视频】——将动画导出为 GIF 图像

STEP 01 单击"文件"|"打开"命令，打开一个素材文件，如图 12-26 所示。

STEP 02 在菜单栏中单击"文件"|"导出"|"导出图像"命令，弹出"导出图像"对话框，在其中设置文件保存位置和名称，设置"保存类型"为"GIF 图像"，如图 12-27 所示。

图 12-26 打开素材文件

图 12-27 选择"GIF 图像"选项

STEP 03 设置完成后单击"保存"按钮，弹出"导出 GIF"对话框，在其中设置各选项，如图 12-28 所示。

STEP 04 在对话框的下方选中"平滑"复选框，如图 12-29 所示，单击"确定"按钮，即可将动画文件导出为 GIF 图像。

图 12-28 "导出 GIF"对话框

图 12-29 选中"平滑"复选框

专家指点

在 Flash CC 工作界面中单击"文件"菜单，在弹出的菜单列表中按【E】、【E】键，也可以弹出"导出图像"对话框。

专家指点

在"导出 GIF"对话框中，各主要选项的含义如下：

* "宽"数值框：在该数值框中输入相应的参数，可以设置导出图像的宽度属性，以像素为基本单位。

* "高"数值框：在该数值框中输入相应的参数，可以设置导出图像的高度属性，以像素为基本单位。

* "分辨率"数值框：在该数值框中输入相应参数，可以设置分辨率以每英寸的点数来度量，根据点数和图形幅面的大小，Flash 会自动计算出图形的高度和宽度。单击其右侧的"匹配屏幕"按钮，将会按照当前屏幕的大小设置屏幕的分辨率，一般情况下，72dpi 的分辨率效果比较好。

* "颜色"列表框：在该下拉列表框中选择相应的选项，可以设置图像的标准颜色属性。

* "透明"复选框：选中该复选框，可以制作透明动画。

* "平滑"复选框：选中该复选框，可以控制输出动画的平滑程序。

12.3.3 将动画导出为 PNG 图像

在 Flash CC 中，可以将动画文件导出为 PNG 格式的透明背景图像文件。下面向读者介绍将动画导出为 PNG 图像的操作方法。

素材文件	光盘 \ 素材 \ 第 12 章 \ 字母特效 .fla	
效果文件	光盘 \ 效果 \ 第 12 章 \ 字母特效 .png	
视频文件	光盘 \ 视频 \ 第 12 章 \12.3.3 将动画导出为 PNG 图像 .mp4	

【操练 + 视频】——将动画导出为 PNG 图像

STEP 01 单击"文件"|"打开"命令，打开一个素材文件，如图 12-30 所示。

STEP 02 在菜单栏中单击"文件"|"导出"|"导出图像"命令，弹出"导出图像"对话框，在其中设置文件保存位置和名称，设置"保存类型"为"PNG 图像"，如图 12-31 所示。

图 12-30 打开素材文件

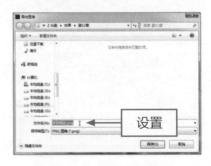

图 12-31 设置保存类型

STEP 03 设置完成后，单击"保存"按钮，弹出"导出 PNG"对话框，在其中设置宽、高、分辨率等属性，如图 12-32 所示。

STEP 04 在对话框的下方选中"平滑"复选框，如图 12-33 所示，单击"导出"按钮，即可将动画文件导出为 PNG 图像。

图 12-32　设置保存属性　　　　　　　图 12-33　选中"平滑"复选框

12.3.4　将动画导出为 SWF 影片

在 Flash CC 中，导出的动画文件一般为 SWF 文件格式，该文件格式以 .swf 为后缀名，能保存源文件中的动画、声音和其他全部内容。

素材文件	光盘 \ 素材 \ 第 12 章 \ 食遍天下 .fla
效果文件	光盘 \ 效果 \ 第 12 章 \ 食遍天下 .swf
视频文件	光盘 \ 视频 \ 第 12 章 \12.3.4　将动画导出为 SWF 影片 .mp4

【操练 + 视频】——将动画导出为 SWF 影片

STEP 01 单击"文件"|"打开"命令，打开一个素材文件，如图 12-34 所示。

STEP 02 在菜单栏中单击"文件"|"导出"|"导出影片"命令，如图 12-35 所示。

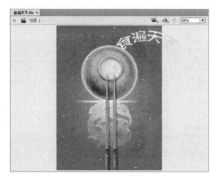

图 12-34　打开素材文件　　　　　　图 12-35　单击"导出影片"命令

专家指点

　　在 Flash CC 工作界面中，按【Ctrl + Shift + Alt + S】组合键，也可以快速执行"导出影片"命令。

STEP 03 弹出"导出影片"对话框，在其中设置文件保存位置和名称，设置"保存类型"为"SWF 影片"，如图 12-36 所示。

STEP 04 单击"保存"按钮，即可导出 SWF 影片文件，可以预览其效果，如图 12-37 所示。

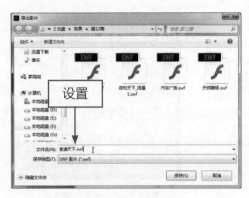

图 12-36 设置保存类型　　　　　　　　图 12-37 预览 SWF 影片效果

12.3.5 将动画导出为 JPEG 序列

在 Flash CC 中，可以将"时间轴"面板中的每一帧进行导出操作，将其导出为 JPEG 格式的序列文件。

素材文件	光盘 \ 素材 \ 第 12 章 \ 小鸟飞翔 .fla
效果文件	光盘 \ 效果 \ 第 12 章 \JPEG 序列文件夹
视频文件	光盘 \ 视频 \ 第 12 章 \12.3.5 将动画导出为 JPEG 序列 .mp4

【操练 + 视频】——将动画导出为 JPEG 序列

STEP 01 单击"文件"|"打开"命令，打开一个素材文件，如图 12-38 所示。

STEP 02 在菜单栏中单击"文件"|"导出"|"导出影片"命令，弹出"导出影片"对话框，在其中设置文件保存位置和名称，设置"保存类型"为"JPEG 序列"，如图 12-39 所示。

图 12-38 打开素材文件　　　　　　图 12-39 选择"JPEG 序列"选项

STEP 03 单击"保存"按钮，弹出"导出 JPEG"对话框，在其中设置各保存选项，单击"确定"按钮，如图 12-40 所示。

STEP 04 执行操作后，即可导出 JPEG 图像的序列文件，在文件夹中可以查看导出的图像效果，如图 12-41 所示。

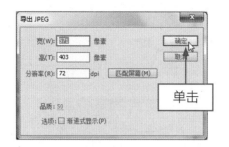

图 12-40 设置保存选项

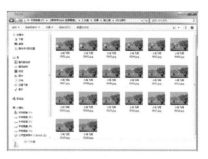

图 12-41 查看导出效果

12.3.6 将动画导出为 PNG 序列

在 Flash CC 中，可以将"时间轴"面板中的每一帧动画导出为 PNG 格式的序列文件。下面向读者介绍将动画导出为 PNG 序列文件的操作方法。

素材文件	光盘 \ 素材 \ 第 12 章 \ 破壳动画 .fla
效果文件	光盘 \ 效果 \ 第 12 章 \PNG 序列文件夹
视频文件	光盘 \ 视频 \ 第 12 章 \12.3.6 将动画导出为 PNG 序列 .mp4

【操练 + 视频】——将动画导出为 PNG 序列

STEP 01 单击"文件"|"打开"命令，打开一个素材文件，如图 12-42 所示。

STEP 02 在菜单栏中单击"文件"|"导出"|"导出影片"命令，弹出"导出影片"对话框，在其中设置文件保存位置和名称，设置"保存类型"为"PNG 序列"，如图 12-43 所示。

图 12-42 打开素材文件

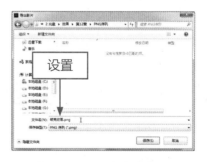

图 12-43 设置保存选项

> **专家指点**
>
> 在 Flash CC 中，还可以将 Flash 动画导出为 GIF 格式的序列文件，导出的方法很简单：首先打开相应的动画文件，在菜单栏中单击"文件"|"导出"|"导出影片"命令，弹出"导出影片"对话框，在其中设置文件保存位置和名称，设置"保存类型"为"GIF 序列"，单击"保存"按钮，弹出"导出 GIF"对话框，在其中设置各保存选项，单击"确定"按钮，即可导出 GIF 图像的序列文件。

STEP 03 单击"保存"按钮，弹出"导出 PNG"对话框，在其中设置各保存选项，单击"导出"按钮，如图 12-44 所示。

STEP 04 弹出"正在导出图像序列"对话框，显示文件导出进度，如图 12-45 所示。

图 12-44 设置保存选项

图 12-45 显示文件导出进度

STEP 05 稍等片刻，即可在文件夹中查看导出的 PNG 图像序列文件，如图 12-46 所示。

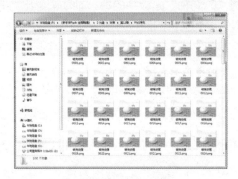

图 12-46 查看导出的 PNG 图像序列文件

12.3.7 将动画导出为 GIF 动画

在 Flash CC 中，可以将制作好的 Flash 动画导出为 GIF 格式的动画文件。下面向读者介绍将动画导出为 GIF 动画文件的操作方法。

素材文件	光盘 \ 素材 \ 第 12 章 \ 亲近自然 .fla
效果文件	光盘 \ 效果 \ 第 12 章 \ 亲近自然 .gif
视频文件	光盘 \ 视频 \ 第 12 章 \12.3.7 将动画导出为 GIF 动画 .mp4

【操练 + 视频】——将动画导出为 GIF 动画

STEP 01 单击"文件"|"打开"命令，打开素材文件，如图 12-47 所示。

图 12-47 打开素材文件

STEP 02 在菜单栏中单击"文件"|"导出"|"导出影片"命令，弹出"导出影片"对话框，在其中设置文件保存位置和名称，设置"保存类型"为"GIF 动画"，如图 12-48 所示。

STEP 03 单击"保存"按钮，弹出"导出 GIF"对话框，在其中设置各保存选项，单击"确定"按钮，如图 12-49 所示，即可导出 GIF 动画文件。

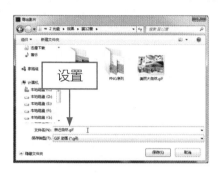

图 12-48 设置保存选项

图 12-49 "导出 GIF"对话框

专家指点

在"导出 GIF"对话框下方的"动画"数值框中，可根据需要设置 GIF 动画的播放次数。设置参数为 0 时，表示始终重复播放动画文件。

12.3.8 将动画导出为 MOV 视频

在 Flash CC 中，还可以将制作好的 Flash 动画导出为 MOV 格式的视频文件。下面向读者介绍将动画导出为 MOV 视频文件的操作方法。

素材文件	光盘 \ 素材 \ 第 12 章 \ 魔术比拼 .fla
效果文件	光盘 \ 效果 \ 第 12 章 \ 魔术比拼 .mov
视频文件	光盘 \ 视频 \ 第 12 章 \12.3.8 将动画导出为 MOV 视频 .mp4

【操练+视频】——将动画导出为 MOV 视频

STEP 01 单击"文件"|"打开"命令，打开一个素材文件，如图 12-50 所示。

STEP 02 在菜单栏中单击"文件"菜单，在弹出的菜单列表中单击"导出"|"导出视频"命令，如图 12-51 所示。

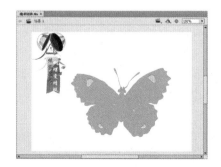

图 12-50 打开素材文件

图 12-51 单击"导出视频"命令

STEP 03 弹出"导出视频"对话框，单击"浏览"按钮，如图 12-52 所示。

STEP 04 弹出"选择导出目标"对话框，在其中设置视频的导出位置，如图 12-53 所示。

图 12-52 单击"浏览"按钮

图 12-53 设置视频导出位置

STEP 05 单击"保存"按钮，返回"导出视频"对话框，其中显示了刚设置的导出位置，单击"导出"按钮，如图 12-54 所示，即可将 Flash 动画导出为 MOV 格式的视频文件。

图 12-54 单击"导出"按钮

▸ 12.4 发布 Flash 为图像和影片

如果要将 Flash 影片作品放在网上供浏览者观看，除了要将其输出为动画播放作品以外，还要在插入影片的网页中编制一段 HTML 引导程序。这段 HTML 引导程序的作用是调用 Flash 播放插件，并播放指定位置的 Flash 影片文件。另外，还需要为那些不愿意观看 Flash 动画的浏览者准备一个非 Flash 影片的作品。在这种情况下，可能需要同时输入多种与该作品有关的文件格式（如 GIF 或 JPEG 动画文件序列等），为浏览者提供多种网页版本。本节主要向读者介绍发布 Flash 影片的方法。

▨ 12.4.1 直接发布影片文件

在 Flash CC 中，通过"发布"命令可以直接对动画进行发布操作。下面向读者介绍直接发布影片文件的操作方法。

	素材文件	光盘\素材\第 12 章\清明时节 .fla
	效果文件	光盘\效果\第 12 章\清明时节 .html、清明时节 .swf
	视频文件	光盘\视频\第 12 章\12.4.1 直接发布影片文件 .mp4

✖【操练 + 视频】——直接发布影片文件

STEP 01 单击"文件"|"打开"命令，打开素材文件，如图 12-55 所示。

STEP 02 在菜单栏中单击"文件"|"发布"命令，如图 12-56 所示。

图 12-55 打开素材文件

图 12-56 单击"发布"命令

STEP 03 执行操作后，即可以默认的发布方式对 Flash 动画进行发布操作，如图 12-57 所示。

图 12-57 对 Flash 动画进行发布操作

专家指点

在 Flash CC 工作界面中，按【Shift + Alt + F12】组合键，也可以快速执行"发布"命令。

12.4.2 将动画发布为 Flash 文件

SWF 格式的文件是 Flash 动画的最佳途径，它也是为了从 Web 获取用户制作动画的第一步。使用者可以用网络浏览器进行浏览。

素材文件	光盘 \ 素材 \ 第 12 章 \ 蛋卷 .fla
效果文件	光盘 \ 效果 \ 第 12 章 \ 蛋卷 .swf
视频文件	光盘 \ 视频 \ 第 12 章 \12.4.2 将动画发布为 Flash 文件 .mp4

【操练 + 视频】——将动画发布为 Flash 文件

STEP 01 单击"文件"|"打开"命令，打开一个素材文件，如图 12-58 所示。

STEP 02 在菜单栏中单击"文件"|"发布设置"命令，如图 12-59 所示。

STEP 03 弹出"发布设置"对话框，在左侧列表框中选中 Flash 复选框，即可切换至 Flash 选项卡，如图 12-60 所示。

STEP 04 单击"输出文件"右侧的"选择发布目标"按钮📂，弹出"选择发布目标"对话框，在其中设置文件的发布位置与名称，单击"保存"按钮，如图 12-61 所示。

图 12-58 打开素材文件

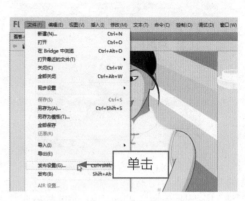

图 12-59 单击"发布设置"命令

图 12-60 选中 Flash 复选框

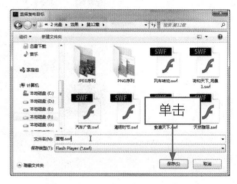

图 12-61 "选择发布目标"对话框

STEP 05 返回"发布设置"对话框，其中显示了刚设置的输出文件位置，单击下方的"发布"按钮，如图 12-62 所示。

STEP 06 执行操作后，即可发布 SWF 格式的影片文件，如图 12-63 所示。

图 12-62 单击"发布"按钮

图 12-63 发布 SWF 格式的影片文件

12.4.3 将动画发布为 HTML 文件

在 Flash CC 中，当制作好的 Flash 动画被发布后可以在网页中查看，也可以直接将动画发布成 HTML 文件。

	素材文件	光盘 \ 素材 \ 第 12 章 \ 美甲广告 .fla
	效果文件	光盘 \ 效果 \ 第 12 章 \ 美甲广告 .html
	视频文件	光盘 \ 视频 \ 第 12 章 \12.4.3 将动画发布为 HTML 文件 .mp4

【操练 + 视频】——将动画发布为 HTML 文件

STEP 01 单击"文件" | "打开"命令，打开一个素材文件，如图 12-64 所示。

STEP 02 单击"文件" | "发布设置"命令，弹出"发布设置"对话框，在左侧选中"HTML 包装器"复选框，单击"输出文件"右侧的"选择发布目标"按钮，如图 12-65 所示。

图 12-64 打开素材文件

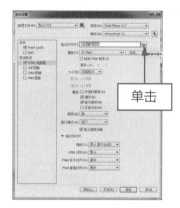

图 12-65 单击"选择发布目标"按钮

STEP 03 弹出"选择发布目标"对话框，在其中设置文件的保存位置与名称，单击"保存"按钮，如图 12-66 所示。

STEP 04 返回"发布设置"对话框，单击"发布"按钮，即可将动画发布为 HTML 文件，效果如图 12-67 所示。

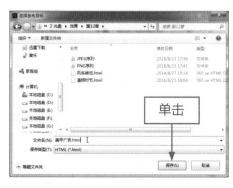

图 12-66 设置保存选项

图 12-67 发布为 HTML 文件

12.4.4 将动画发布为 GIF 文件

GIF 是网上最流行的图形格式之一，因为 GIF 文件提供了一个导出绘图和简单动画以便在 Web 页面上使用的简单方法。标准的 GIF 文件就是简单的经过压缩的位图，Flash 可以优化 GIF 动画，只存储逐帧更改。GIF 适合导出线条和色块分明的图片。

素材文件	光盘 \ 素材 \ 第 12 章 \ 手牵手 .fla
效果文件	光盘 \ 效果 \ 第 12 章 \ 手牵手 .gif
视频文件	光盘 \ 视频 \ 第 12 章 \12.4.4 将动画发布为 GIF 文件 .mp4

【操练 + 视频】——将动画发布为 GIF 文件

STEP 01 单击"文件"|"打开"命令，打开一个素材文件，如图 12-68 所示。

STEP 02 单击"文件"|"发布设置"命令，弹出"发布设置"对话框，在左侧选中"GIF 图像"复选框，单击"输出文件"右侧的"选择发布目标"按钮，如图 12-69 所示。

图 12-68 打开素材文件

图 12-69 "发布设置"对话框

STEP 03 弹出"选择发布目标"对话框，在其中设置 GIF 文件的保存位置和名称，单击"保存"按钮，如图 12-70 所示。

STEP 04 返回"发布设置"对话框，单击"播放"右侧的下拉按钮，在弹出的列表中选择"动画"选项，如图 12-71 所示。单击"发布"按钮，即可发布为 GIF 文件。

图 12-70 设置保存选项

图 12-71 选择"动画"选项

专家指点

在 Flash CC 中，按【Ctrl + Shift + F12】组合键，也可以执行"发布设置"命令。

12.4.5 将动画发布为 JPEG 文件

Flash 在发布 JPEG 文件时，默认情况下只发布第 1 帧。如果要发布 Flash 文件中的其他帧，可以使用 Static 标记来指定该帧，并且导出的图像只能作为静态图像导出。

素材文件	光盘 \ 素材 \ 第 12 章 \ 周年庆典 .fla	
效果文件	光盘 \ 效果 \ 第 12 章 \ 周年庆典 .jpg	
视频文件	光盘 \ 视频 \ 第 12 章 \12.4.5 将动画发布为 JPEG 文件 .mp4	

【操练 + 视频】——将动画发布为 JPEG 文件

STEP 01 单击"文件"|"打开"命令，打开一个素材文件，如图 12-72 所示。

STEP 02 单击"文件"|"发布设置"命令，弹出"发布设置"对话框，在左侧选中"JPEG 图像"复选框，单击"输出文件"右侧的"选择发布目标"按钮 ，如图 12-73 所示。

图 12-72 打开素材文件

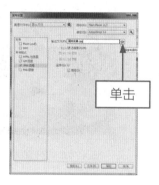

图 12-73 "发布设置"对话框

STEP 03 弹出"选择发布目标"对话框，在其中设置 JPEG 文件的保存位置和名称，单击"保存"按钮，如图 12-74 所示。

STEP 04 返回"发布设置"对话框，单击下方的"发布"按钮，如图 12-75 所示，即可将动画发布为 JPEG 文件。

图 12-74 设置保存选项

图 12-75 单击"发布"按钮

12.4.6 将动画发布为 PNG 文件

PNG 文件格式是一种静态图像文件格式，这是一种新型的图像文件格式，相对于 GIF 和 JPEG 图像文件格式都有不小的改进。下面向读者介绍将动画发布为 PNG 文件的操作方法。

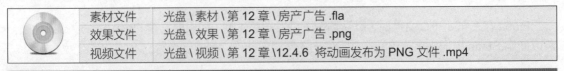

素材文件	光盘 \ 素材 \ 第 12 章 \ 房产广告 .fla
效果文件	光盘 \ 效果 \ 第 12 章 \ 房产广告 .png
视频文件	光盘 \ 视频 \ 第 12 章 \12.4.6 将动画发布为 PNG 文件 .mp4

【操练＋视频】——将动画发布为 PNG 文件

STEP 01 单击"文件"|"打开"命令，打开一个素材文件，如图 12-76 所示。

STEP 02 单击"文件"|"发布设置"命令，弹出"发布设置"对话框，在左侧选中"PNG 图像"复选框，单击"输出文件"右侧的"选择发布目标"按钮，如图 12-77 所示。

图 12-76 打开素材文件

图 12-77 "发布设置"对话框

STEP 03 弹出"选择发布目标"对话框，在其中设置 PNG 文件的保存位置和名称，单击"保存"按钮，如图 12-78 所示。

STEP 04 返回"发布设置"对话框，单击下方的"发布"按钮，如图 12-79 所示，即可将动画发布为 PNG 文件。

图 12-78 设置保存选项

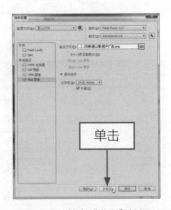

图 12-79 单击"发布"按钮

12.4.7 一次性发布多个影片文件

在 Flash CC 中，还可以一次性发布多个动画文件，从而提高发布影片的效率。下面向读者介绍一次性发布多个影片文件的操作方法。

素材文件	光盘 \ 素材 \ 第 12 章 \ 画画 .fla
效果文件	光盘 \ 效果 \ 第 12 章 \ 画画 .png、画画 .gif、画画 .swf
视频文件	光盘 \ 视频 \ 第 12 章 \12.4.7 一次性发布多个影片文件 .mp4

【操练 + 视频】——一次性发布多个影片文件

STEP 01 单击"文件"|"打开"命令，打开一个素材文件，如图 12-80 所示。

STEP 02 在菜单栏中单击"文件"|"发布设置"命令，如图 12-81 所示。

图 12-80 打开素材文件

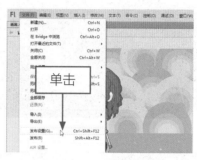

图 12-81 单击"发布设置"命令

STEP 03 执行操作后，弹出"发布设置"对话框，如图 12-82 所示。

STEP 04 在左侧列表框中选中多个需要导出的格式类型所对应的复选框，依次单击"发布"按钮，如图 12-83 所示，即可一次性发布多个需要的文件对象。

图 12-82 "发布设置"对话框

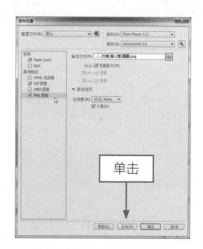

图 12-83 选择导出格式类型

CHAPTER

设计实践：商业项目
综合实战案例

章前知识导读

通过前面章节的学习，相信读者对 Flash CC 软件已经完全掌握了，本章将以综合实战的形式，加深读者的学习效果。本章主要讲解图形动画、导航动画以及商业动画的制作方法，希望读者能熟练掌握本章内容。

新手重点索引

- 图形动画——表情包动画
- 导航动画——超炫铃声广告
- 商业动画——珠宝首饰广告

▶ 13.1 图形动画——表情包动画

《表情包动画》实例的制作原理是逐帧动画，即通过改变每一帧中舞台对应的内容来产生动画效果。在制作本实例的过程中，通过改变不同帧对应的女孩表情来制作动画。本节主要介绍《表情包动画》实例的制作方法，效果如图 13-1 所示。

图 13-1 《表情包动画》实例效果

■ 13.1.1 制作女孩整体轮廓

首先打开一个素材文件，然后将"库"面板中的相应元件拖曳至舞台中，制作人物图形的整体轮廓。

素材文件	光盘 \ 素材 \ 第 13 章 \ 女孩变脸 .fla	
效果文件	无	
视频文件	光盘 \ 视频 \ 第 13 章 \13.1.1 制作女孩整体轮廓 .mp4	

◣ 【操练 + 视频】——制作女孩整体轮廓

STEP 01 在菜单栏中单击"文件"|"打开"命令，如图 13-2 所示。

STEP 02 弹出"打开"对话框，在其中选择需要打开的动画素材文件，如图 13-3 所示，单击"打开"按钮。

图 13-2 单击"打开"命令

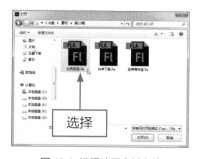

图 13-3 选择动画素材文件

STEP 03 执行操作后，即可打开选中的素材文件，如图 13-4 所示。

STEP 04 在"时间轴"面板中选择"图层 1"的第 75 帧，如图 13-5 所示。

图 13-4 打开素材文件

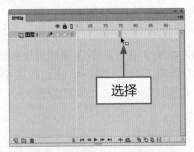

图 13-5 选择图层的第 75 帧

STEP|05 单击鼠标右键，在弹出的快捷菜单中选择"插入帧"选项，如图 13-6 所示。

STEP|06 执行操作后，即可插入帧，如图 13-7 所示。

图 13-6 选择"插入帧"选项

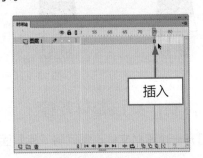

图 13-7 插入帧

13.1.2 制作女孩眼睛效果

当打开素材在舞台中制作好人物的整体画面后，接下来介绍创建人物眼睛的方法。

素材文件	无
效果文件	无
视频文件	光盘 \ 视频 \ 第 13 章 \13.1.2 制作女孩眼睛效果 .mp4

【操练 + 视频】——制作女孩眼睛效果

STEP|01 单击"时间轴"面板底部的"新建图层"按钮，如图 13-8 所示。

STEP|02 执行操作后，即可新建"图层 2"，如图 13-9 所示。

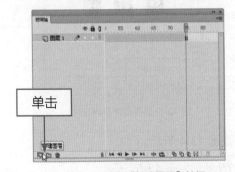

图 13-8 单击"新建图层"按钮

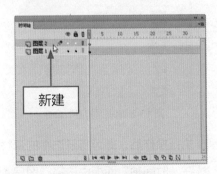

图 13-9 新建"图层 2"

STEP 03 在菜单栏中单击"窗口"菜单，在弹出的菜单列表中单击"库"命令，如图 13-10 所示，也可以直接按【Ctrl + L】组合键。

STEP 04 打开"库"面板，在其中选择"元件 7"图形元件，如图 13-11 所示。

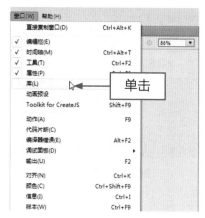

图 13-10 单击"库"命令　　　　图 13-11 选择"元件 7"图形元件

专家指点

在 Flash CC 工作界面中，按【Ctrl + L】组合键，可以对"库"面板进行显示或者隐藏操作。

STEP 05 将选中的元件拖曳至舞台合适位置，效果如图 13-12 所示。

图 13-12 将元件拖曳至舞台合适当位置

13.1.3 制作表情包动画 1

在制作动画的过程中，可以采用逐帧动画的制作方式制作人物的表情转换效果。

素材文件	无	
效果文件	无	
视频文件	光盘 \ 视频 \ 第 13 章 \13.1.3 制作表情包动画 1.mp4	

【操练 + 视频】——制作表情包动画 1

STEP 01 在"时间轴"面板中单击面板底部的"新建图层"按钮◻，如图 13-13 所示。

STEP 02 执行操作后，即可新建"图层 3"，如图 13-14 所示。

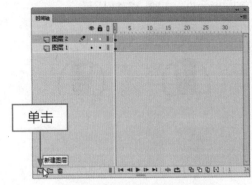

图 13-13 单击"新建图层"按钮

图 13-14 新建"图层 3"

STEP 03 在"库"面板中选择"元件 2"图形元件，如图 13-15 所示。

STEP 04 将选中的图形元件拖曳至舞台合适位置，如图 13-16 所示。

图 13-15 选择"元件 2"图形元件

图 13-16 拖曳至舞台合适位置

STEP 05 在"时间轴"面板中选择"图层 3"的第 15 帧，如图 13-17 所示。

STEP 06 单击鼠标右键，在弹出的快捷菜单中选择"插入空白关键帧"选项，如图 13-18 所示。

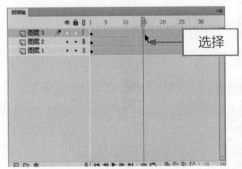

图 13-17 选择图层的第 15 帧

图 13-18 选择"插入空白关键帧"选项

STEP 07 执行操作后，即可插入空白关键帧，如图 13-19 所示。

STEP 08 在"库"面板中选择"元件 3"图形元件，如图 13-20 所示。

图 13-19 插入空白关键帧

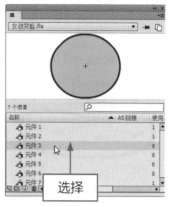

图 13-20 选择"元件 3"图形元件

STEP 09 将选中的图像元件拖曳至舞台合适位置，如图 13-21 所示。

STEP 10 在"时间轴"面板中选择"图层 3"的第 30 帧，如图 13-22 所示。

图 13-21 将图像元件拖曳至舞台

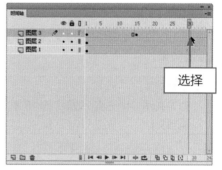

图 13-22 选择图层的第 30 帧

STEP 11 在菜单栏中单击"插入"|"时间轴"|"空白关键帧"命令，如图 13-23 所示。

STEP 12 执行操作后，即可插入空白关键帧，如图 13-24 所示。

图 13-23 单击"空白关键帧"命令

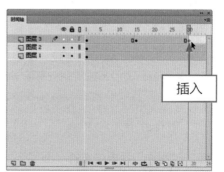

图 13-24 插入空白关键帧

专家指点

在 Flash CC 工作界面中，依次按键盘上的【Alt】、【I】、【N】、【N】、【Enter】、【B】键，也可以快速执行"空白关键帧"命令。

STEP 13 在"库"面板中选择"元件4"图形元件，如图 13-25 所示。

STEP 14 将选中的图像元件拖曳至舞台合适位置，表情动画制作完成，效果如图 13-26 所示。

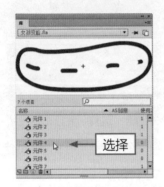

图 13-25 选择"元件4"图形元件

图 13-26 拖曳至舞台合适位置

13.1.4 制作表情包动画 2

在制作动画的过程中，如果希望女孩的表情更加丰富一些，还可以继续通过添加空白关键帧来制作女孩变脸效果。

	素材文件	无
	效果文件	光盘\效果\第 13 章\表情包动画 .fla、表情包动画 .swf
	视频文件	光盘\视频\第 13 章\13.1.4 制作表情包动画 2.mp4

【操练+视频】——制作表情包动画 2

STEP 01 在"图层2"的第 45 帧位置插入空白关键帧，如图 13-27 所示。

STEP 02 在"图层3"的第 45 帧位置插入空白关键帧，如图 13-28 所示。

图 13-27 插入空白关键帧

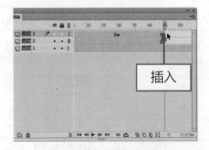

图 13-28 插入空白关键帧

STEP 03 在"时间轴"面板中选择"图层3"的第 45 帧，在"库"面板中选择"元件5"图形元件，如图 13-29 所示。

STEP 04 将"库"面板中选中的图像元件拖曳至舞台中的合适位置，如图 13-30 所示。

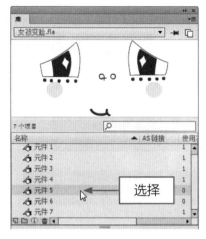

图 13-29 选择"元件 5"图形元件

图 13-30 拖曳至舞台合适位置

`STEP 05` 在"图层 3"的第 60 帧位置插入空白关键帧，如图 13-31 所示。

`STEP 06` 将"元件 6"拖曳至舞台合适位置，如图 13-32 所示。

图 13-31 插入空白关键帧

图 13-32 拖曳至舞台合适位置

`STEP 07` 按【Ctrl + Enter】组合键测试动画，效果如图 13-33 所示。

图 13-33 测试动画效果

◆ 13.2 导航动画——超炫铃声广告

在网站上经常可以看到一些商业类的 Flash 动画，这也是对产品的一种宣传，可以提高产品的销量。本节主要介绍商业类动画——《超炫铃声广告》动画实例的制作方法，效果如图 13-34 所示。

图 13-34 《超炫铃声广告》实例效果

◢ 13.2.1 制作广告背景动画

在制作《超炫铃声广告》动画时，通过"遮罩层"功能可以制作背景的遮罩动画效果。下面介绍制作广告背景动画的操作方法。

	素材文件	光盘 \ 素材 \ 第 13 章 \ 铃声下载 .fla
	效果文件	无
	视频文件	光盘 \ 视频 \ 第 13 章 \13.2.1 制作广告背景动画 .mp4

◣◥【操练＋视频】——制作广告背景动画

STEP 01 单击"文件"|"打开"命令，打开一个包含素材图像的文件，其"库"面板如图 13-35 所示。

STEP 02 在舞台中的空白位置上单击鼠标右键，在弹出的快捷菜单中选择"文档"选项，如图 13-36 所示。

图 13-35 "库"面板

图 13-36 选择"文档"选项

STEP 03 弹出"文档设置"对话框，在其中设置"宽"为"600 像素"、"高"为"120 像素"、"背景颜色"为灰色（# CCCCCC），如图 13-37 所示。

STEP 04 单击"确定"按钮，即可设置文档中舞台的尺寸属性，如图 13-38 所示。

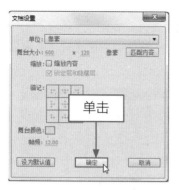

图 13-37 "文档设置"对话框

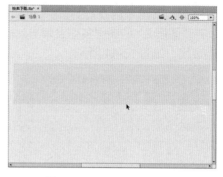

图 13-38 设置舞台尺寸属性

STEP 05 将"库"面板中的"背景图片"图像拖曳至舞台中的合适位置，如图 13-39 所示。

STEP 06 选择"图层 1"的第 50 帧，在该帧位置插入帧，新建"图层 2"，如图 13-40 所示。

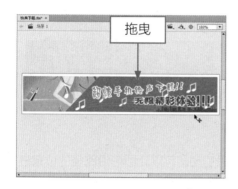

图 13-39 拖曳至舞台中的合适位置

图 13-40 新建"图层 2"

STEP 07 运用矩形工具在舞台中的合适位置绘制一个"笔触颜色"为无、"填充颜色"为任意色的矩形，如图 13-41 所示。

STEP 08 选择"图层 2"的第 10 帧，在该帧位置插入关键帧。运用任意变形工具对该帧中的对象进行缩放，使其覆盖整个舞台，如图 13-42 所示。

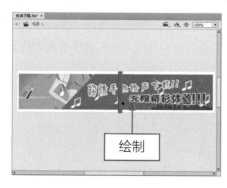

图 13-41 绘制矩形

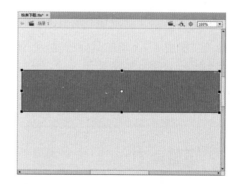

图 13-42 缩放对象

STEP 09 在"图层 2"的第 1 帧至第 10 帧之间单击鼠标右键，在弹出的快捷菜单中选择"创建补间形状"选项，即可创建补间形状动画，如图 13-43 所示。

STEP 10 在"图层 2"的图层名称上单击鼠标右键，在弹出的快捷菜单中选择"遮罩层"选项，即可创建遮罩层，如图 13-44 所示。

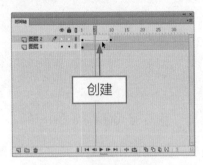

图 13-43 创建补间形状动画   图 13-44 创建遮罩层

STEP 11 在"时间轴"面板中按【Enter】键，预览制作的背景动画，效果如图 13-45 所示。

图 13-45 预览背景动画效果

13.2.2 制作音符运动特效

在制作《超炫铃声广告》动画时，通过制作引导层动画可以让图形沿路径的位置进行运动。下面向读者介绍制作音符图形引导运动特效的操作方法。

	素材文件	无
	效果文件	无
	视频文件	光盘\视频\第 13 章\13.2.2 制作音符运动特效 .mp4

【操练 + 视频】——制作音符运动特效

STEP 01 单击"插入"|"新建元件"命令，弹出"创建新元件"对话框，在其中设置"名称"为"音符"、"类型"为"影片剪辑"，如图 13-46 所示，单击"确定"按钮，进入元件编辑模式。

STEP 02 在"图层 1"上单击鼠标右键，在弹出的快捷菜单中选择"添加传统运动引导层"选项，即可新建引导层，如图 13-47 所示。

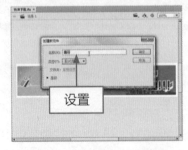

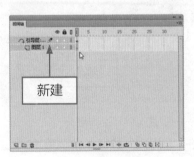

图 13-46 "创建新元件"对话框   图 13-47 新建引导层

STEP 03 运用铅笔工具在舞台中的合适位置绘制一根"笔触颜色"为任意色的曲线，并在该图层的第 30 帧位置插入帧，如图 13-48 所示。

STEP 04 选择"图层 1"的第 1 帧，将"库"面板中的"符号 3"元件拖曳至曲线的右侧，如图 13-49 所示。

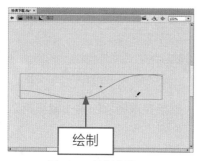

图 13-48 绘制曲线

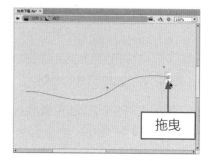

图 13-49 拖曳至曲线的右侧

STEP 05 选择"图层 1"的第 30 帧并单击鼠标右键，在弹出的快捷菜单中选择"插入关键帧"选项，将"符号 3"元件拖曳至曲线的左侧，如图 13-50 所示。

STEP 06 在"图层 1"的第 1 帧至第 30 帧之间创建传统补间动画，如图 13-51 所示，即可完成引导层动画的制作。

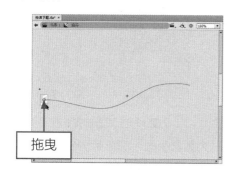

图 13-50 拖曳至曲线的左侧

图 13-51 创建传统补间动画

◢ 13.2.3 制作圆环顺时针动画

在制作《超炫铃声广告》动画时，首先将圆环图形设置为元件，然后通过设置"旋转"为"顺时针"，即可制作出圆环旋转的运动效果。

素材文件	无
效果文件	无
视频文件	光盘 \ 视频 \ 第 13 章 \13.2.3 制作圆环顺时针动画 .mp4

✕ 【操练 + 视频】——制作圆环顺时针动画

STEP 01 单击"插入"|"新建元件"命令，弹出"创建新元件"对话框，设置"名称"为"小圆环"、"类型"为"图形"，如图 13-52 所示，单击"确定"按钮，进入元件编辑模式。

STEP 02 将"库"面板的"圆环"元件拖曳至舞台中合适位置，如图 13-53 所示。

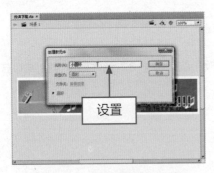

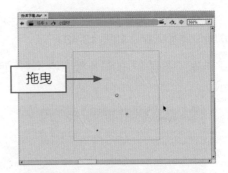

图 13-52 "创建新元件"对话框　　　　　　　　图 13-53 拖曳至舞台中合适位置

STEP 03 在"图层 1"的第 20 帧位置插入关键帧，然后在该图层的第 1 帧至第 20 帧之间创建传统补间动画，如图 13-54 所示。

STEP 04 选择第 1 帧，在"属性"面板中设置"旋转"为"顺时针"、"旋转数"为 1，如图 13-55 所示。

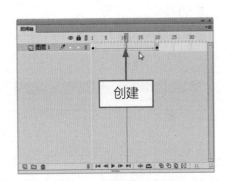

图 13-54 创建传统补间动画　　　　　　　　图 13-55 设置旋转选项

STEP 05 采用同样的方法，新建一个"名称"为"大圆套小圆"的影片剪辑元件，进入该元件的编辑模式，将"库"面板中的"圆环"元件拖曳至舞台中的合适位置，如图 13-56 所示。

STEP 06 新建"图层 2"，将"小圆环"元件拖曳至舞台中的合适位置，并运用任意变形工具对其进行适当的缩放操作，如图 13-57 所示。

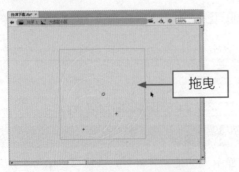

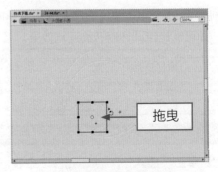

图 13-56 拖曳至舞台中的合适位置　　　　　　图 13-57 进行缩放操作

STEP 07 按住【Ctrl】键的同时，分别选择"图层 1"和"图层 2"的第 20 帧并单击鼠标右键，在弹出的快捷菜单中选择"插入帧"选项，插入普通帧，如图 13-58 所示。

STEP 08 采用同样的方法，再次新建一个"名称"为"圆环动画"的影片剪辑元件，进入该元件编辑模式，将"库"面板中的"大圆套小圆"元件拖曳至舞台中的合适位置，如图 13-59 所示。

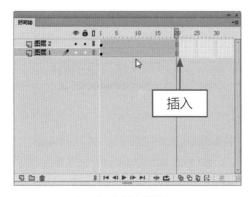

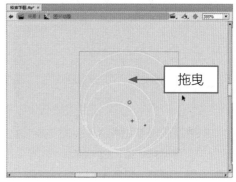

图 13-58 插入普通帧　　　　　　　　图 13-59 拖曳至舞台中的合适位置

STEP 09 在"图层 1"的第 20 帧位置插入关键帧，并在第 1 帧至第 20 帧之间创建补间动画，如图 13-60 所示。

STEP 10 选择第 1 帧，在"属性"面板中设置"旋转"为"顺时针"、"旋转数"为 1，如图 13-61 所示，即可完成圆环动画的制作。

图 13-60 创建补间动画　　　　　　　　图 13-61 设置旋转选项

13.2.4 制作广告合成动画

在制作《超炫铃声广告》动画时，当制作好各种引导动画与圆环动画后，接下来需要在场景中将这些制作的元件动画进行合成操作，使其成为一个完整的动画文件。

素材文件	无
效果文件	光盘 \ 效果 \ 第 13 章 \ 超炫铃声广告 .fla、超炫铃声广告 .swf
视频文件	光盘 \ 视频 \ 第 13 章 \13.2.4 制作广告合成动画 .mp4

【操练 + 视频】——制作广告合成动画

STEP 01 返回主场景，在"时间轴"面板中新建"图层 3"，在该图层的第 10 帧位置插入空白关键帧，如图 13-62 所示。

STEP 02 将"库"面板中的"音符"元件拖曳至舞台中的合适位置，如图 13-63 所示。

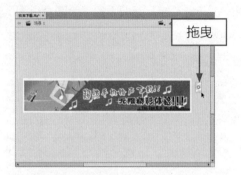

图 13-62 插入空白关键帧　　　　　　　图 13-63 拖曳至舞台中的合适位置

STEP 03 选择"图层 3"第 10 帧中的对象，在"属性"面板中设置其"颜色样式"为"色调"、"色调颜色"为粉红（＃ FF00FF），如图 13-64 所示。

STEP 04 此时，舞台中的元件效果如图 13-65 所示。

图 13-64 设置元件颜色样式　　　　　　　图 13-65 舞台中的元件效果

STEP 05 重复上述操作，再拖曳两个"音符"元件至舞台中，并进行相应的操作（色调颜色可根据自己的喜好进行设置），操作完成后的"时间轴"面板与舞台效果如图 13-66 所示。

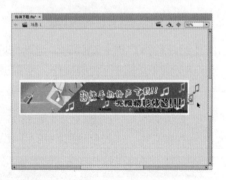

图 13-66 "时间轴"面板与舞台效果

STEP 06 新建"图层4"，在该图层的第10帧位置插入空白关键帧。从"库"面板中拖曳两个"圆环动画"元件至舞台中的合适位置，并运用任意变形工具对其进行适当的缩放和旋转操作，如图13-67所示。

STEP 07 选择"图层6"的第50帧，在该帧位置插入关键帧。按【F9】键，弹出"动作"面板，在其中输入相应的代码，如图13-68所示。

图13-67 进行缩放和旋转操作　　　　图13-68 输入代码

STEP 08 至此，《超炫铃声广告》动画制作完成。按【Ctrl + Enter】组合键测试动画，效果如图13-69所示。

图13-69 测试动画效果

▶▶ 13.3　商业动画——珠宝首饰广告

珠宝是具有一定价值的首饰、工艺品和其他稀有的珍品，因其艳丽晶莹，光彩夺目，透明而洁净的特点被人们喜爱。目前，各类网站、电视上有很多不同的珠宝类广告。本节主要介绍《珠宝首饰广告》动画的制作方法，效果如图13-70所示。

图13-70 《珠宝首饰广告》实例效果

13.3.1 制作广告红色背景

在制作《珠宝首饰广告》动画的广告背景时，背景的整体颜色要与珠宝产品的颜色相匹配，这样制作出来的广告背景才具有吸引力。

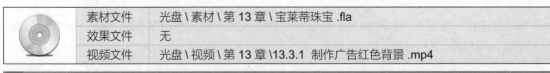

素材文件	光盘\素材\第13章\宝莱蒂珠宝.fla
效果文件	无
视频文件	光盘\视频\第13章\13.3.1 制作广告红色背景.mp4

【操练+视频】——制作广告背景动画

STEP 01 单击"文件"|"打开"命令，打开一个素材文件，在"库"面板中将"背景.jpg"拖曳至舞台中，如图13-71所示。

STEP 02 在图像外任意位置单击鼠标右键，在弹出的快捷菜单中选择"文档"选项，如图13-72所示。

图13-71 将"背景.jpg"拖曳至舞台中

图13-72 选择"文档"选项

STEP 03 在弹出的"文档设置"对话框中单击"匹配内容"按钮，设置"帧频"为12，如图13-73所示，单击"确定"按钮。

STEP 04 执行操作后，即可完成背景动画的制作，如图13-74所示。

图13-73 单击"匹配内容"按钮

图13-74 完成背景动画的制作

13.3.2 制作珠宝首饰动画

在制作《珠宝首饰广告》动画时，传统补间动画主要用于制作图形间的运动效果。下面向读者介绍制作珠宝首饰补间动画的操作方法。

	素材文件	无
	效果文件	无
	视频文件	光盘 \ 视频 \ 第 13 章 \13.3.2 制作珠宝首饰动画 .mp4

✕ 【操练 + 视频】——制作珠宝首饰动画

STEP 01 在"图层 1"的第 170 帧位置插入帧，新建 6 个图层，如图 13-75 所示。

STEP 02 选择"图层 2"的第 1 帧，将"库"面板中的"光"元件拖曳至舞台中，如图 13-76 所示。

图 13-75 新建 6 个图层

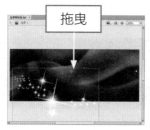

图 13-76 将"光"元件拖曳至舞台中

STEP 03 在"图层 2"的第 5 帧位置插入关键帧，将第 1 帧对应实例的 Alpha 值设置为 0，如图 13-77 所示。

STEP 04 在"图层 2"的关键帧之间创建传统补间动画，如图 13-78 所示。

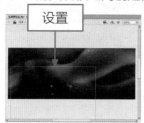

图 13-77 将 Alpha 值设置为 0

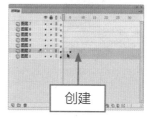

图 13-78 创建传统补间动画

STEP 05 在"图层 3"的第 5 帧位置插入关键帧，将"库"面板中的"耳环"元件拖曳至舞台中，如图 13-79 所示。

STEP 06 在"图层 3"的第 15 帧位置插入关键帧，将第 5 帧对应的实例向左拖曳，并将其 Alpha 设置为 0，如图 13-80 所示。

STEP 07 在"图层 3"的关键帧之间创建传统补间动画，在"图层 4"和"图层 5"的第 15 帧位置插入关键帧，如图 13-81 所示。

STEP 08 选择"图层 4"的第 15 帧，在"库"面板中将"项链"拖曳至舞台中，适当调整其形状和位置，如图 13-82 所示。

STEP 09 选择"图层 5"的第 15 帧，选取工具箱中的矩形工具，在舞台中绘制一个白色矩形，如图 13-83 所示。

STEP 10 在"图层 5"的第 25 帧位置插入关键帧，将第 15 帧对应的图形缩小，如图 13-84 所示。

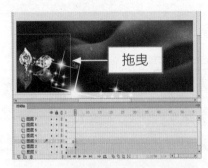

图 13-79 将"耳环"元件拖曳至舞台中

图 13-80 将 Alpha 设置为 0

图 13-81 在第 15 帧位置插入关键帧

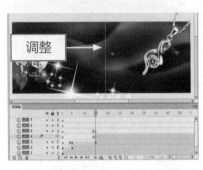

图 13-82 适当调整其形状和位置

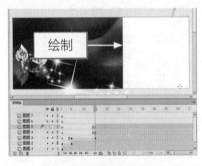

图 13-83 绘制白色矩形

图 13-84 将对应的图形缩小

STEP 11 在"图层 5"的关键帧之间创建补间形状动画，如图 13-85 所示。

STEP 12 选择"图层 5"并单击鼠标右键，在弹出的快捷菜单中选择"遮罩层"选项，添加遮罩动画，如图 13-86 所示。

图 13-85 创建补间形状动画

图 13-86 添加遮罩动画

STEP 13 在"时间轴"面板中按【Enter】键,预览制作的补间动画,效果如图 13-87 所示。

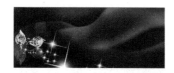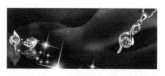

图 13-87 预览补间动画效果

13.3.3 制作广告文案动画

在制作《珠宝首饰广告》动画时,主要通过设置 Alpha 值的属性来制作广告文案的动画效果。下面介绍制作广告文案动画的操作方法。

素材文件	无
效果文件	无
视频文件	光盘 \ 视频 \ 第 13 章 \13.3.3 制作广告文案动画 .mp4

【操练 + 视频】——制作广告文案动画

STEP 01 在"图层 6"和"图层 7"的第 30 帧位置插入关键帧,选择"图层 6"的第 30 帧,将"库"面板中的"文本 3"元件拖曳至舞台中,如图 13-88 所示。

STEP 02 选择"图层 7"的第 30 帧,将"文本 2"元件拖曳至舞台中,如图 13-89 所示。

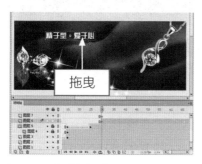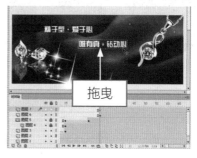

图 13-88 将"文本 3"元件拖曳至舞台中   图 13-89 将"文本 2"元件拖曳至舞台中

STEP 03 在"图层 6"和"图层 7"的第 40 帧位置插入关键帧,将"图层 6"的第 30 帧对应的实例向左拖曳,并设置其 Alpha 值为 0,如图 13-90 所示。

STEP 04 将"图层 7"第 30 帧对应的实例向右拖曳,并设置其 Alpha 值为 0,如图 13-91 所示。

图 13-90 将对应的实例向左拖曳   图 13-91 将对应的实例向右拖曳

STEP 05 在"图层 6"和"图层 7"的关键帧之间分别创建传统补间动画，如图 13-92 所示。

STEP 06 在"图层 2"的第 65 帧和第 70 帧、"图层 3"的第 60 帧和第 65 帧位置分别插入关键帧，如图 13-93 所示。

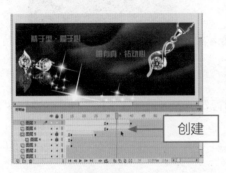

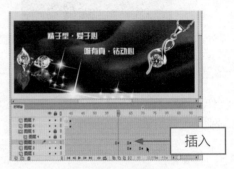

图 13-92 创建传统补间动画　　　　　　　　图 13-93 插入关键帧

STEP 07 将"图层 3"的第 65 帧所对应的实例向下拖曳，设置其 Alpha 值为 0，如图 13-94 所示。

STEP 08 选择"图层 2"的第 70 帧所对应的实例，在"属性"面板中设置其 Alpha 值为 0，如图 13-95 所示。

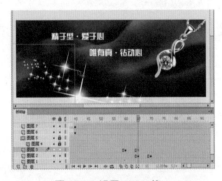

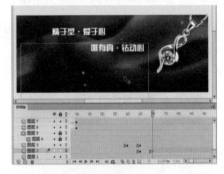

图 13-94 设置 Alpha 值　　　　　　　　　　图 13-95 设置 Alpha 值

STEP 09 在"图层 2"的第 65 帧至第 70 帧、"图层 3"的第 60 帧至第 65 帧分别创建传统补间动画，如图 13-96 所示。

STEP 10 在"图层 6"和"图层 7"的第 85 帧和第 90 帧分别插入关键帧，如图 13-97 所示。

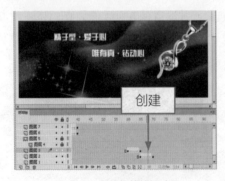

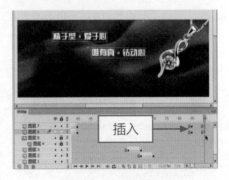

图 13-96 创建传统补间动画　　　　　　　　图 13-97 插入关键帧

STEP 11 将"图层7"的第90帧所对应的实例向右拖曳,设置其 Alpha 值为0,如图 13-98 所示。

STEP 12 将"图层6"的第90帧所对应的实例向下拖曳,设置其 Alpha 值为0,如图 13-99 所示。

图 13-98 设置"图层7"的 Alpha 值 图 13-99 设置"图层6"的 Alpha 值

STEP 13 在"图层6"的第85帧至第90帧之间创建传统补间动画,如图 13-100 所示。

STEP 14 在"图层7"的第85帧至第90帧之间创建传统补间动画,如图 13-101 所示。

图 13-100 创建传统补间动画 图 13-101 创建传统补间动画

13.3.4 制作珠宝合成动画

在制作《珠宝首饰广告》动画时,还可以将文字与图形进行合成,制作成一个完整的动画效果。下面向读者介绍制作珠宝首饰合成动画的操作方法。

素材文件	无
效果文件	光盘 \ 效果 \ 第 13 章 \ 珠宝首饰广告 .fla、珠宝首饰广告 .swf
视频文件	光盘 \ 视频 \ 第 13 章 \13.3.4 制作珠宝合成动画 .mp4

【操练 + 视频】——制作珠宝合成动画

STEP 01 在"时间轴"面板中新建 5 个图层,如图 13-102 所示。

STEP 02 在"图层8"的第70帧位置插入关键帧,如图 13-103 所示。

STEP 03 将"库"面板中的"对戒"元件拖曳至舞台中,如图 13-104 所示。

STEP 04 在"图层8"的第80帧位置插入关键帧。选择舞台中第70帧对应的实例,在"属性"面板中为其添加模糊滤镜,如图 13-105 所示。

STEP 05 在"图层8"的关键帧之间创建传统补间动画,如图 13-106 所示。

STEP 06 在"图层9"的第80帧位置插入关键帧,将"库"面板中的"光芒"元件拖曳至舞台中并进行复制,调整至合适的位置和大小,如图 13-107 所示。

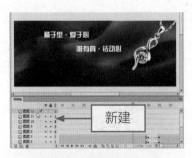

图 13-102 新建 5 个图层

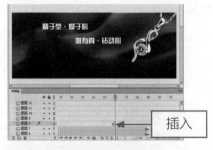

图 13-103 插入关键帧

图 13-104 将元件拖曳至舞台中

图 13-105 为元件添加模糊滤镜

图 13-106 创建传统补间动画

图 13-107 调整位置和大小

STEP 07 在"图层 10"的第 100 帧位置插入关键帧，在"库"面板中将"文本 4"元件拖曳至舞台中，如图 13-108 所示。

STEP 08 在"图层 10"的第 110 帧位置插入关键帧，将第 100 帧对应的实例向左拖曳，并设置其 Alpha 值为 0，如图 13-109 所示。

STEP 09 在"图层 10"的关键帧之间创建传统补间动画，如图 13-110 所示。

STEP 10 在"图层 11"的第 110 帧位置插入关键帧，将"库"面板中的"文本 1"元件拖曳至舞台中，如图 13-111 所示。

STEP 11 在"图层 11"的第 120 帧位置插入关键帧，将第 110 帧对应的实例向右拖曳，并设置其 Alpha 值为 0，如图 13-112 所示。

STEP 12 在"图层 11"的关键帧之间创建传统补间动画，在"图层 12"的第 120 帧位置插入关键帧，将"库"面板中的"商标"元件拖曳至舞台中，如图 13-113 所示。

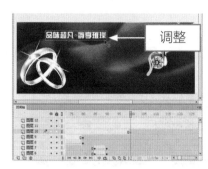

图 13-108 将元件拖曳至舞台中

图 13-109 设置 Alpha 值为 0

图 13-110 创建传统补间动画

图 13-111 将元件拖曳至舞台中

图 13-112 设置 Alpha 值为 0

图 13-113 将元件拖曳至舞台中

STEP 13 在第 130 帧位置插入关键帧，将第 120 帧对应的实例放大，如图 13-114 所示。

STEP 14 在"图层 12"的关键帧之间创建传统补间动画，如图 13-115 所示。

图 13-114 将实例放大

图 13-115 创建传统补间动画

STEP 15 至此，《珠宝首饰广告》动画制作完成。按【Ctrl + Enter】组合键测试动画，效果如图 13-116 所示。

图 13-116　测试动画效果